PHILOSOPHIE

DES

DEUX AMPÈRE

PARIS. — IMP. SIMON RAÇON ET COMP., RUE D'ERFURTH, 1.

PHILOSOPHIE

DES

DEUX AMPÈRE

PUBLIÉE

PAR

J. BARTHÉLEMY-SAINT-HILAIRE

MEMBRE DE L'INSTITUT

PARIS

LIBRAIRIE ACADÉMIQUE

DIDIER ET Cie, LIBRAIRES-ÉDITEURS

35, QUAI DES AUGUSTINS, 35

1866

AVANT-PROPOS

—

Ce volume renferme ce qu'on peut appeler la Philosophie des deux Ampère, c'est-à-dire les travaux philosophiques d'André-Marie Ampère, l'illustre physicien, et ceux de Jean-Jacques Ampère, son fils, que nous avons tous connu et aimé. Le fils s'est pieusement borné à exposer les idées paternelles, avec plus d'ordre et de clarté ; personnellement, il n'a pas voulu ajouter à l'héritage qu'il avait reçu et qu'il mettait en lumière. Très au courant des théories philosophiques, sans être un philosophe, il pouvait traiter pertinemment toutes les questions de la science, et il y appor-

a

tait cette élégance et cette netteté de forme qui les rend plus accessibles et plus attrayantes.

La première moitié du volume comprend une Introduction par J. J. Ampère. Divisée en chapitres, elle est d'une précision qui laisse peu de chose à désirer ; après qu'on l'a lue, on se dirige aisément dans le reste de l'ouvrage, qui, sans cette utile précaution, aurait pu présenter quelque obscurité. La seconde moitié contient des lettres d'Ampère le physicien à M. Maine de Biran, de 1804 à 1815, et en outre des Fragments assez nombreux. Naturellement la correspondance ne peut pas avoir beaucoup de rigueur d'exposition ; les Fragments n'en sont guère susceptibles non plus, et l'on eût risqué peut-être de s'y égarer sans le fil conducteur que donne l'Introduction.

Cependant, ce qu'il y a de plus important dans ce volume, c'est la philosophie d'Ampère le physicien. Malgré les imperfections qu'on y peut découvrir, elle a une véritable valeur historique par les idées qu'elle développe, et surtout par la date où elle s'est produite. Désormais le nom d'Ampère le physicien devra être réuni à celui de M. Maine de Biran, et il y aurait peu de justice à les séparer, dans les souvenirs de cette rénovation philosophique qui a occupé les quinze premières années de notre siècle.

M. Cousin, en publiant les Œuvres de M. Maine de Biran[1], en a marqué le caractère en traits profonds; il a fait voir que M. Maine de Biran, issu de l'école de Condillac, s'en était détaché en retrouvant le premier, et presque à son insu, le principe contraire, qui devait renverser toute la doctrine de cette école. Condillac n'avait étudié dans l'homme que la sensation, et il avait fait tout sortir de la sensation exclusivement. La nature humaine était réduite à être purement passive; elle recevait tout du dehors, et l'on aurait pu croire qu'elle-même n'était rien et ne produisait rien. Ce système, quelque faux qu'il fût, n'avait pas laissé de triompher; il avait obtenu un succès prodigieux et universel. On eût dit que sa gloire était en proportion de l'erreur immense sur laquelle il reposait. Pas une réclamation, pas une contradiction ne se faisait entendre; et si l'assentiment n'était pas absolument unanime, du moins il le paraissait.

M. Maine de Biran, voué aux études psychologiques par un goût naturel et passionné, avait débuté par être condillacien et sensualiste comme tout le monde, et il ne se distinguait pas de ses amis et de ses maîtres. Un mémoire couronné par l'Institut, en 1802,

1. Voir les quatre volumes publiés par M. V. Cousin. 1834 et 1840.

semblait avoir encore resserré ces liens et les avoir rendus indissolubles. Ce mémoire, qu'a publié M. V. Cousin, avait pour sujet : de l'Influence de l'habitude sur la faculté de penser. Mais dans un second et important mémoire sur la Décomposition de la pensée, également couronné par l'Institut, en 1805, M. Maine de Biran avait quitté le camp du sensualisme ; il était passé à des doctrines peu définies encore, mais assez opposées néanmoins pour que Cabanis et de Tracy, juges du lauréat, ne s'y trompassent point, et pour qu'ils eussent à remarquer une dissidence qui depuis lors ne devait faire que s'accroître. C'est ce qui ne manqua point d'arriver ; dans toutes les études qui suivirent, M. Maine de Biran s'avança de plus en plus dans la voie du spiritualisme, et il finit même par un mysticisme que M. V. Cousin a trouvé exagéré.

Comment M. Maine de Biran avait-il accompli cette révolution secrète qui contenait le germe de toute la philosophie spiritualiste de notre âge ? Uniquement par une observation plus attentive et plus vraie de la nature humaine. Sans nier la place considérable qu'y tient la sensation, il y avait constaté cet autre élément de l'activité, sans lequel la sensation même serait impossible. Outre les impressions extérieures, auxquelles nul être sensible ne peut se soustraire, M. Maine de Biran avait reconnu toutes celles que nous créons par nous-mêmes et spontanément, sans le secours ni l'intervention de l'extérieur. En étudiant le simple fait de l'effort musculaire, que nous produisons à volonté, il avait si bien scruté ce phénomène dans tous ses détails, qu'il en avait pu tirer et mettre en pleine évidence tout le système de l'activité humaine, avec les conséquences qu'elle produit, non pas seulement en psychologie, mais en morale et même en métaphysique.

Bien que le sensualisme ne comprit pas d'abord le coup qui lui était porté, c'est de là pourtant qu'est venue sa ruine. A ce titre, le nom de M. Maine de Biran doit être à jamais célèbre; et l'histoire de la philosophie ne peut plus le passer sous silence. Toutes les fois qu'on voudra se rendre compte de ce qu'est le spiritualisme du dix-neuvième siècle, c'est à M. Maine de Biran qu'il faudra remonter. Sans doute, il n'en a pas été le plus brillant ni le plus énergique promoteur ; mais c'est lui qui, avant tous les autres et par la seule puissance de sa pensée solitaire, a ouvert et tracé la route. Que ce soit là sa supériorité, et son honneur aussi durable que réel.

Mais voici qu'auprès de M. Maine de Biran vient se placer un autre nom, plus fameux même que le sien, bien qu'à des titres différents. C'est celui d'Ampère le physicien. Le présent volume suffit à prouver que, dès 1802 et 1803, Ampère était occupé des mêmes pensées et entrait dans les mêmes chemins. Fort religieux, ardent même dans sa foi catholique, il était moins engagé dans les chaînes du système dominant, et il était sur la pente à peu près irrésistible du spiritualisme philosophique. Lié avec M. Maine de Biran dès 1804, il n'a cessé pendant vingt ans de correspondre avec lui, et de discuter une foule de questions psychologiques, où les nouveaux principes tendaient à se faire jour de toutes parts. On n'a qu'à jeter les yeux sur les Lettres pour en être convaincu. On ne peut pas dire que M. Maine de Biran reçoive l'impulsion de son correspondant, et il serait peu sûr d'attribuer au génie fougueux d'Ampère une telle influence ; mais on ne peut nier non plus qu'Ampère ne soit, de son côté, tout aussi indépendant, et qu'il n'ait tiré l'étincelle de son propre fonds, sans l'emprunter à autrui.

Rien ne nous apprend comment les deux psychologues s'étaient rencontrés, ni quelle avait été l'occasion d'un commerce où tous les deux semblent tant se complaire. Il y avait à Lyon, où vivait alors Ampère, quelques amants de la philosophie qui se livraient assez régulièrement, et avec une sincère curiosité, à des discussions de métaphysique. M. Ampère, appliqué en même temps à d'autres études, figurait dans ces discussions, pour les animer et pour en faire sortir quelques résultats positifs. Ce fut probablement par l'intermédiaire de ses amis lyonnais qu'il entra en relation avec M. Maine de Biran, qui habitait l'autre extrémité de la France, à Bergerac. La première des lettres qu'on lira dans ce volume montre cette liaison naissante, et entourée des embarras ordinaires, dès la fin de 1804. Ampère est tout prêt à exposer et à défendre ses théories. M. Maine de Biran, déjà couronné par la Classe des sciences morales et politiques, semble plus décidé encore ; mais bientôt l'égalité s'établit, et de part et d'autre, c'est une série de communications qui se répondent et se réfutent ou se fortifient mutuellement.

Après son mémoire sur l'Influence de l'habitude et son mémoire sur la Décomposition de la pensée, M. Maine de Biran en avait composé deux autres : l'un sur l'Aperception immédiate, qui avait obtenu un accessit, à l'Académie de Berlin, en 1807 ; l'autre, qui, en 1811, avait obtenu le prix à l'Académie de Copenhague, sur les Rapports du physique et du moral de l'homme. Ces deux mémoires, qui n'ont été publiés que beaucoup plus tard par M. Cousin, étaient alors sim-

plement manuscrits, et l'auteur les revisait avec le
plus grand soin, tout occupé, avant de les faire imprimer, de leur donner la perfection qui dépendait de
lui. C'est sur les théories renfermées dans ces divers
mémoires que roule la discussion, et c'est à ces théories que se rapportent les arguments réciproques des
deux amis, M. Ampère ayant lui-même écrit un long
mémoire pour le concours ouvert par l'Institut, en
1803, sur la Décomposition de la pensée.

Je ne veux pas m'étendre sur ces détails, qui me
conduiraient peut-être trop loin, et je préfère renvoyer
le lecteur attentif à la correspondance qui les contient[1]. Mais je puis, sans m'écarter de mon sujet, montrer le caractère général de cette correspondance, du
moins en ce qui regarde directement M. Ampère, qui
est à peu près le seul à y paraître. M. Maine de Biran
n'y figure que par de lointains reflets ; nous n'avons
pas ses lettres en face de celles qui lui sont adressées ;
c'est une lacune qu'il ne nous a pas été possible de
combler.

Ampère le physicien, livré aux recherches les plus
variées, se divise entre la psychologie, les mathématiques, la physique et une foule d'autres sciences. Il

---

[1] Voir la seconde partie de ce volume, p. 193 et suivantes.

ne consacre à la philosophie qu'une portion assez res-
treinte de son intelligence et de son temps. C'est déjà
un inconvénient, et cet inconvénient se fait sentir davantage encore dans un esprit qui n'excelle pas toujours par la méthode. Il aborde tout ce qu'il touche
avec une impétuosité qui ne lui laisse pas la pleine
domination de sa pensée. Il se permet des digres-
sions où il se répète fréquemment ; tout en ayant un
but assez bien arrêté, il ne s'oriente pas toujours assez sûrement dans ces sentiers ardus. Mais en même
temps, il faut bien reconnaître qu'il y a, dans cette intelligence, une fermentation puissante et une énergie
infatigable, qui ne peut jamais pleinement se satisfaire,
mais qui revient sans cesse à la charge pour emporter
d'assaut les problèmes attaqués. On peut trouver que
la solution de ces problèmes n'est pas très-complète ;
et même après cette longue correspondance, on ne
voit pas aussi distinctement qu'on le voudrait quel en
est le résultat définitif. Mais ce qui est certain, c'est
qu'elle a fort activement intéressé les deux amis pendant plusieurs années, et que, de part et d'autre, elle a
dû sembler féconde, puisqu'on l'a poursuivie avec tant
de zèle et tant de plaisir.

Un autre point non moins évident et beaucoup plus
essentiel, c'est que M. Ampère est tout à fait d'accord avec

M. Maine de Biran sur la question capitale, celle de
l'activité du moi, avec le cortége de toutes les vérités
qui en découlent. On remarquera, dans les Lettres et
dans les Fragments, une multitude de passages déci-
sifs. La pensée n'y est pas douteuse, bien qu'elle n'y
soit pas exprimée avec toute la limpiditée nécessaire.
Partout la nouvelle doctrine, qui ne se pose pas encore comme l'adversaire du système régnant de Condillac, s'y montre commune aux deux correspondants.
Plusieurs fois, Ampère la revendique comme sienne ;
plusieurs fois, il la laisse en propriété à M. Maine de
Biran, qui ne le contredit ni dans un cas ni dans l'autre.
En un mot, il semble que l'élaboration de cette théorie
rénovatrice se fait à deux, et que dans ce mélange et
cette union d'esprits si divers, les parts sont à peu près
équivalentes. Pour moi, je ne veux pas en dire davantage, et je dois même déclarer que, dans ma conviction,
M. Maine de Biran a dû fournir plus qu'il ne recevait ;
mais dans les Lettres, c'est Ampère qui semble l'in-
spirateur[1]. Sur cette répartition assez difficile à faire
équitablement, le fils pourrait bien avoir outre-passé la

---

[1] Il paraît que, sur la fin, les deux amis eux-mêmes ne purent s'entendre
complétement sur la part respective de chacun d'eux dans la doctrine nouvelle. Voir plus loin pages 330 et suivantes un fragment très-curieux, o.
M. Ampère demande à M. Maine de Biran de reconnaître ses droits exclusif
sur une portion du système commun.

juste mesure ; dans son Introduction, il admet que son
père a dû fréquemment soutenir et relever les défail-
lances de M. Maine de Biran. Je ne crois pas à cette prétendue faiblesse de celui que M. Cousin a nommé « le plus
grand métaphysicien français de son temps. » M. Maine
de Biran n'avait besoin de l'appui de personne. Mais
je ne voudrais pas non plus prétendre qu'Ampère le
physicien ne fût arrivé au spiritualisme, et à la vraie
notion du moi actif et libre, que sur les exemples et les
indications d'un autre.

En un mot, et à mon sens du moins, la controverse
reste indécise, et je laisse au lecteur l'embarras de se
prononcer après avoir lu les Lettres et les Fragments.
Il est assez présumable que les deux philosophes, partis
de points divers, sont arrivés presque ensemble, et sans
communication préalable, à une conclusion identique.
C'est encore la meilleure manière de tout expliquer, et
aussi de tout concilier.

Ce qui me confirme dans cette opinion moyenne relativement à Ampère, c'est le motif que j'ai déjà donné
un peu plus haut : je veux dire l'esprit religieux dont
il était pénétré. Ce serait à ceux qui l'ont pratiqué
personnellement de nous apprendre jusqu'où allait sa
foi, et ce qu'a pu être l'action qu'elle a exercée sur
son intelligence. Mais c'est dès le début de sa vie

qu'Ampère a été pieux, et il n'a pas cessé de l'être, avec
des oscillations qu'on a pu critiquer, mais qui n'a-
vaient rien de bien dangereux. Au contraire, M. Maine
de Biran, qui devait finir par être mystique, ne semble
pas avoir eu, dans les premiers temps, de foi religieuse
bien prononcée; ce n'est que pas à pas et par le progrès
de sa doctrine philosophique qu'il arrive à la pensée
de Dieu, et à une dévotion sincère que lui impose sa
raison. Sous ce rapport, Ampère est en avance sur lui,
et il n'a pas eu certainement à l'imiter. C'est qu'il est
à peu près impossible d'être tout ensemble religieux
et sensualiste. Si Ampère a été quelque temps dans
cette étrange situation, il a dû y demeurer beaucoup
moins que M. Maine de Biran.

Aussi Ampère le fils n'a-t-il pas manqué de joindre
à son Introduction un Appendice sur la morale et la
théodicée de son père. Le mot de Théodicée semblera
peut-être un peu ambitieux pour des morceaux qui
ne forment point un véritable corps de doctrine. Mais
à côté et comme complément de la psychologie, on ne
pouvait oublier des pensées qui la dépassent, et qui, de
l'âme de l'homme, s'élèvent jusqu'à son Créateur, en
montrant les rapports que l'âme peut avoir avec l'Être
infini de qui elle vient.

Ainsi, Ampère le physicien doit avoir son rang parmi

les psychologues du commencement de notre siècle et parmi les psychologues spiritualistes. Chacun placera ce rang plus ou moins haut selon son appréciation; mais l'hésitation n'est plus permise, quel que soit d'ailleurs le jugement que l'on porte sur les Lettres et les Fragments, dont se compose le volume qu'on publie aujourd'hui.

Tout ce que j'ai dit jusqu'à présent ne s'appuie que sur le témoignage d'Ampère lui-même. Bien que ce témoignage soit irrécusable en présence des monuments où il est déposé, n'y aurait-il pas moyen de le fortifier encore par celui de M. Maine de Biran? Que manquerait-il alors à la démonstration?

A défaut des lettres de M. de Biran, on pourrait espérer rencontrer des informations étendues dans le Journal intime qu'il tenait exactement, et qui a été publié par son récent historien, M. Ernest Naville[1]. Par malheur, ce Journal, précieux à bien des égards, ne contient absolument rien depuis l'année 1795 jusqu'à l'année 1811, c'est-à-dire durant l'intervalle où a commencé la liaison des deux penseurs, et où s'est continuée leur correspondance psychologique. Il faut nous résigner à ce silence, du moins provisoirement,

---

[1] *Maine de Biran, sa vie et ses pensées*, publiées par Ernest Naville, in-18°, 1857.

et jusqu'à ce qu'un heureux hasard vienne nous resti-
tuer peut-être les parties du Journal qui manquent.
Mais en attendant, voici un passage formel qui se rencontre dans le Journal de 1814, et où M. Maine de Biran
ne balance pas à s'associer M. Ampère pour la doctrine
à laquelle son nom doit rester attaché. En parlant de
la Société philosophique qui se réunissait chez lui tous
les vendredis, et dont étaient membres MM. Royer-
Collard, Guizot, Cuvier frères, Thurot, de Gérando, etc.,
il ajoute (22 septembre) :

« M. Ampère a exposé notre doctrine commune sur
« le sentiment du Moi et l'activité[1]. »

Il paraît que cette exposition ne fut pas très-bien ac-
cucillie de l'assistance. MM. Royer-Collard et Cuvier
la combattirent. La discussion fut animée; mais elle
n'aboutit à rien, comme le constate, avec une sorte de
dépit, M. Maine de Biran. Il désespère presque de faire
bien comprendre «son point de vue, » tout en demeu-
rant ferme dans ses convictions contre des antagonistes
si redoutables. Mais peu importe; de l'aveu de l'auteur
lui-même, la doctrine ne lui appartient pas en propre;
elle est à M. Ampère aussi bien qu'à lui. Voilà le seul
point qui nous intéresse. Il est vrai que c'est en 1814

---

[1] M. Ernest Naville, *Maine de Biran, sa vie et ses pensées*, p. 152.

que parle ainsi M. Maine de Biran ; mais, d'après la correspondance d'Ampère, inaugurée dix ans plus tôt, il est clair que cette assertion pouvait remonter à cette première époque, assez éloignée déjà quand M. Maine de Biran écrivait, dans son Journal, le passage qui vient d'être cité.

M. Ernest Naville, qui appelle M. Ampère le principal correspondant de M. Maine de Biran, reconnaît positivement que leur commerce philosophique remontait à 1805, et «qu'Ampère contribuait dès lors à la refonte générale» que son ami méditait de tous ses écrits[1]. Il faut en croire le biographe instruit et fidèle qui nous a fait connaître mieux que personne ce qu'a été M. Maine de Biran dans sa vie privée.

Nous pouvons donc réunir trois témoignages qui ne laissent plus aucune place au doute. M. Ernest Naville, Maine Biran et Ampère, sont d'accord ; désormais l'histoire de la philosophie peut enregistrer ce fait avec une pleine sécurité. Le nom d'Ampère avait été jusqu'à présent omis ; il faut le rétablir, et l'on ne peut plus le négliger.

Est-ce à dire qu'Ampère doive tenir en philosophie la place supérieure qu'il occupe dans les sciences?

---

[1] M. Ernest Naville, *Maine de Biran, sa vie et ses pensées*, p. 34.

Je ne le pense pas; et pour aller jusqu'à cette assertion excessive, il ne faut pas moins que le louable enthousiasme d'un fils qui, devant beaucoup à son père, l'admire sans limites, et qui voudrait que le monde l'admirât autant que lui. En lisant son examen du système paternel, on sentira à plus d'une reprise l'exagération à laquelle son affection se laisse aller. La piété filiale excuse tout, tant le sentiment qui l'inspire est noble, fût-il même trop peu clairvoyant. Comparer Ampère le physicien à Descartes, à Leibniz, à Aristote et à Platon, c'est le surfaire. Ce n'est peut-être pas non plus bien consulter l'intérêt de sa gloire; car une affirmation extrême en appelle toujours d'autres en sens contraire; et, en exaltant les gens au delà du juste, on provoque des critiques qui, en leur genre, peuvent n'être pas moins outrées. Il faut reconnaître à M. Ampère le physicien le mérite très-réel que nous lui avons assigné; il ne faut pas aller plus loin, afin de n'être pas forcé de reculer.

En physique, André-Marie Ampère a été un novateur, ou du moins il a complété par une découverte plus générale la découverte partielle d'Œrsted. Le physicien danois avait observé l'action d'un courant électrique sur l'aiguille aimantée; Ampère a observé l'action d'un courant électrique sur un autre courant; il a créé

INTRODUCTION

A LA

PHILOSOPHIE DE MON PÈRE

CHAPITRE PREMIER

POINT DE VUE GÉNÉRAL. — MÉTHODE.

« Tandis que tant d'êtres sur la terre restent paisibles
« dans l'ignorance où ils sont de leur propre existence, et
« suivent les impulsions irréfléchies auxquelles ils ont tou-
« jours abandonné leurs actions, pourquoi suis-je tour-
« menté du désir de connaître la nature de mon intelligence
« et de ma volonté, de remonter à l'origine des connais-
« sances que j'ai ou que je crois avoir, au principe des dé-
« terminations par lesquelles j'agis? Chercherai-je à étouffer
« ce désir, dans la crainte de ne tirer aucun fruit des efforts
« que je dirigerai vers un but qu'il n'est peut-être pas
« donné à l'homme de pouvoir atteindre? Ou, sûr que l'au-
« teur de mon être n'aurait pas mis en moi cette tendance
« vers la vérité, qui me domine si impérieusement, s'il ne

« m'avait accordé, en même temps, les facultés nécessaires
« pour marcher avec assurance dans la route qui y con-
« duit, consacrerai-je mon existence à cette noble desti-
« nation ?

« Je sais que je suis sujet à l'erreur, mais que dans le
« silence de la méditation, je puis faire justice des illusions
« dont l'erreur m'environne, et qu'alors les caractères de
« la vérité brillent de trop d'éclat pour que je puisse les
« confondre avec de trompeuses apparences. M'en faut-il
« davantage pour décider mon choix, et pour que je m'ef-
« force d'écarter les obstacles qui pourraient m'arrêter, et
« reporter mon esprit sur les futiles intérêts que chaque
« instant ne voit naître que pour les voir bientôt s'éva-
« nouir ? »

Il m'a paru convenable de placer ces belles paroles de
mon père en tête d'une introduction à sa philosophie.
Elles sont une première réponse à ceux qui méconnaissent
l'importance de cette étude de l'intelligence, qu'il plaçait
si haut. Voilà un grand esprit qui a excellé dans les sciences
mathématiques, qui a créé une branche de la physique,
qui, sur presque tous les autres objets de nos connaissances a eu des vues originales, qui, sans se dissimuler les
chances d'erreur auxquelles l'homme est exposé, quand il
s'applique à la recherche de son propre entendement, est
convaincu pourtant qu'il peut trouver là le caractère d'évidence auquel il est accoutumé. Qui osera ensuite traiter de
rêverie une pareille recherche?
Beaucoup le font cependant, se croyant sans doute des
esprits plus exacts et plus pénétrants que le mathématicien
illustre et le physicien immortel que l'on vient d'entendre.
Lui, pas plus que les autres mathématiciens, ses pairs,

Descartes et Leibniz, n'a pensé que la métaphysique, dont le nom remonte à ce rêveur d'Aristote, est une science vaine et une ambitieuse chimère.

Aux esprits frivoles qui prennent leur ignorance des solutions et même des problèmes philosophiques pour une opinion sur la philosophie, à ceux qui croient avoir dit quelque chose quand ils ont répété sans l'entendre ce mot d'*Idéologie*, dont un grand conquérant et un grand despote était si prodigue, je rappellerai que Napoléon avait autre chose à faire que d'étudier la métaphysique. Il goûtait trop la force pour aimer beaucoup les idées et laissait tomber, avec l'humeur que là liberté de l'esprit sous toutes formes lui inspirait toujours, ce mot d'idéologie sur les nobles dithyrambes spiritualistes de madame de Staël, aussi bien que sur les analyses mesquines et erronnées où se complaisaient les débiles héritiers de Condillac. A ces esprits-là, malgré l'incompétence en matière philosophique du plus habile des capitaines et l'autorité douteuse en métaphysique du plus puissant compresseur de la pensée humaine, à ceux-là il n'y a rien à répondre; leur dédain mérite le dédain.

Mais il est des esprits sincères et droits que leur vocation et leur destinée ont portés d'un autre côté et qui, souvent, très-philosophes de leur nature, ignorent ou méconnaissent la philosophie. Les uns, absorbés par la contemplation du monde physique, et arrachés pour ainsi dire à eux-mêmes par l'étude des choses matérielles, finissent par oublier d'observer cette intelligence qu'ils appliquent souvent avec gloire à des objets moindres qu'elle-même, exerçant chaque jour des facultés et employant des instruments dont ils n'ont pas étudié la nature. Semblables à l'artisan, qui construit habilement une machine sans

connaître les lois de la mécanique, eux ne connaissent pas
le mécanisme de leur esprit.

D'autres plongés dans le tourbillon de la vie active, des
affaires, de la politique, n'ont pas eu le temps de se replier
sur eux-mêmes, et de considérer les principes de leurs
pensées et de leurs croyances morales. Chez quelques-
uns, et c'est le bien petit nombre, la conscience, le
bon sens naturel, la sagacité innée suffisent. Mais combien, pour n'avoir pas démêlé les vrais principes de
la vie humaine, agissent sous l'impulsion de la passion aveugle, de l'enthousiasme mobile, sous l'empire
du fait, en faveur duquel une philosophie menteuse et
intéressée, au défaut de la vraie, se trouve toujours là
pour forger des sophismes? Les anciens, qui nous ont
donné de si grands exemples de la pratique des vertus
publiques, ne négligeaient point la théorie; et de presque
tous les grands citoyens de la Grèce et de Rome, on peut
dire à quelle école ils appartenaient, quel système ils
avaient embrassé. Périclès était déiste avec son maître
Anaxagore ; César était matérialiste avec Épicure ; Caton
était platonicien.

Les Français ne passent pas pour un peuple spéculatif;
et cependant, à toutes les époques, la philosophie a tenu
une grande place dans leur vie intellectuelle et a exercé une
grande influence sur leur destinée. Le dix-septième siècle,
Arnauld et Bossuet en tête, fut cartésien. Est-ce une chose
sans importance, que la doctrine de Descartes ait été
acceptée et professée par de tels esprits? La philosophie
des sens, de la matière, de l'intérêt a régné sur le dix-
huitième siècle, malgré les protestations d'autant plus
nobles qu'elles étaient plus isolées, de Vauvenargues et de
Rousseau. L'empire de cette philosophie sur tout un grand

siècle, d'où est sorti la Révolution française, est-elle un fait
indifférent?

A ces deux classes d'adversaires honorables et sérieux
de la philosophie, on peut faire remarquer d'abord, ce que
j'insinuais déjà tout à l'heure, que la philosophie est comme
la science, comme la politique ; on ne saurait entièrement
s'en passer.

En effet, l'enfant et le pâtre qui voient dans la lune une
boule blanche, avec un nez et des yeux, font de l'astronomie à leur manière ; le paysan qui croit éloigner la
foudre en sonnant une cloche fait de la physique ; le culti-
vateur qui laisse *reposer* la terre, au lieu de la réparer
par des cultures variées, fait de l'agriculture ; le charlatan
qui prétend guérir un bras cassé, en récitant un *pater* à re-
bours, fait de la médecine. Seulement, ils font de la mauvaise astronomie, de la mauvaise physique, de la mauvaise
agriculture et de la médecine absurde. Ils expliquent à
leur manière les phénomènes de la nature, et ils croient
agir sur elle. C'est ce que font aussi l'astronome, le physicien, l'agronome, le médecin, dignes de ces noms ; seulement
ils connaissent la véritable nature des phénomènes, et ils
agissent réellement sur la production de ces phénomènes
pour l'aider ou la combattre.

De même en politique on dit : « Je m'abstiens, » et on
agit en croyant s'abstenir : en ne résistant pas au mal on
aide au mal ; en taisant la vérité on laisse le champ libre à
l'erreur ; en se soumettant à la violence et à la tyrannie, on
fait les affaires de la violence et de la tyrannie. L'homme
est une puissance qui ne saurait abdiquer ; son intelligence
ne peut se supprimer elle-même ; son activité, qui ne saurait
être suspendue, ne se détourne d'un objet que pour se porter vers un autre ; et là où elle croit s'anéantir, elle agit

encore. Puisqu'on ne peut s'empêcher d'avoir des notions, il faut tâcher qu'elles soient justes ; puisqu'on ne peut s'empêcher d'agir, il faut s'efforcer de bien agir ; il n'y a pas de place dans la vie pour le néant.

Il en est de même de la philosophie que de la science et de la politique ; je défie qui que ce soit de ne jamais philosopher bien ou mal ; encore ici, on n'a que le choix de la bonne ou de la mauvaise philosophie. Sur chacun des sujets que cette science, la science supérieure et souveraine, considère, tout homme a, quoi qu'il fasse, une opinion ; il affirme, ou nie ; il doute. Ce sont trois manières de croire ; seulement, le plus souvent, il affirme, il nie, il doute sans preuve, sans y avoir pensé.

Voilà donc une raison de ne pas mépriser la philosophie, qui pourrait suffire ; car, à un homme qui prendrait la respiration en mépris, ce serait peut-être assez pour le ramener de montrer qu'il ne peut vivre sans respirer. «Mais, dira-t-on, peu importe quelle philosophie on embrasse ; si tout le monde a la sienne, pourquoi en changer? Que chacun reste avec les idées telles quelles qu'il a, sur l'âme, sur la matière, sur la puissance de la vérité ; car, en toutes ces choses, on ne peut arriver à la certitude. »

Qui vous l'a dit? Sans avoir étudié une science, comment pouvez-vous affirmer que la certitude n'y existe pas, quand vous voyez les intelligences les plus vastes et les plus sûres ne pas être de votre avis? De quel droit réclamez-vous pour vous une autorité que vous leur refusez? Vous ne voulez pas les croire, et je vous croirais !

« Mais les métaphysiciens ne s'entendent pas; autant de têtes, autant d'opinions ; et comme on l'a tant répété : Y a-t-il une erreur qui n'ait été soutenue par un philosophe? » D'abord, les solutions philosophiques ne sont peut-être pas aussi variées qu'elles le paraissent ; les progrès de l'histoire de la philosophie l'ont ramenée à un petit nombre de solutions principales ; et en supposant que la principale ne s'y rencontre pas, qui prouve qu'on ne peut pas la trouver? Parce qu'il y avait, en Grèce, sur les lois qui régissent la marche des astres et l'action réciproque des corps, autant d'opinions que de cervelles, s'en suit-il qu'on ne devait jamais arriver à connaître ces lois? La veille du jour où ont paru Copernic, Képler, Galilée, Newton, on était dans l'erreur sur la cause des phénomènes, que ces grands hommes ont révélée. Pourquoi ne ferait-on pas des découvertes dans le monde intérieur? On en a fait. L'histoire de la philosophie a enregistré l'invention du syllogisme par Aristote, de la vraie méthode par Descartes ; et, retournant cette injure banale qu'on jette depuis deux siècles à la face de la philosophie, ne pourrait-on pas répondre : « Y a-t-il beaucoup de vérités qui n'aient pas été enseignées par quelques philosophes? »

On peut dire aussi, si l'on veut, qu'il n'y a pas d'absurdité qui n'ait été enseignée par quelque religion ; est-ce une raison pour les mépriser toutes et ne pas chercher la véritable?

Mais il faut de nouveau laisser parler mon père. Dans quelques fragments d'ouvrages commencés, mais non achevés, il a exprimé avec beaucoup de force et de netteté ce que ses méditations lui avaient enseigné sur l'objet de ces méditations et sur la méthode à suivre dans l'étude de la métaphysique, de cette science que lui, qui pouvait comparer, déclare *la plus belle et la plus digne des efforts des hommes*.

Cette science est pour lui « la science de l'intelligence; »

il l'appelle en général Psychologie, science de l'âme. Il appelle aussi cette science Métaphysique dans un sens général, et quelquefois Philosophie, entendant par là « non un ensemble de spéculations sur la substance douée de la faculté de connaître, mais les connaissances elles-mêmes qu'elle possède. »

Mon père a exposé dans quelques pages pleines de profondeur comment « la science de l'intelligence » semble devoir être la plus facile et est réellement la plus difficile des sciences.

« La psychologie ou la science de l'intelligence paraît au premier coup d'œil celle de toutes les branches de nos connaissances où il devrait être plus facile de constater et de décrire les faits, de les classer, de les désigner par des dénominations dont le sens fût déterminé avec précision, et de remonter à leur origine, puisque les faits n'exigent, pour être observés, ni circonstances que l'ordre de la nature présente rarement, ni instruments à construire, ni opérations dont le succès dépende de la perfection de ces instruments ou des causes extérieures qui peuvent la déranger, puisqu'il suffit de s'observer soi-même et qu'on porte en quelque sorte avec soi, dans tous les instants de sa vie, l'objet de son étude. »

Mais cette facilité apparente cache une difficulté réelle ; rien n'est plus malaisé que le retour sur nous-mêmes, sans lequel il n'y pas d'observation intérieure ; et mon père ne tarda pas à reconnaître que l'étude de nous-mêmes, comme êtres intelligents, est la plus difficile de toutes, parce que l'objet de cette étude est l'instrument même de toute étude possible. Cette difficulté a encore selon lui une autre cause.

« L'homme, dit-il, porté naturellement à examiner tout ce qui l'étonne, ne sait malheureusement point s'étonner de ce qui s'offre à lui à chaque instant de sa vie, tant que tout reste conforme à l'ordre auquel il est accoutumé ; il n'observe, il n'étudie qu'autant qu'il y est porté par la privation de ce qu'il désire ; et, à mesure qu'il a trouvé les moyens de se le procurer et qu'il y a réussi, son esprit retombe dans sa première apathie. Mais, que cet ordre soit interverti par quelque chose d'extraordinaire, la curiosité s'éveille, on examine en détail, on décrit toutes les circonstances, on travaille avec persévérance à découvrir les causes, et à remonter à l'origine de ce qu'on a observé. On suit ainsi la marche qui seule peut conduire à une connaissance approfondie ; et cette marche est ensuite appliquée à l'étude d'objets analogues quoique plus familiers.

« C'est pourquoi, sans doute, parmi les sciences dont l'observation des faits peut seule poser les bases, celles où l'ordre habituel de ces faits était le plus souvent troublé par des circonstances insolites, par des anomalies contraires et d'anciennes habitudes, ont été les premières cultivées et se trouvent portées aujourd'hui à un plus haut degré de perfection. »

De toutes les branches de nos connaissances, la psychologie est celle dont les progrès ont dû être et ont été en effet les plus retardés par la difficulté d'étudier des objets qui nous sont toujours présents et toujours à peu près les mêmes. C'est déjà un grand pas de fait dans l'étude de cette science que de trouver quelque chose d'étonnant dans les phénomènes intellectuels qui se passent sans cesse en nous, et qui sont cependant, parmi tout ce que nous offre l'univers créé, ce qui devrait nous frapper du plus profond étonnement.

Un autre obstacle se présente : c'est la langue philosophique. Les mêmes mots sont souvent employés dans des sens divers par différents auteurs et quelquefois par le même écrivain : « Je n'éprouve donc pas seulement, ajoute mon père, en rédigeant cet essai, l'embarras commun à tous ceux qui étudient un objet, d'en acquérir des idées claires et complètes. Lorsqu'il me semble que j'y suis parvenu, il me reste une autre difficulté à surmonter, c'est celle de trouver des expressions qui puissent servir à faire passer ces idées dans l'esprit du lecteur, sans que le vague qu'on a laissé jusqu'à présent dans la signification des mots dont je suis obligé de faire usage, l'expose à leur donner un sens tout différent de celui que je leur attribue ; souvent cette seconde difficulté m'a plus arrêté que la première. » De là, chez mon père, une disposition à créer des mots nouveaux, et je trouve quelque part cette note de sa main : « Utilité d'une nouvelle langue idéologique ; on a tiré tant d'avantages de la nomenclature chimique ! »

Mon père ne se faisait donc pas d'illusion sur la difficulté du problème qu'il aspirait à résoudre. En outre, il voyait la science philosophique engagée dans une voie qu'il jugeait fausse. Aucune des écoles ne lui paraissait en possession de la vérité ; il avait à la conquérir par ses propres forces ; il s'y résolut.

Jetant un coup d'œil rapide et précis sur l'histoire de la philosophie moderne depuis Descartes, mon père signale ce qui en a retardé les progrès. Tantôt on a négligé d'observer les faits intellectuels ; tantôt on s'est contenté de les décrire, sans chercher à les expliquer, en érigeant en faits primitifs, inexplicables et indémontrables, ce qu'on peut espérer d'expliquer et de démontrer. La première de ces critiques s'applique surtout à Condillac ; la seconde s'applique, dans la pensée de mon père, à la fois à Reid, chef de l'école écossaise, et à Kant.

Telle était en effet la situation des études philosophiques dans les premières années de ce siècle, quand mon père commença à s'y livrer.

Condillac en exagérant les idées de Locke avait cru établir qu'il n'y avait dans l'intelligence que des sensations ; selon lui, idées abstraites, jugements, volonté, n'étaient qu'une sensation transformée. L'extrême simplicité de cette explication de l'origine de nos facultés les plus diverses avait séduit presque tous les esprits, que cette simplicité même aurait dû mettre en garde ; car la nature humaine est plus variée et plus complexe que cela. Dans un travail qui est de 1804, et qui date ainsi de la première origine de ses recherches métaphysiques qui commencèrent en 1803, mon père n'est pas encore entièrement dégagé de la théorie de la sensation ; mais je n'en ai trouvé nulle autre trace dans ses écrits.

L'école de Condillac régnait à peu près seule quand mon père se mit à réfléchir sur la nature de notre intelligence. Il ne tarda pas à trouver cette école étroite et fausse ; et toute sa carrière philosophique a eu pour but de remplacer cette explication incomplète et mensongère de l'homme par une théorie plus vraie. On verra, dans la suite de cette introduction, que sa théorie est entièrement distincte de celle de Reid enseignée par M. Royer-Collard, et de celle de Kant, qu'exposa M. Cousin dans ses cours destinés à une si grande et si juste célébrité. Dans cette lutte contre la philosophie de la sensation, mon père se sépara donc des deux écoles qui combattaient le même adversaire que lui, l'école de Reid et l'école de Kant, et ne suivit jamais d'autre drapeau que le sien.

Son point de départ était le même que celui de Descartes, de Locke, de Reid et de la nouvelle école française :

l'observation des faits intérieurs. Ce qui lui est propre, ce n'est pas cette méthode, ce sont les résultats qu'il en a tirés ; il en a énoncé les principes avec la fermeté qu'on devait attendre d'un physicien, et il les a appliqués avec la rigueur qu'on devait attendre d'un géomètre.

Aux yeux de mon père, les trois systèmes que je viens d'énumérer, celui de Condillac, celui de Reid et celui de Kant, avaient cela de commun qu'ils détruisaient la certitude de l'existence réelle, tant du monde moral que du monde physique. Si l'on admet qu'il n'y a en nous que des sensations, on sera facilement entraîné au système qui fait de l'agréable et de l'utile le seul principe de nos actions et la seule fin des arts. Cette morale révoltait mon père. « Je lisais, dit-il, dans un métaphysicien (Helvétius) que l'intérêt est l'unique juge de la probité et de l'esprit. Ainsi, l'admiration involontaire que m'avaient inspirée le dévouement de Curtius, les vertus de Vincent de Paul, et les chefs-d'œuvre d'Homère, était aussi une illusion, un prestige de l'éducation, et toutes les notions de la morale disparaissent avec les beaux-arts ! » Mais, il n'était guère moins malheureux en voyant Kant ébranler la vérité absolue des mathématiques, l'existence réelle du temps et de l'espace ; et l'école de Condillac, ébranler la réalité substantielle des corps. Mon père avait, en toute chose, soif de certitude ; je me rappelle, avec un remords véritable, l'avoir jeté un jour dans un vif accès de désespoir, en lui niant l'existence absolue de l'espace. Eh ! quoi, me disait-il : « Il n'y aurait pas un espace réel où les astres décrivent leur orbite, selon les belles lois de Képler ! » On ne me soupçonne pas de manquer de respect à cette mémoire vénérée, en rappelant cette peine que je voudrais pour beaucoup

aujourd'hui ne lui avoir jamais causée, et qui tenait à
un besoin passionné que ce qu'il croyait fût vrai et fût
reconnu pour vrai.

On retrouvera quelque chose de ce besoin de vérité
dans les lignes que je vais transcrire. A la lecture d'un
passage d'un ouvrage de son respectable ami de Gérando,
qui, comme moi, pour l'espace, et sans plus de bonnes
raisons, niait la réalité extérieure des qualités que nous attribuons aux corps, mon père fut saisi d'une profonde tristesse. « Toute vérité s'éclipse, s'écriait-il ; dès lors plus de
science des faits ; l'histoire naturelle, la physique, la chimie,
disparaissent ; si les propriétés que nous observons dans
les objets qui nous environnent ne sont que des modifications de notre propre être, sans rapports à ces objets, comment pourrions-nous en tirer aucune conséquence relativement à leur action réciproque ? La poussière des étamines
ne fécondera plus les germes cachés au fond du calice
de la fleur ; mais il me semblera seulement que cela est
ainsi ! »

Il ne pouvait se résigner à ce qu'il lui *semblât seulement*.
Il voulait se démontrer à lui-même l'existence de l'univers
matériel, celle de l'âme, celle des vérités physiques, mathématiques, religieuses, qui n'avaient plus de bases, si nous
ne pouvions que contempler notre propre esprit, si nous
ne pouvions sortir, pour ainsi dire, de nous-mêmes, et
aller atteindre la réalité. Cet effort, cet élan vers la démonstration de la vérité des choses, qui ont produit tous les
systèmes philosophiques, ont donné naissance à celui de
mon père ; du moins le point de départ était, comme je
l'ai dit, le terrain solide de l'expérience. Après avoir
promené son esprit sur les autres connaissances, il le
ramena à la connaissance de lui-même. « Ma pensée, dit-

il admirablement, a été pour moi comme une de ces machines ingénieuses qui produisent des merveilles entre
les mains d'un ouvrier ignorant; je voulus connaître
l'instrument dont je m'étais servi avec succès, persuadé
que la lumière dont je l'aurais éclairé rejaillirait sur les
résultats que j'aurais obtenus.

« La marche qu'on a suivie jusqu'à présent, la synthèse, est cause du peu de progrès de la métaphysique...
c'est moins l'analyse des sciences les plus abstraites qui
convient ici, que celle des sciences de fait, l'analyse chimique... Il suffit de voir la révolution de la chimie pour
tracer la marche à celle de la métaphysique. »

Ce qui est propre à la philosophie de mon père, et ce
qu'on devait attendre de lui, c'est l'application aux problèmes métaphysiques des procédés employés de nos
jours dans les sciences physiques et naturelles. Inventeur
en physique, classificateur en chimie, auteur d'aperçus nouveaux sur l'histoire de la terre et même sur l'organisation
des êtres animés, ce métaphysicien d'une espèce nouvelle
observe l'entendement en physicien, l'analyse en chimiste,
classe les faits intellectuels d'après leurs analogies naturelles, d'après les principes de Jussieu et de Cuvier ;
il cherche l'explication des phénomènes et leurs lois à
la manière de Galilée et de Newton. En même temps, le
disciple de Bacon est un spiritualiste chrétien. Il n'est
pas étonnant que des conditions si rarement réunies et
l'application constante, durant trente années, d'un tel
esprit sur un tel sujet, aient produit d'importantes découvertes ; il faudrait au contraire s'étonner s'il en eût été autrement.

De plus, mon père était soutenu par la passion de la
vérité, par l'enthousiasme que lui inspirait le but sublime

de ses efforts ; il a jeté quelque part [1] ces lignes : « A quoi sert le monde? A donner des idées aux âmes ! » Il pensait que la métaphysique avait suivi la même marche, que les sciences, qu'elle avait traversé l'âge des hypothèses et qu'elle approchait d'une grande révolution, analogue à celle qu'ont opérée, Newton dans l'astronomie, et dans la chimie Lavoisier : « Elle attend, s'écriait-il, le grand homme qui doit profiter des fécondes erreurs de ses prédécesseurs, pour l'élever au point de perfection qui l'attend. »

Ce n'est pas à moi qu'il appartient de décider si c'était lui qui était appelé à réaliser cette prophétie, dans laquelle son admirable candeur l'empêchait de se reconnaître. La postérité, car il y aura une postérité pour lui, jugera.

En commençant ces nobles études, il s'écriait encore : « Passons-nous du génie de Bacon; avec son exemple et avec les progrès que les siècles ont faits depuis, on peut le surpasser sans l'égaler. »

Je lis au haut d'une page qu'il n'a pas remplie : « On parle des limites de la raison humaine ! Aucune question qu'elle se soit proposée qu'elle ne finisse par résoudre. Copernic, Galilée ont eu raison contre l'univers; *Mens veritatis conscia.* » Il prenait courage en voyant combien de siècles et d'efforts avaient été nécessaires pour amener les autres sciences à l'état où elles sont parvenues. Il fallait tant de siècles, pour que les méthodes fussent inventées, et pour que l'on apprît à observer et à faire usage de l'observation, que l'homme eût été découragé dès le premier pas qu'il a fait dans la carrière des sciences, s'il avait pu mesurer la distance qui le séparait des premiers résultats

[1] Dans un fragment sur la *Théorie philosophique*, qui date de 1804, du genre de ceux que j'ai placés à la fin de cette publication.

-conformes à la vérité et dignes d'être conservés. Il fallait,
pour exciter son zèle et soutenir son ardeur, qu'il ignorât
que plusieurs vies étaient trop peu pour y parvenir, et
que, poursuivant des fantômes qui fuyaient et s'évanouis-
saient devant lui, il fît du moins une partie de la route que
ses successeurs devaient continuer, en créant de nouveaux
systèmes, jusqu'à ce que les méthodes et même l'intelligence se perfectionnant par le travail inutile dans son
objet, mais précieux par les forces nouvelles qu'il donnait à
l'esprit, on pût enfin découvrir le but où l'on devait tendre,
et y marcher avec tous les moyens fournis par les recherches précédentes.

Enfin, bien que les recherches philosophiques de mon
père aient été dans leur ensemble purement scientifiques
et qu'il n'y fasse jamais intervenir d'autre autorité que
celle de la raison [1], je trouve dans ses papiers les lignes
suivantes, et je croirais faire une infidélité à sa mémoire en
les supprimant. « Puis-je montrer que cette belle science
loin d'en combattre une plus sublime, presque divine, mais
méconnue des philosophes du jour (il écrivait ceci au commencement de ce siècle), s'en rapproche d'autant plus qu'elle
se perfectionne davantage. Pascal ! Pascal ! »

[1] Il a donné cette définition de la réflexion : « Se rendre raison de tout. »

CHAPITRE II

DE CE QUI NOUS APPARAIT ET DE CE QUI EXISTE RÉELLEMENT.

> Toutes les choses sont ou absolument ou
> simplement en leur être, ou réellement et eu
> égard à nous.
>
> PLUTARQUE, *De la Vertu morale.*

Après avoir montré comment mon père comprenait l'é-
tude de la philosophie, quelle était la méthode qu'il a suivie et le but qu'il s'est proposé d'atteindre, je vais tâcher
de faire connaître l'ensemble de sa doctrine. Je m'efforcerai
d'employer, autant que possible, des mots reçus dans l'u-
sage ordinaire, et, en m'attachant aux résultats principaux,
à éviter les détails. Mais le sujet est sévère; les questions
sont délicates; je tâcherai d'être clair; je prie le lecteur
d'être attentif.

Toute philosophie est une réponse à cette question :
« Qu'est-ce qui existe? » On peut ne pas se poser cette
question; mais il y aura toujours des hommes qui l'adres-
seront à leur intelligence. Il y a plus, tout le monde croit
que certaines choses sont et que d'autres ne sont pas ; mais
comment distinguer ce qui existe véritablement de ce qui
nous paraît exister? Tout homme qui a prononcé ce comm-
ment est sur la route de la philosophie, et il est impossible
qu'on ne le prononce pas. Il est naturel de croire aux sens,
d'obéir à ses désirs, d'ajouter foi à ses jugements ; mais
pour tout le monde est arrivé un jour où l'on s'est aperçu
que nos sens pouvaient nous abuser, que nos désirs du bon-

heur nous conduisaient à une souffrance, que ce qui nous avait semblé évident était faux. Il n'est pas besoin d'une longue expérience pour reconnaître qu'un arbre qui, de loin, nous paraissait petit, était grand; que ce que nous pensions être une cause de plaisir était une cause de douleur; que nous nous sommes trompés en jugeant les autres ou en nous jugeant nous-mêmes; et dès lors, est-il extraordinaire de se demander : « Où est le faux, où est le vrai, à quel signe discerner l'erreur de la vérité? »

Dès qu'on s'est posé sérieusement cette grave question de la réalité, la pensée, si elle s'applique attentivement au problème de l'existence, est conduite à reconnaître en elle-même une foule de confusions; mais l'habitude de l'irréflexion a tellement obscurci notre entendement, qu'il faut de grands efforts pour distinguer ce qui doit être distingué. Notre esprit est semblable à un écheveau dont les fils ont été brouillés et entrelacés comme par une main qui s'y serait jouée au hasard; c'est cet écheveau que la philosophie doit débrouiller.

Comme a dit mon père : « Les habitudes de toute la vie ont seules persuadé que ce qui est toujours à présent dans la pensée y était primitivement, tandis que ce sont là toutes choses acquises successivement. »

La première chose à faire est de distinguer ce qui est en nous et ce qui est hors de nous, ce qui n'existe qu'en tant que nous l'apercevons, et ce qui existe en soi indépendamment de notre aperception. Ceci est fondamental en philosophie.

Nos sensations sont en nous ; elles ne sont que par nous; car, si nous cessons de sentir, elles cessent d'exister ; mais nous concevons que dans les corps réside la cause des phénomènes qui affectent notre sensibilité.

Cette distinction évidente pour l'observateur attentif échappe au vulgaire, qui confond toujours les faits intellectuels les plus dissemblables, toutes les fois qu'ils se produisent simultanément. Saveurs, odeurs, impressions du toucher, sons, couleurs; ces mots s'appliquent également dans l'usage et à la sensation produite en nous, et aux objets extérieurs qui la produisent. Le langage, qui n'a pas été fait par les philosophes, mais par tout le monde, réfléchit cette confusion; et les mêmes mots désignent deux choses entièrement différentes par leur nature : une modification de notre âme, et une certaine disposition de molécules matérielles qui produit en nous cette modification.

Je dis que telle viande *a* telle saveur, et que je goûte *cette* saveur; qu'une fleur *a* une odeur légère, et que *cette* odeur *me* chatouille agréablement; que ce velours *est doux* au toucher, et que j'*éprouve* une certaine *douceur* à le *toucher*; qu'un corps est *chaud*, et que j'ai *chaud* à la *main*; qu'un violon *a* de beaux sons, et que ces sons me *remuent l'âme*; qu'un manteau *est* rouge, et que je *le vois rouge*. Dans tous ces exemples, en parlant ainsi, je semble admettre que la sensation que me font éprouver la viande, la fleur, le velours, le corps chaud, le violon, le manteau; je semble admettre, dis-je, que cette sensation est à la fois dans mon âme qui l'éprouve et dans l'objet qui la produit, lequel est dit *avoir* ou même *être* cette sensation.

Il ne faut pas disputer avec le langage; mais il faut distinguer ce qu'il confond.

Ne querellons donc pas sur les mots, appelons saveur, odeur, son, couleur, ce que l'on a coutume d'appeler ainsi; mais reconnaissons, c'est le premier pas de la philosophie, que ces mots désignent dans l'usage deux choses qui ne se ressemblent pas plus que l'âme où résident les sensations ne ressemble aux corps qui les produisent en elle ; or c'est une confusion évidente ; on aura beau donner le nom de rouge à la sensation que j'éprouve en voyant un certain corps, et appeler le corps lui-même du *rouge*, jamais on ne fera que ce corps soit une sensation.

Cette distinction entre la sensation, fait de l'âme, et la cause de cette sensation, objet matériel, connue des philosophes de l'antiquité, a été mise dans tout son jour par Descartes, exposée et développée par Locke, par Reid, le chef de l'École écossaise. Mon père l'a complétement admise ; mais il a fait un pas de plus : il l'a appliquée à l'espace et au temps.

Il y a pour nous une étendue visible terminée par une voûte bleue. Cette étendue n'est que l'ensemble des sensations de couleurs produite par des molécules de l'atmosphère, lesquelles, à une certaine distance, me paraissent bleues. Cette apparence de voûte est tellement en relation avec moi qu'elle se déplace avec moi ; dans quelque lieu que je me transporte, j'occupe toujours le centre d'une sphère dont elle serait la moitié. Sur ce plafond d'azur, je vois durant le jour, comme suspendu et traçant un arc au-dessus de ma tête, un globe brillant qui n'a guère qu'un pied de diamètre ; la nuit, le dôme aérien est semé de points lumineux qui s'élèvent à une extrémité de l'horizon et vont disparaître à l'autre extrémité. Cette étendue est limitée. Quand je ferme les yeux, elle disparaît ; et il n'en reste rien ; car elle n'existait que pour moi, chaque homme a la sienne qui subsiste tant qu'il la contemple, dont il est le centre, et l'on peut dire l'auteur.

Mais il est un espace réel dans lequel sont les molécules d'air, que leur distance relativement à moi me faisait paraître bleues, comme celles qui étaient à la même distance

d'un autre homme, et que je ne voyais point, lui paraissent
bleues également. Il est un espace dans lequel les molécules sont exactement pareilles à toutes les autres, dans
lequel il n'y a pas telle chose que le disque d'un pied de
diamètre qui décrit chaque jour un cercle au-dessus de ma
tête, mais un globe immense, immobile, au moins relativement à la terre. Dans l'espace, les points brillants et mobiles, glissant sur une coupole d'azur, sont des corps librement suspendus dans l'immensité, et dont les mouvements,
s'ils en ont, ne ressemblent nullement à ceux que j'observe chaque soir, et qui ne sont que des apparences. Cet
espace est invisible; quand mes yeux sont ouverts, ce n'est
pas lui que je vois ; quand ils sont fermés, il existe encore ;
quand tous les hommes fermeraient les leurs, il existerait
encore ; quand tous les êtres matériels seraient anéantis par
la puissance qui les a créés, cet espace subsisterait pour
recevoir une création nouvelle ou demeurer vide de création durant l'éternité, espace infini et réel, j'oserai dire
indestructible ; car il faut une place à l'immensité de Dieu.

De même pour la durée.

Il y a une durée dont le sentiment est produit en nous
par la succession de nos sensations et de nos pensées. Ce
qui nous la revèle nous la mesure. Cette durée dépend de
notre être. Ce temps est différent pour chaque homme et
diffère pour le même homme dans les diverses périodes de
sa vie; il est rapide dans le plaisir, et toutes les fois que
l'homme est fortement occupé ; il se traîne lentement pendant les heures de souffrance et d'ennui.

Combien la nuit *est longue* à la douleur qui veille !

Car le temps est pour nous long ou court, suivant l'état de
notre âme. « Le temps me dure! » Cette expression vul-

gaire exprime que cette durée parfois nous semble s'allon-
ger, comme d'autres fois elle se resserre. Ne dit-on pas, à
propos d'une grande émotion : « Il a vécu dix ans en un
jour? » Et l'on dit bien ; car notre âme est la seule horloge
qui marque cette durée-là. Cette durée relative à nous est
anéantie pendant notre sommeil ; elle finirait si nous ces-
sions d'être ; elle n'est que pour nous et par nous, parce
que nous sommes et en tant que nous sommes.

Le temps vrai est autre chose ; celui-là dure pendant
notre sommeil comme pendant notre veille ; il était avant
nous ; il sera après nous ; il est infini ; ce temps-là est im-
muable ; nos émotions n'abrégent ni ne prolongent son
impassible durée. Ce qui le mesure, ce ne sont pas nos
joies et nos tristesses ; ce ne sont pas nos espérances et nos
craintes, météores inconstants, inconstantes ténèbres, ai-
guilles marchant en sens contraire sur une horloge déran-
gée qui avance ou retarde toujours ; ce qui le mesure, c'est
la marche uniforme du rigoureux chronomètre, et mieux
encore, la marche régulière des astres marquant toujours
l'heure véritable sur le cadran éternel.

Cette distinction entre ce qui est relatif à nous, et
n'existe que pour nous et par nous, et ce qui est en soi,
indépendamment de tout rapport avec notre propre existence, cette distinction, portée par mon père dans ces
grandes idées du temps et de l'espace, devait l'être dans
les profondeurs de notre nature morale, et dans les racines
mêmes de notre activité intérieure, par un métaphysicien
dont les recherches sont dans une étroite liaison avec
celles de mon père, et dont cette découverte immortali-
sera le souvenir, M. Maine de Biran. Le premier, il a
fait pour l'âme ce que Descartes avait fait pour la matière :
il a distingué la substance spirituelle du sentiment qu'elle

a d'elle-même, comme Descartes avait distingué des corps
matériels les sensations qu'ils produisent. La découverte
de M. de Biran est trop importante par elle-même et par
l'emploi qu'en a fait mon père pour ne pas s'y arrêter
un peu.

Dans ma première jeunesse, j'ai beaucoup vu M. Maine
de Biran, qui daignait m'admettre, malgré mon âge, à des
réunions philosophiques qui avaient lieu chez lui tous les
vendredis. Je devais cet honneur à son amitié pour mon
père, et à un prix de philosophie remporté au Concours
général. M. Maine de Biran était d'une santé délicate ; sa
figure était franche et douce ; sa tournure, celle d'un
homme du monde ; et je connais des gens qui l'ont beaucoup vu, sans se douter qu'ils avaient affaire à un métaphysicien. Mais il était doué, à un remarquable degré, de
la faculté de se replier sur lui-même et de s'observer
intérieurement. Du reste, cette enveloppe frêle, cet esprit
délicat étaient associés à une âme virile ; il fut un des
cinq membres du Corps législatif qui, les premiers, firent
entendre à l'Empereur une plainte de la France, dans des
termes d'une modération que les circonstances rendaient
courageuses, au sein de cette commission dans laquelle il
représentait la philosophie, comme M. Raynouard la poésie,
et M. Lainé l'éloquence.

Longtemps avant cette époque, dans la retraite où il
vivait alors, Maine de Biran, au sein de cette réflexion
contemplative dont il avait l'habitude, et, on peut dire, le
génie, aperçut ce qu'aucun philosophe n'avait aperçu aussi
nettement jusque-là. Or, ce qu'il trouvait ainsi en lui,
c'était lui-même. Considérant ce qu'il éprouvait intérieurement pendant qu'il soulevait le bras, il distingua la sensation que le muscle contracté envoie à l'âme par le cerveau,

et comme cause de l'effort qui provenait de cette sensation intérieure, la personne humaine, ayant conscience de
soi dans l'exercice de son activité. Ce moment de la vie de
Maine de Biran est comme une époque dans l'histoire de
la philosophie.

Nous verrons plus tard la portée et les conséquences de
cette découverte, qui, fournissant à mon père la véritable
et la seule origine de l'idée par laquelle un effet peut être
rattaché à une cause, lui permit de démontrer l'existence
des êtres matériels et spirituels, et l'existence de Dieu lui-
même. Je n'en parle ici que sous le rapport de la distinction qui nous occupe, entre ce dont nous avons une vue
immédiate et entre ce qui est en dehors de nous, et que
nous pouvons déduire, mais que nous ne saurions voir immédiatement.

L'âme, comme la matière, est dans cette seconde catégorie. De même que nous n'apercevons pas la matière elle-
même, mais seulement la sensation qu'elle produit en nous,
de même nous ne saurions apercevoir directement la substance de notre âme; et de même que la matière en affec-
tant notre sensibilité produit en nous certaines impressions, de même l'âme dans l'exercice de son activité produit
en elle le sentiment de cette activité. Ce sentiment n'est pas
plus l'âme que la sensation n'est la matière ; mais, c'est
par lui que nous avons conscience de nous-mêmes, de
notre liberté, de notre personnalité, que nous disons *je*.
Il nous révèle notre Moi pour parler comme les philosophes,
mais un Moi qui n'existe qu'en tant qu'il apparaît, et non
substantiellement comme l'âme et indépendamment de
notre connaissance; un Moi qui ne dure que parce que
nous l'apercevons et en tant que nous l'apercevons. Toutes
les fois que l'âme cesse d'agir, il cesse de se manifester ;

il est suspendu pendant le sommeil, pendant la défaillance ; il est aboli complétement ou presque complétement dans l'ivresse, dans la folie, dans le rêve, dans la rêverie profonde, dans la passion parvenue à son dernier terme, toutes les fois que l'homme, enlevé à lui-même, se perd de vue, s'oublie, et cesse d'avoir la conscience de son activité et de sa liberté.

Pendant ce temps, la substance de l'âme existe à son insu, comme la matière, comme l'espace, comme le temps absolu existent en l'absence de nos sensations. C'est, comme on le voit, la même distinction transportée au fond de nous, comme elle a été appliquée au monde extérieur. Pour notre âme aussi, il y a ce qui nous apparaît et ce qui est véritablement, sans nous apparaître.

C'est, pour lâcher les grands mots, pour employer les termes techniques, dont je me suis abstenu avec soin jusqu'ici, dans la crainte d'effaroucher le lecteur, mais dont je crois pouvoir user maintenant que je lui ai fait, j'espère, comprendre, par le langage ordinaire, ce que ces mots expriment avec beaucoup de précision, c'est la différence du subjectif et de l'objectif. Le subjectif, c'est ce qui est dans le *sujet*, c'est-à-dire aperçu par nous ; l'objectif c'est ce qui n'est pas aperçu par nous, et qui est pour nous un *objet* de connaissance, indépendant de notre aperception immédiate.

Les Allemands ont, comme on le sait, beaucoup usé et parfois abusé de ces expressions, dont la physionomie est un peu barbare, mais qui sont parfaitement claires. Quelques applications qu'ils en ont faites serviront à en faire pénétrer le sens dans l'esprit du lecteur. Ainsi, on dit en Allemagne que la poésie épique est objective, parce qu'elle raconte des faits et peint des sentiments étrangers au poëte; et que la poésie lyrique est subjective, parce qu'elle exprime au contraire ce que le poëte éprouve lui-même; que le talent dramatique de Schiller est subjectif, parce qu'il parle sans cesse par la bouche de ses personnages, et que celui de Gœthe est objectif parce qu'il s'efface pour les laisser parler; que la musique est un art subjectif, et la sculpture un art objectif, etc.

Dans ces exemples les mots Subjectif et Objectif ne sont pas employés rigoureusement; mais ils le sont ici quand nous disons, pour résumer : « La sensation est subjective; la matière est objective. Il y a une étendue et une durée subjectives; il y a une étendue et une durée objectives; il y a un moi subjectif qui est le sentiment de notre personnalité; la substance de l'âme elle-même est objective. »

L'important était d'établir nettement, comme l'a toujours fait mon père, la distinction de ce qui est apparent[1] et réel, si on aime mieux des expressions moins rigoureuses, mais dont le sens a été, je pense, suffisamment déterminé par ce qui précède.

Une fois cette distinction bien assise, et on vient de voir en vertu de quelle circonstance elle n'avait jamais pu être aussi complète qu'après la découverte de mon père, touchant l'espace et le temps, et celle de M. de Biran, touchant la personnalité humaine, une fois cette distinction bien assise, on peut dire que la philosophie a fait un grand pas vers la solution de la question : « Qu'est-ce qui existe? »

---

[1] Au lieu de ce qui est apparent, mon père emploie le mot *phénomène*, qui dans son acception primitive a le même sens; il lui opposait le mot *noumène*, ce qui est pensé, c'est-à-dire, ce qui ne peut être immédiatement perçu, pour désigner tout ce qui est conçu comme existant réellement et indépendamment de nous.

Car, elle a détruit la confusion qui prévaut universellement
chez tous ceux qui ne philosophent pas, et à laquelle n'ont
pas échappé, au moins complétement, les philosophes eux-
mêmes, entre ce qui ne fait qu'apparaître et ce qui est
véritablement.

Ce pas était hardi mais dangereux. Ainsi séparée de la
réalité avec laquelle elle est accoutumée à se confondre, la
pensée se trouve dans un grand isolement. Ce qu'elle croyait
tenir s'est retiré d'elle et semble s'éloigner et s'enfoncer
dans le néant ; elle éprouve quelque chose de la terreur
qui saisit l'homme quand il plonge sa vue dans les régions
de l'immensité. La voilà séparée de tout objet par la distance infinie de l'apparence à l'être, distance auprès de
laquelle l'intervalle qui s'étend de notre terre jusqu'aux
plus lointaines étoiles n'est rien ; dans ce vide qu'elle a
fait autour d'elle, « le silence des espaces l'effraye ; » parvenue sur ces hauteurs où rien de ce qui est hors d'elle ne
l'a suivie, et d'où toute réalité extérieure à elle disparaît à
ses yeux, se trouvant seule en présence d'elle-même, elle
est menacée de vertige ; elle est près de choir dans quelque
précipice. S'y laissera-t-elle tomber, ou cherchera-t-elle à
atteindre cette réalité qu'elle a perdue ? Demandera-t-elle
à la philosophie, qui la lui a ravie, de la lui rendre ? Espè-
rera-t-elle encore de posséder à meilleur titre ce dont elle
s'est dépouillée ?

Tour à tour, les philosophies ont fait l'un ou l'autre ;
elles se sont égarées, tantôt par l'abandon d'une partie de
la vérité qu'elles n'ont pas su reconquérir, tantôt par les
efforts même qu'elles faisaient pour la ressaisir. Selon leur
inclination, les philosophes ont sacrifié la matière ou l'esprit ; Berkeley s'est résigné à nier la première ; et il ne
faut pas en rire ; car l'existence de la matière n'est pas

facile à prouver, et les matérialistes feraient bien de commencer par là, avant de prétendre y ramener tout.

Les matérialistes du dernier siècle appartenaient à l'école
qui n'admettait dans l'intelligence que la sensation ; ils
eussent été bien habiles de tirer non-seulement la preuve,
mais même la notion de la matière, d'une sensation. Ils
ont sacrifié l'esprit, auquel ils tenaient moins sans doute,
et qu'ils n'auraient pas pu prouver davantage. Kant a soufflé
sur le temps et l'espace vrais, en en faisant ce qu'il appelle
« des formes de notre sensibilité. » L'école de Condillac,
retranchant de l'homme la personnalité humaine, en vient
à dire, car elle l'a dit : qu'un Moi est une collection de sensations comme un bal une collection de danseurs.

Quelques-uns, en niant avec Berkeley la réalité de la
matière, niaient en même temps avec les matérialistes la
réalité des esprits. Par cette voie, Spinosa en venait à ne
plus reconnaître d'autre substance que la substance absolue, dont, pour lui, la pensée et l'étendue étaient deux
modes. Arrivé là, il n'y avait pas beaucoup de chemin à
faire pour ne voir dans l'univers que la Mâyâ indienne, la
grande Illusion, et pour trouver la béatitude dans l'absorp-
tion au sein de l'être infini, sans nom, sans attributs, et
qui, à force d'être dégagé de toutes les formes de nos conceptions, a peine à se distinguer du néant.

Il ne faut pas, comme le fait trop souvent la médiocrité,
prendre en dédain les grands égarements de l'esprit humain ; car, une fois sorti de la confusion dans laquelle vit
le vulgaire entre ce qui est en lui et ce qui n'est pas en
lui, entre ses pensées et les choses, et la moindre réflexion
force à en sortir, on est exposé à nier tour à tour, ou tout
ensemble, la matière, le temps, l'espace, l'âme et Dieu.
Le bourgeois timide qui reste au foyer de sa famille, est-il

bienvenu à mépriser le navigateur qu'entraîne sur des
mers inexplorées l'ardeur des découvertes, même quand le
vaillant navigateur fait naufrage? Non, sans doute; et le
genre humain a toujours donné la gloire à ces hommes
qui, après avoir brisé les lisières de la coutume, ont cherché la certitude par les voies de la science. C'est pour un
d'eux que je viens demander cette gloire-là; et je ne crois
pas qu'il soit un de ceux qui ont fait naufrage.

Le système métaphysique de mon père a eu pour but de
combler l'abîme que le hardi génie de Descartes avait ouvert, que les découvertes de M. de Biran et les siennes
avaient achevé de creuser, entre les seules possessions et
les seules puissances que conserve notre intelligence réduite
à elle-même, et toutes les grandes réalités auxquelles nous
ne saurions désespérer de croire.

C'est ce noble désir qui a inspiré avant lui d'autres tentatives philosophiques, dont le monde s'est beaucoup occupé,
et que sincèrement je crois moins heureuses que la sienne.
Pour ne parler que des modernes, Descartes, afin de sortir de
son doute méthodique, vrai commencement de toute philosophie, s'est adressé tour à tour aux idées innées, qui n'ont
pu tenir contre le bon sens de Locke, et à la véracité de Dieu;
cercle vicieux, car si la raison a besoin de s'appuyer sur
l'autorité divine, comment prouvera-t-elle Dieu? Sur le principe que tout ce dont nous avons une idée claire existe? ce
que réfute facilement et la conception très-claire de ce que
nous savons n'être pas, et le succès de tant de notions
fausses qui ne se sont propagées que parce qu'elles étaient
aussi faciles à saisir qu'elles sont difficiles à démontrer.
Malebranche, pour donner à nos idées une valeur objective,
on sait maintenant ce qu'il faut entendre par là, en a dépouillé notre intelligence; où elles résidaient pourtant, pour

aller les placer dans le sein de Dieu. Tourmenté par la difficulté d'établir que les idées qui sont en nous puissent réfléchir fidèlement ce qui est hors de nous, Leibniz a imaginé
des monades dont chacune contient la représentation de
l'univers.

Condillac a cru trancher la difficulté qui consiste à mettre
en rapport ces deux termes, ce qui est nous et ce qui n'est
pas nous, en mutilant le premier et en supprimant le second. Reid, averti par son bon sens écossais, Locke l'avait
devancé, que les sens ne pouvaient atteindre la matière,
imagina pour les objets une faculté de perception prétendue
naturelle, inexplicable, incompréhensible, née pour le besoin de la cause, et qui marquait l'ignorance des procédés
par lesquels nous arrivons à l'idée de la matière, procédés
que mon père devait découvrir et décrire.

Kant, sous des formes difficiles à pénétrer, établit une
doctrine métaphysique dont, au fond, le résultat était de refuser à la pensée la puissance de sortir du monde subjectif,
la phrase est de Kant, c'est-à-dire d'elle-même. Fichte fut
l'auteur d'une tentative follement héroïque ; il voulut faire
produire par notre propre activité personnelle toutes les
notions, même celles qui nous viennent le plus évidemment
d'ailleurs. Ce système était moins déraisonnable cependant
que le système de Condillac. Tout tirer de notre activité personnelle, c'était trop sans doute ; mais tout tirer de la sensation qui est purement passive, c'était bien plus ! Les deux
autres grands successeurs de Kant, Schelling et Hegel, se
sont efforcés, chacun à sa manière, de se débarrasser de
cette difficulté, de la distinction du subjectif et de l'objectif, que nous venons de voir si souvent la pierre d'a-
choppement de la philosophie, en s'élevant à un point de
vue qu'ils appellent transcendantal, et où les deux termes

que la philosophie a d'abord distingués sont identifiés par une philosophie supérieure.

Je n'ai pas à m'engager sur ce terrain, où mon père n'a jamais mis le pied; mais j'indique cet ordre de solutions, afin qu'il marque la limite des efforts qu'on a tentés pour trouver un passage entre nos perceptions et la réalité. Ce but, que tant de grands esprits ont manqué, mon père a cherché à l'atteindre par une voie qui lui est propre. Je demande aux amis de la philosophie de l'y suivre, avec un esprit libre de toutes préventions, et de voir si par hasard ce chemin ne serait pas le meilleur pour arriver au terme où ils tendent eux-mêmes, et que mon père a déclaré plusieurs fois être le sien, c'est-à-dire la réconciliation de la philosophie avec le bon sens et les croyances indestructibles du genre humain.

A part ce grand résultat, on trouvera sur la route une foule de vues pleines de nouveauté sur toutes les parties de notre nature intellectuelle; car la marche que mon père avait choisie et que je suivrai dans l'exposition de ses idées, c'était de tracer un tableau des facultés intellectuelles et de leurs produits. Ce tableau est en même temps une histoire; car les faits psychologiques y sont placés dans l'ordre de leur apparition. A mesure qu'ils se manifestent, ils sont décrits et classés, leur origine est expliquée, et une enquête est instituée touchant la certitude de nos divers moyens de connaître.

Je présenterai les traits essentiels de ce système, qui embrasse tous les degrés, et, pour ainsi dire, tous les âges du développement intellectuel de l'homme et que couronne la théorie complétement neuve des rapports. En présence de cette théorie des *rapports*, qui selon moi est une vue de génie, le lecteur compétent jugera si mon père a franchi l'inter-

valle, jusqu'ici infranchissable, qui sépare la connaissance
de la réalité, l'intelligence de la substance, et si la métaphysique a eu son Christophe Colomb.

CHAPITRE III

DE LA SENSATION.

Mon père commençait, par l'étude de nos sensations,
l'histoire de notre intelligence, parce que la sensation précède tout le reste. Loin d'être, comme on l'a dit, l'unique
source de nos idées, les sens ne peuvent nous donner aucune idée véritable : ils ne peuvent nous en fournir que
quelques éléments. Pour concevoir, pour comparer, pour
abstraire, il faut autre chose que sentir; il faut être et avoir
le sentiment de son existence; et ce sentiment que nous
puisons dans celui de notre activité, les sensations essentiellement passives ne sauraient nous le donner.

Condillac, qui parlait beaucoup d'analyse, s'était dispensé d'analyser l'intelligence humaine, trouvant plus commode de ramener tout l'homme pensant à un principe qui
seul ne pouvait donner la pensée. Imaginez un chimiste qui
ne verrait qu'un élément et le moins énergique de tous
dans un corps très-composé; ou encore mieux, un alchi-
miste qui enseignerait la transmutation des métaux et pré-
tendrait les tirer tous d'une substance qui ne serait pas
même un métal. Cela est beaucoup moins impossible que

de faire sortir une idée abstraite, un jugement moral, un acte volontaire, d'une sensation.

La sensation, disait mon père, est tellement incapable de savoir, qu'elle est incapable de se tromper ; c'est comme l'instinct des animaux, dont le caractère, et l'infériorité, est d'être infaillible. L'abeille construit toutes les cellules de sa ruche parfaitement régulières, parce qu'elle obéit aux lois mécaniques de l'instinct. L'homme peut se tromper, et c'est là sa grandeur ; car il ne peut se tromper que parce qu'il est intelligent. De même, nos sens ne nous abusent jamais. Ce qui nous abuse, ce sont les conclusions que nous tirons de nos sensations. Cette tour, de loin, me paraît ronde, et elle est carrée ; l'erreur n'est pas dans ma sensation ; elle est dans le jugement que je forme à propos de cette sensation. Nos sens ne peuvent nous tromper sur la nature réelle des choses, parce qu'ils ne peuvent rien nous en apprendre. C'est ce que Lucrèce a développé en beaux vers (liv. IV, v. 385 et suivants) ; mais il a glorifié nos sens de cette infaillibilité, qui n'est que l'infaillibilité de l'ignorance.

Dépouillé de tout ce qu'on lui avait faussement attribué, le phénomène de la sensation n'en est pas moins important à étudier, soit réduit à lui-même, car il est, sinon le principe, au moins le précurseur de tout le développement de notre activité intellectuelle[1], soit surtout considéré, par rapport à ce développement, dans les associations qu'il forme avec lui ultérieurement, et qui ne peuvent être observées qu'après l'apparition de notre personnalité.

Avant cette apparition que précède dans l'enfant l'état purement sensitif, la sensation mérite pourtant d'être étudiée avec attention ; car elle contient des éléments qui ser-

---

[1] Le système sensitif sert de cause occasionnelle à tout le développement de l'activité de notre intelligence. » — Lettre de mon père à M. de Biran.

viront à construire des idées. Mon père a analysé avec un
soin très-minutieux la sensation, que les métaphysiciens
de l'école de Condillac ont exaltée beaucoup plus, mais
qu'ils avaient observée beaucoup moins exactement.

Ainsi, il a porté une analyse très-exacte dans la distinction de la partie représentative et de la partie affective de
nos sensations.

Par partie représentative d'une sensation, il ne faut pas
entendre la représentation d'un objet extérieur, ni même
de ses qualités ; car la sensation, à parler vrai, ne représente
rien ; elle naît en nous à l'occasion d'une cause extérieure à
nous ; mais cette cause, qui est une certaine disposition de
molécules matérielles, ne peut ressembler à une impression
reçue par notre âme, pas plus qu'une cloche ne ressemble à
un son. La philosophie moderne a rejeté avec raison ces
prétendues images des choses, qui s'en détacheraient pour
venir frapper nos sens et apporter à notre âme ces ressemblances des objets que Lucrèce appelle des simulacres ou
des « membranes. » Nos sensations ne représentent donc
point les causes de nos sensations comme images de ces
causes ; mais elles les représentent comme signes de leur
action.

Confondre le signe et la chose signifiée est une des erreurs les plus naturelles à l'homme qui ne réfléchit pas.
Comme disait mon père : « Le paysan ne peut concevoir
que le nom qui est un signe ne soit pas inhérent à la chose
signifiée, et que du fer ne s'appelle pas nécessairement du
fer. » Ainsi faisons-nous pour nos sensations, signes de la
présence des êtres qui les produisent, et que souvent nous
ne distinguons pas de ces êtres.

La partie représentative d'une sensation, c'est tout ce
qui en elle ne nous modifie ni agréablement, ni désagréa-

blement. Cette modification en plaisir ou en déplaisir, c'est la partie affective de la sensation. Je vois une couleur, j'entends un son ; cette couleur est bleue, ce son est aigu ; voilà ce qui forme, dans ce que j'ai senti, la partie représentative ; cette couleur me plaît, ce son me blesse ; voilà la partie affective.

Mon père remarquait que la portion affective des sensations devait être chez les enfants plus vive qu'on ne l'imagine.

« Voyez, disait-il, avec quel plaisir ils semblent suivre le mouvement de la lumière ou d'un objet quelconque déplacé devant eux ; il n'y a, ajoutait-il, de purement représentatives que les sensations dont l'habitude a flétri la partie affective ; il n'y a de purement affectives que celles où la vivacité de la partie affective couvre et dérobe la partie représentative. »

Il n'admettait pas que certains sens, l'odorat par exemple, ne pussent nous donner que des sensations purement affectives ; il le prouvait par l'exemple d'un aveugle qui, dans la boutique d'un pharmacien, reconnaîtrait par l'odorat la différence de divers médicaments. Les odeurs de ces médicaments seraient pour lui de véritables signes représentatifs de leur nature. Il est bien probable que dans le flair d'un chien une partie est représentative du gibier qu'il poursuit à la trace.

Après ces fines distinctions entre la partie représentative et la partie affective de nos sensations, mon père arrivait à une analyse approfondie de la sensation elle-même.

Quand un objet extérieur modifie notre sensibilité, il y a d'abord impression ; l'impression n'est point encore la sensation toute entière, mais seulement le résultat, sur notre système nerveux, d'une action en général extérieure à ce système. Comme toute action produit une réaction, l'organe impressionné réagit; et, par cette réaction de l'organe, l'impression est convertie en sensation. Un effet de la réaction de l'organe sur l'impression est que, dans certains cas, cette réaction se propage aux muscles et produit des mouvements qui n'ont été ni prévus ni voulus. Tels sont les premiers mouvements instinctifs, nécessaires à la conservation de l'animal. Encore aujourd'hui, quand nous fermons l'œil, ou plutôt quand l'œil se ferme, car notre volonté n'y est pour rien, à la vue d'une vive lumière aperçue en sortant de l'obscurité, c'est par l'effet d'une de ces réactions qui accompagnent nécessairement la première impression des objets sur nos organes. La réaction ne produit pas toujours des mouvements instinctifs; mais ce qu'elle est toujours, c'est une trace de l'impression que l'âme a reçue par le cerveau, de l'effort qu'a produit instinctivement l'organe en réagissant.

Ceci permet de concevoir comment l'image diffère de la sensation. « Après que l'impression a cessé, dit mon père, l'organe qu'elle a fait réagir conserve son aptitude à reproduire la même réaction, même en l'absence de la cause qui l'avait d'abord produite. Ainsi naît l'image. » Il faut voir chez mon père lui-même comment il a expliqué pourquoi nous ne confondons point une sensation présente avec l'image d'une sensation passée, bien que l'image puisse être parfois aussi vive et même plus vive que la sensation présente ; comment il a poursuivi dans le plus grand détail, et démêlé avec une puissance et une subtilité d'analyse infinies, les associations qui s'établissent entre les sensations présentes et les images d'une sensation passée, et aussi d'autres réactions qui ont eu lieu dans le même organe ou dans des organes différents, et dont l'une, se produisant, a pour effet naturel de rappeler les autres. C'est par ces délicates analyses qu'il est parvenu à expliquer, par exemple, un fait philosophique très-curieux qu'ont pu reconnaître toutes les personnes qui fréquentent l'Opéra Italien, mais dont peu d'entre elles, sans doute, se sont rendu raison.

« Si les paroles que l'on chante, dit mon père, ne sont pas fortement prononcées, l'auditeur assis dans le fond de la salle ne reçoit que l'impression des voyelles et des modulations musicales, mais n'entend point les articulations, et partant, ne reconnaît pas les mots. Qu'il ouvre alors le livret de l'opéra ; et en suivant des yeux, il entendra très-distinctement ces mêmes articulations que tout à l'heure il ne pouvait pas saisir. Voici ce qui passe en lui. La vue des caractères qu'il a devant les yeux, se composant non-seulement de la sensation visuelle du moment, mais des images des sensations de même espèce qu'il a éprouvées en apprenant à lire l'italien,... la vue des paroles écrites réveille en lui les images sonores et acoustiques des paroles prononcées ; et les images des sons renforçant dans son organe les impressions trop faibles qu'il reçoit de la scène, il en résulte une audition distincte. » Cet exemple montre à quel point les images des sensations antérieures modifient nos sensations actuelles ; elles peuvent nous faire voir plus que nous ne voyons, et entendre plus que nous n'entendons.

Le domaine de la sensation pure, que l'école de Condillac avait fait si vaste, est bien étroit dans la réalité. Pour trouver un état purement sensitif dans lequel l'activité personnelle n'intervienne pas, il faut remonter aux premières époques de l'enfance ou considérer la nature inférieure de l'animal, toutes deux soustraites à l'observation directe. Dans notre existence actuelle, il est un état dans lequel nous n'avons que des sensations et des images : c'est le rêve. Quand nous rêvons, notre personnalité a disparu ; nous ne pouvons plus vouloir, nous souvenir, combiner, réfléchir ; nous sommes le jouet passif des sensations et des images. Pendant le sommeil, une image peut faire naître une sensation, et une sensation évoquer une image ; quand on s'est vu précipiter d'une grande hauteur, on se réveille le corps brisé ; et une position gênée qui fait souffrir un muscle, amène dans le rêve toutes sortes de circonstances bizarres, qui nous paraissent produire en nous cette douleur. Tant que dure l'état singulier du rêve, les sensations et les images s'enchaînent entre elles au hasard, et indépendamment de l'ordre où nous les avons reçues ; car nous ne sommes plus là pour rétablir cet ordre. Notre imagination est purement passive, comme tout notre être. Mais quand l'activité, la liberté, la personnalité nous seront revenues avec le réveil, nous retrouverons l'imagination active, celle qui forme avec des images des combinaisons voulues. C'est l'imagination des peintres et des poëtes.

Ce qu'il y a de plus important pour l'histoire de nos idées dans l'état purement sensitif, c'est qu'un tel état nous donne cet ensemble de sensations visuelles juxtaposées, qui sera pour nous la seule étendue, jusqu'au jour où nous concevrons, derrière cette étendue apparente et bornée, un espace réel et infini.

Il est nécessaire de s'arrêter à la formation de cette image de l'étendue, produite en nous par la simple faculté de sentir et de réagir sur des substances.

Je laisserai parler mon père : « Quand plusieurs causes de sensation agissent concurremment sur le même point

du système nerveux, le phénomène qui en résulte s'offre
à nous comme une sensation unique différente de chacune
de celles qui auraient été produites par ces causes, si elles
avaient agi séparément; par exemple, un rayon jaune
et un rayon bleu, tombant simultanément sur un même
point de la rétine, produisent une sensation de vert ; mais
quand les causes de sensation agissent simultanément sur
des points différents d'un même organe, et à plus forte
raison sur des organes différents, il y a pluralité de phénomènes distincts ; et chacun d'eux s'offre à nous comme si
la cause qui l'a produit agissait seule.

« Si les points de l'organe nerveux sur lesquels porte
l'action de ces causes sont disjoints, les sensations qui en
résultent nous apparaissent disjointes ou isolées ; tel est
l'aspect que nous offrent pendant la nuit les étoiles du
firmament.

« Si, au contraire, les causes de sensation agissent sur
une série ou un système de points nerveux contigus, le
phénomène total, résultant des phénomènes partiels qui
correspondent à ces différents points, nous apparaît revêtu
de l'étendue phénoménique ; c'est-à-dire, nous acquérons
ainsi l'apparence de l'étendue. » Mon père fait remarquer
que cette image de l'étendue ne suppose pas nécessairement la faculté de voir, et que les sensations, produites en
promenant notre main sur des surfaces, nous donneraient
aussi, par la juxtaposition des images tactiles, une sensation
étendue. C'est l'étendue obscure des aveugles de naissance,
dont ils ont même l'image, puisqu'ils s'y meuvent et s'y
dirigent, et y construisent par la pensée des figures de
géométrie, quand ils sont géomètres comme Saunderson.

Il n'y a jusqu'ici, dans le monde intérieur que j'étudie,
rien autre chose que des sensations passivement éprouvées,

des images de ces sensations, des réactions involontaires et des mouvements instinctifs qu'elles déterminent. Tout cela s'associe au hasard fatalement comme dans l'animal, ou seulement au hasard comme dans le rêve et la folie. Dans ces deux états, il n'y a pas de personnalité, de volonté, de liberté ; on est passif, c'est-à-dire qu'on n'est pas ; aussi n'est-on pas responsable de ses actes. L'animal est dans le même cas ; il a des sensations, et ces sensations déterminent les mouvements instinctifs, auxquels elles sont liées. Certains faits observés, surtout chez les animaux domestiques, que l'action de l'homme sur eux place dans des circonstances particulières, feraient croire qu'il y a chez eux autre chose que des sensations et des mouvements instinctifs ; qu'il y a volonté, délibération. Mais il ne faut pas s'arrêter à ces faits exceptionnels, inexpliqués et inexplicables ; il faut prendre, non tel ou tel individu, mais l'animalité en général. On peut alors affirmer que l'animal est un être purement sensitif et instinctif, qu'il n'a point été doué de l'activité interne, dont l'exercice nous donne la conscience de notre personnalité, qu'il n'a point le sentiment du Moi. En effet, nous le verrons bientôt, le Moi, dès que ce sentiment nous apparaît, avec le caractère de liberté ; le Moi ne peut se voir sans se voir libre. Or, accorderez-vous à l'animal la liberté morale ? Si vous la lui accordez, comme être libre, il est capable de faire le bien et le mal ; il peut mériter ou démériter ; il faudra comme au moyen âge pendre ou brûler les animaux coupables de quelques méfaits, non pour s'en délivrer, mais pour les punir ; et l'Académie française doit préparer des couronnes pour les animaux vertueux.

Le sentiment du Moi est donc propre à l'homme, et à l'homme en possession de lui-même : *Compos sui*. Quand

il cesse de l'être ou avant qu'il n'y parvienne, il est ce que
Condillac voulait qu'il fût toujours : « Il n'est qu'un être
sentant, un être passif qui s'ignore, parce que le sentiment
de son existence ne peut lui être donné que dans l'action :
« *Vivit et est vitæ nescius ipse suæ.* »

En effet la sensation existe; mais il n'y a personne
encore qui se voie sentir. La nature extérieure frappe à la
porte de l'âme : mais l'hôte n'est pas éveillé et n'entend
pas. L'être qui ne fait que sentir ne peut même savoir qu'il
sent ; car, il ne saurait se distinguer de la sensation; il est
absorbé dans la sensation, il est la sensation. Quand l'o-
deur de la rose vient le frapper, il est l'odeur de la rose,
comme dit Condillac. Seulement, il faut ajouter que; quand
l'homme est l'odeur de la rose, il n'est pas encore.

Le moment est venu de quitter cette région infime
de la pure sensation, où l'homme ne se distingue point de
l'animal, à laquelle appartient le rêve, l'imbécillité, le
délire, pour entrer dans une région supérieure et vraiment
humaine, dans laquelle l'être actif et libre intervient, combinant les matériaux que les sens lui fournissent avec les
produits de son énergie propre; et ainsi, s'élevant à la
notion de la cause, de la durée, de la matière, de l'âme, il
découvrira les rapports qui lient les choses, les lois qui les
gouvernent, et l'intelligence qui les a créées.

CHAPITRE IV

DU SENTIMENT DE NOTRE PERSONNALITÉ, OU DU MOI.

Voici un des faits les plus singuliers que présente l'histoire de la philosophie. Depuis deux mille ans, l'homme s'étudie lui-même; la nature et les facultés de notre esprit ont été l'objet des méditations les plus profondes, des analyses les plus subtiles; on a disserté à l'infini sur la matière, sur l'esprit, sur Dieu; en outre, le monde matériel a été décrit et appliqué par la science, depuis le cèdre jusqu'à l'hysope, depuis la molécule vivante jusqu'à l'éléphant, et la baleine; depuis l'atome que pèse le chimiste jusqu'à la nébuleuse que le télescope décompose dans les profondeurs de l'espace. Il n'y a qu'une chose dans l'univers que l'homme ait longtemps négligé d'observer et souvent de reconnaître; c'est lui-même !

Il a bien observé ses passions, ses sentiments, ses facultés, tout ce qu'il reçoit du dehors ou produit au dedans; mais ce qui est proprement lui, ce qui dit *je*, le Moi[1], puisqu'il faut l'appeler par son nom, le Moi a été presque toujours à peine entrevu, rarement nommé dans les nomenclatures des philosophes. L'humanité a fait comme ces quatre frères qui ne se croyaient que trois et allaient à la recherche du quatrième, parce que celui qui comptait les autres ne songeait jamais à se compter lui-même.

---

[1] Il faudrait dire le Je « *quod* ego *appelatur,* » dit Leibniz; en allemand: « das Ich; » car *je*, c'est le sujet, auteur de l'action; Moi exprime l'objet : « Je frappe, frappez-*moi*. » Mais l'usage a prévalu. Pascal a dit, parlant il est vrai en Janséniste et non en métaphysicien, mais parlant un français qui fait loi : « Le Moi est haïssable. »

Ce fait n'est pas aussi extraordinaire qu'il peut sembler d'abord. L'homme, en toute chose, commence par le dehors ; la réflexion est la dernière faculté qui s'éveille en lui, et la réflexion n'est arrivée à ce qui nous est le plus intime qu'en passant par tout ce qui nous est plus ou moins extérieur. Celui qui a suivi attentivement la marche générale de l'esprit humain ne pourra s'étonner qu'il en ait été ainsi.

La philosophie antique, c'est-à-dire la philosophie grecque, il n'y a pas de philosophie romaine, si riche en expressions métaphysiques, n'a jamais, que je sache, appelé le moi par son nom [1]. Les Grecs étaient trop dominés par le monde externe pour descendre jusqu'au fond et au centre du monde intérieur. La scholastique du moyen âge, dans sa terminologie barbare, mais savante, et dont le défaut était moins d'omettre que de trop distinguer, ne vit pas que ce qu'elle appelle le sujet est une abstraction et non un fait d'observation et de conscience. Le moyen âge se plaisait dans l'abstraction ; et en toutes choses, l'observation leur était presque étrangère. Descartes a bien pris pour point de départ de sa philosophie : « Je pense, » mais en se hâtant d'ajouter : « Donc je suis, » il a confondu avec le sentiment de notre personnalité la substance de notre âme, dont ce sentiment n'est que la manifestation ; et ce génie hardi, du premier bond, s'est précipité de la psychologie dans l'ontologie.

Malebranche, spéculatif encore plus intrépide que son maître, mais ayant davantage la faculté de se replier sur lui-même, a été plus près de distinguer la personnalité,

---

[1] Cicéron a beaucoup approché de la notion du Moi, se sentant lui-même, quand il a dit : « *Mens igitur ipsa quæ sensuum fons est, et quæ etiam ipsa sensus est.* »

dans laquelle l'âme s'aperçoit immédiatement, de l'âme elle-même, en tant qu'elle existe indépendamment de cette aperception [1].

C'est Leibniz, grand esprit qui était observateur autant que géomètre, comme il réunissait à la faculté métaphysique la science de l'histoire, c'est Leibniz qui, le premier, je crois, a donné au Moi son nom, et l'a vu là où. on peut le découvrir dans l'acte réfléchi : « ... *Actus reflexi... quorum vi istud cogitamus quod ego appellatur*, les actes réfléchis... par l'énergie desquels nous pensons ce qui s'appelle moi. » Mais on a bientôt abandonné cette hauteur d'analyse.

Condillac a déclaré que le Moi était une abstraction, tandis que la sensation seule était une réalité, rayant l'homme de la liste des faits humains.

C'est réellement à notre siècle qu'il était réservé de démêler clairement l'existence du Moi humain, et de lui rendre tout ce qui lui appartient dans le développement de notre intelligence. A M. Maine de Biran revient l'honneur du premier de ces deux grands progrès de la science philosophique ; je viens revendiquer le second pour la mémoire de mon père.

On ne peut dire que M. Maine de Biran ait découvert le Moi. On a vu que Leibniz l'avait connu. Kant a dit : « Notre propre Moi, considéré comme objet de notre pensée, n'est aussi pour nous qu'un phénomène ; nous ne savons rien, nous ne pouvons rien savoir de ce qu'il est en lui-même. » Oui, c'est un phénomène, répondrait mon père, et nous ne savons immédiatement rien de ce qu'il

---

[1] Voir le passage cité plus loin à propos de la querelle de Malebranche et d'Arnauld sur cette question : « Les idées sont-elles dans l'âme? »

est en lui-même ; mais nous pouvons arriver à en savoir quelque chose par l'intermédiaire du raisonnement. C'est ce qu'on verra dans la suite. Mais le Moi-phénomène de Kant, c'est-à-dire ce moi qui nous apparaît, est bien celui de M. Maine de Biran et celui de mon père.

Fichte est le héros du Moi ; non-seulement il l'a connu, mais il en a usé et abusé. Au lieu de me répéter, je donnerai au lecteur le plaisir d'entendre M. Cousin, qui expose toutes les doctrines en homme à qui ses méditations origi-nales ont rendu tous les résultats familiers et comme siens : « Fichte, ainsi que M. de Biran, parle de l'acte primitif du vouloir, dans lequel le Moi s'aperçoit lui-même comme forcé libre et se distingue de tout ce qui n'est pas lui ; ce Moi qui se pose d'abord lui-même, qui va sans cesse se dé-veloppant et se réfléchissant, est le principe unique duquel Fichte a tiré toute sa psychologie, toute sa métaphysique, toute sa religion, toute sa morale, toute sa politique [1]. »

On voit que le Moi de Fichte est un conquérant, un usurpateur ; mais on ne peut refuser à celui qui lui a donné le champ tout entier de la pensée de l'y avoir découvert avant M. Maine de Biran. Enfin, mon père lui-même, qui proclame en plusieurs endroits tout ce qu'il doit à la dé-couverte de son ami, en avait fort approché. Avant de con-naître M. Maine de Biran, qui devait lui révéler complétement l'origine véritable du Moi, mon père, qui l'entrevoyait déjà dans l'effort [2], le cherchait dans l'attention, l'attention qui, comme il l'a dit quelque part, est une action.

---

[1] *Du Physique et du Moral de l'homme*, par M. de Biran, préface de M. Cousin, page xi.

[2] Je lis dans un fragment écrit à Polémieux, près de Lyon, probablement avant que mon père vînt à Paris, en 1804 : « Rapport, aperçu, causalité, perception d'effort entre deux moi. »

L'activité de notre Moi se révèle sans doute dans l'attention ; mais mon père a reconnu qu'elle ne s'observe pas
toujours nettement, et il en a ingénieusement exposé la
raison.

Ce qui constitue le mérite propre de M. Maine de Biran,
c'est, d'une part, d'avoir concentré toute la puissance de
réflexion dont il était doué sur ce qu'il appelait l'aperception interne de notre personnalité, d'en avoir fait, pour
ainsi dire, l'affaire de sa vie psychologique, et par là d'avoir
donné à la personnalité, ainsi aperçue, l'importance fondamentale qu'elle méritait d'avoir ; ce à quoi personne ne
s'était suffisamment arrêté et attaché. C'est, en outre, d'a-
voir le premier su poser nettement et décrit, avec une exactitude toute scientifique, le fait psychologique, dans lequel
la conscience de notre personnalité nous est donnée de la
manière la plus manifeste et la plus irrécusable.

Ce fait complexe, c'est tout ce qui se passe en nous
quand nous contractons un muscle pour lever notre bras,
par exemple, avec l'intention de le lever.

Si nous observons alors attentivement ce que nous éprouvons, nous distinguons d'abord une sensation dans le muscle du bras ; c'est la sensation musculaire, sur laquelle
M. de Tracy a le mérite d'avoir appelé l'attention des psychologistes, sensation différente, par sa nature, de celles
qui proviennent de l'action des objets extérieurs sur le
système nerveux, et de celles qui s'engendrent dans le cerveau par suite de son activité propre, comme dans l'effort
d'attention.

Cette sensation musculaire ne nous a pas été donnée primitivement dans le muscle du bras, mais, comme toutes
les autres, dans le centre sensitif, « sensorium commune ».
C'est pour avoir reconnu qu'elle correspondait au mouve-

ment du bras que nous l'y avons localisée ; et maintenant, l'habitude ne nous permet plus de l'en séparer. Mais primitivement, comme toutes les sensations, nous l'éprouvions dans le cerveau. C'est ce que prouve le fait curieux et souvent cité d'un homme à qui on a amputé un membre, et qui croit éprouver une douleur dans le membre qu'il n'a plus ; le souvenir la réveille dans son cerveau ; et par suite d'un déplacement de cette sensation, que l'habitude avait créée, il la transporte alors là où il l'avait localisée autrefois. Je mentionne ici ce curieux fait psychologique, seulement pour achever de caractériser la sensation musculaire ; j'y reviendrai.

En dehors de cette sensation, j'ai, quand je lève volontairement le bras, le sentiment d'un effort que je fais librement et pourrais ne pas faire ; avant cet effort voulu, j'en ai accompli beaucoup d'autres, dont je n'avais pas conscience parce qu'ils étaient instinctifs, produits par la réaction spontanée de mon organisation sur les impressions sensibles. Mais, cette fois, j'ai la conscience de mon effort. Je vois, d'une vue intérieure immédiate, que je le produis ; j'ai l'intuition de moi-même comme agissant ; le moi m'apparaît dans l'effort que j'ai produit, et comme cause de la sensation musculaire, de l'effort du bras, laquelle en révèle l'accomplissement. Voilà une chose bien petite en apparence : j'ai levé mon bras, et j'ai observé ce qui se passait en moi pendant un temps très-court ; mais les résultats de cette observation sont immenses ; car je suis parvenu à surprendre ma personnalité en acte, à m'apercevoir nettement moi-même. J'ai le sentiment de cette personnalité de ce moi : « Certissima scientia et clamante conscientia. » Tout va ressortir de là ; car le principe actif qui est en moi est celui qui formera les idées et découvrira les vérités. Dans le petit fait de

l'effort voulu, outre le moi qui produisait l'effort, se trouve
contenue l'idée du rapport de la cause à l'effet, idée que le
spectacle du monde extérieur n'aurait pu me donner,
comme nous le verrons bientôt, et avec laquelle mon père
parviendra à expliquer d'abord comment nous sommes
arrivés à la conception de ce qui est hors de notre Moi, et
comment nous pouvons prouver la réalité de cette conception; de sorte que, du fait observé par M. Maine de Biran,
découle la possibilité d'arriver à la notion et à la preuve de
l'existence de ces trois choses : l'univers matériel, l'âme immortelle de l'homme, et Dieu.

On voit que, pas plus que ne l'a fait mon père, je ne refuse à ce penseur qui a eu une si heureuse inspiration
l'hommage qui lui est dû, et que je ne cherche pas à
amoindrir l'importance de sa découverte. Je ne serai donc
pas suspect de partialité quand je dirai que, d'après ma
conviction intime, c'est à ce point seul que se bornent les
services rendus à la philosophie par M. de Biran. M. Cousin
qui l'a appelé le premier métaphysicien de son temps, avec
une abnégation qu'il eût été en droit de ne pas avoir pour
lui-même, et que je ne saurais avoir pour mon père, M. Cousin a parfaitement montré comment, après avoir si bien
établi la personnalité humaine comme principe de la connaissance, M. de Biran avait été impuissant à élever sur ce
principe l'édifice de la connaissance; comment lui, parti
de l'observation intérieure, il avait abouti à un honorable
mysticisme, avec lequel n'a rien à faire l'observation et pas
beaucoup plus le raisonnement. C'est ici que la différence
de direction et de résultat est tout à l'avantage de mon père.

Oui, et il le proclame, il dut à M. de Biran une notion plus
nette, et, pour ainsi dire, un échantillon plus parfait de cet
important phénomène du Moi, qu'il avait vu se produire

dans d'autres circonstances moins favorables à l'évidence de sa manifestation. Mais à partir de ce point, quelle différence ! Comme épuisé de l'effort qu'il a fait en pénétrant si avant dans les ténèbres du monde intérieur et comme ébloui de la vive lumière qu'il en a fait jaillir, le regard plus perçant que vaste de M. de Biran semble se troubler ; autant il voit clairement dans le fait de conscience, tant qu'il s'y enferme, le Moi, l'effort et le rapport de cause à l'effet qui les unit, autant il tâtonne dès qu'il veut en sortir. Même sur ce terrain qui est le sien par excellence, mon père, on le voit dans sa correspondance, a besoin de temps à autre de le maintenir pour l'empêcher de chanceler. Dès qu'il s'agit d'une question qui ne se rattache pas immédiatement à celle où est sa force, on voit un esprit trop peu assuré, toujours près de faire fausse route à la suite de quelque ingénieuse confusion. Je n'ai rien à dire de la direction mystique qui a toujours prévalu davantage sur ce cœur sincère et élevé, sur cette âme noble et douce. La philosophie doit la respecter ; mais elle n'a presque rien à en revendiquer.

Mon père, au contraire, une fois en possession de ce point de départ, le sentiment du Moi aperçu dans l'effort, a construit tout un système ; non pas sur le Moi exclusivement, mais où le Moi humain tient la place, la place considérable que Dieu lui a accordée dans le monde de l'intelligence. Dans ce système, comme on le verra, tout est cohérent, bien lié ; l'esprit est toujours satisfait par l'enchaînement, la rigueur, la netteté, ce qu'on appelle en algèbre l'élégance du raisonnement. Comme je l'ai dit ailleurs, je compare M. Maine de Biran et mon père, par rapport à la métaphysique, à ce que furent, par rapport à d'autres hiéroglyphes le docteur Young et Champollion. Young découvrit plus tôt

que Champollion le vrai principe du déchiffrement hiérogly-
phique, le principe phonétique. Ce fut chez le savant anglais
une vue originale, comme il en a eu sur la lumière ; mais
cette vue isolée est restée presque sans résultats ; dans ce
qu'il a fait ensuite, il s'est plutôt éloigné du but qu'il ne
s'en est rapproché. Champollion n'avait pas d'abord saisi le
vrai principe ; mais aussitôt qu'il lui a été donné de le comprendre, il en a tiré un parti immense ; il a retrouvé une
écriture et une langue ; il a créé une science qui se perfectionne chaque jour. Telle a été, je crois, la différence entre
M. Maine de Biran et mon père. En voici une autre. Mon
père aussi était religieux, catholique sincère dès son enfance ; mais il n'a point appelé la religion à suppléer aux
vides d'une philosophie. Il a construit son édifice philosophique comme un péristyle qui conduisît au sanctuaire
de ses croyances ; il n'en n'a point tiré les matériaux de ses
croyances religieuses ; restant chrétien en religion, en philosophie il n'a été que philosophe.

Reprenons l'exposition de sa doctrine philosophique, et
voyons successivement ce que le sentiment de notre personnalité introduit dans l'histoire de notre intelligence, et y
ajoute d'éléments, soit par lui-même, soit en se combinant
avec les autres faits du monde intellectuel.

D'abord, il faut bien comprendre la différence de ce phénomène, qui a son principe dans notre activité, et des
phénomènes antérieurs qui dérivent de la sensibilité. Les
sensations étaient successives, variables ; le sentiment du
Moi est permanent et identique à lui-même. M. Maine de
Biran a reconnu cette continuité du Moi. Mon père a fait
plus, il l'a expliquée, portant encore ici une analyse plus
profonde que ses devanciers. De même qu'il avait rendu
raison de plusieurs faits qui se rapportaient à la sensibilité

par l'association et le rappel des sensations et de leurs images, de même il a rendu compte de la persistance de notre personnalité en disant : « La personnalité résulte de la concrétion en un phénomène unique de l'Émesthèse actuelle, sentiment du Moi, et de toutes les émesthèses passées. Ce qui donne à l'Émesthèse, sentiment du Moi, le caractère de personnalité, c'est qu'elle agit toujours comme cause d'effets différents. » Il fallait cette explication pour comprendre comment le sentiment du Moi, transitoire de sa nature, pouvait produire un résultat constant, et comment notre individualité, aperçue par nous dans une suite d'évènements et parfois interrompue, ne se perd pas à travers cette succession et les alternances d'aperception et d'oubli, mais nous apparaît comme le principe permanent et identique à lui-même de notre vie intellectuelle.

Le sentiment de la permanence du Moi est l'origine de la notion de durée. Cette durée, qui n'existe que relativement à nous, qui n'existe plus dans le sommeil profond ou dans l'évanouissement, cette durée que mon père appelait phénoménique, apparente, parce qu'elle n'est qu'en tant qu'elle nous apparaît, est produite par la conscience que nous avons de la succession des actes de notre Moi, comme l'étendue relative à nous était produite par la continuité des sensations de la vue ou du tact.

Maintenant que la sensation et le Moi sont en présence, avec leurs caractères distincts et particuliers et leurs produits, voyons ce que le Moi ajoute à la sensation.

C'est par le Moi que l'âme a la perception de ce qu'elle sent. Avant lui et sans lui, elle peut bien réagir instinctivement sur les sensations par l'intermédiaire des organes ; mais elle ne peut les percevoir ou du moins savoir qu'elle les perçoit ; car elle ne se perçoit pas elle-même.

« La perception, dit mon père, est l'union d'un effort d'attention avec la sensation qui en est l'objet. »

Or, l'attention est active ; elle est une action, elle est un effort, elle procède du Moi, qui seul peut être actif et faire effort : « Quand l'effort est un effort d'attention, dit mon père, il s'associe avec une sensation et une image par la conscience de la direction de notre attention vers le phénomène » ; et c'est ainsi que nous percevons le phénomène. Notre âme est un miroir où se peignent sinon les figures, au moins certains reflets des choses ; mais c'est un miroir qui se meut lui-même et se tourne volontairement vers les objets.

L'attention, en s'appliquant à la sensation, l'avive, et, on peut dire, la transforme ; on voyait et on regarde, on écoutait et on entend, on sentait et on savoure. Toutes les langues ont des termes différents pour des choses si diverses. Quelquefois les écrivains confondent des termes qu'ils devraient distinguer. Ainsi quand l'abbé Delille a dit, en parlant du jeune peintre égaré dans les ténèbres des catacombes :

Il ne voit que la nuit, n'entend que le silence,

il a exprimé une chose impossible. En disant : « Il regarde la nuit, écoute le silence, » Delille eût été plus près de la vérité ; car le jeune peintre ne pouvait au milieu de la nuit voir, et au milieu du silence entendre, c'est-à-dire avoir une sensation, quand la cause de cette sensation n'existait pas pour lui ; mais il pouvait jusqu'à un certain point regarder et écouter, c'est-à-dire diriger son attention sur une sensation absente mais cherchée.

Nous sommes en état maintenant d'expliquer le jeu de la mémoire[1]. Il y a une mémoire passive quand une image naît

---

[1] « La perception n'atteint que le présent ; la mémoire, le passé éprouvé ; l'imagination, le passé non éprouvé et l'avenir. »

spontanément, ou est rappelée par une sensation à laquelle elle est liée, soit qu'un son entendu tout à coup, une fleur respirée en passant, avant toute réflexion réveillent une impression douce ou triste, soit dans le rêve ou la rêverie profonde, alors que cessant de vouloir, de penser, cessant d'être actifs, en un mot ayant perdu la conscience de nous-mêmes, nous laissons le champ libre à tous ces fantômes qui passent devant nous, s'évoquent les uns les autres, ou s'effacent et semblent avoir d'autant plus de réalité que le Moi n'est plus là, qu'avec lui s'est évanouie la notion de la durée, qui ne peut exister sans lui, de sorte que nous ne savons plus distinguer ce qui est et ce qui fut, l'image de la sensation passée et la sensation présente. Dans cet état, tout s'enchaîne sans notre intervention; nos souvenirs naissent et meurent indépendamment de nous, par suite de cet enchaînement fatal et fortuit de phénomènes sensibles, auxquels le moi demeure étranger, et qui, par conséquent, ne sont pas sous l'empire de notre volonté. Tel est le souvenir involontaire. Mais il est un autre souvenir dans lequel le Moi est présent et la volonté intervient. C'est quand nous faisons reparaître, par un acte de cette volonté, une sensation, une image, et plus tard une idée. Le langage qui, comme presque toujours, confond volontiers les faits intellectuels qui se ressemblent à la surface, emploie les mêmes expressions pour désigner ces deux sortes de souvenirs au fond si différents. Cependant notre langue semble faire obscurément une allusion à la différence qui les sépare par ces deux locutions, l'une passive : « Il me souvient, » et l'autre active : « Je me rappelle[1]. »

___

[1] Idée ou souvenir ne sont pas synonymes; l'idée est un élément simple de l'entendement, le souvenir est le groupé de cet élément et de l'idée du passé, idée simple, primitive et *sui generis*, que j'appelle réminiscence;

Le rappel volontaire, comme le nommait mon père, cette mémoire active et impérative du passé, est, quand on y regarde avec attention, un fait fort extraordinaire. Il ne faut pas se laisser tromper par des métaphores comme celle-ci : « Nous allons chercher dans les trésors de notre mémoire, » et autres semblables. Il ne faut pas s'imaginer qu'une sensation, une image, une idée est quelque part, dans quelque coin où nous puissions la retrouver, comme on met la main sur une pièce de monnaie égarée. En réalité, il n'y a rien de pareil. Ces phénomènes de notre intelligence, quand ils ne sont pas dans notre intelligence, ne sont nulle part; en cessant d'y être aperçus par nous, ils ont cessé d'exister. Il ne s'agit pas de les retrouver; il faut les refaire, les produire et pour ainsi dire les créer de nouveau. Mais comment l'action de notre attention peut-elle être dirigée par notre volonté sur ce qui n'existe point? Qui peut tourner cette direction vers le but qu'elle veut atteindre, quand ce but est quelque chose qui a été et qui n'est plus? Comment en tâtonnant dans le vide, rencontrera-t-on ce qui n'y est pas? Comment produire un phénomène qu'on ignore, puisqu'on le cherche, et que si on le connaissait, on ne chercherait plus? Là est une difficulté qui semble insoluble ; l'observation délicate de ce qui se passe dans le souvenir volontaire a permis à mon père de trouver à cette grave difficulté une solution très-ingénieuse, et je crois très-vraie.

Outre l'image évanouie de la sensation, il y a l'image de

j'ai l'idée du rouge, c'est-à-dire la trace du rapport de ressemblance que j'ai perçu entre tous les rouges, sans penser au passé, ni aux diverses époques où j'ai vu des objets rouges; cela n'a rien de commun avec le souvenir. Mais si à l'*image* du Louvre, ou à la notion d'un triangle rectangle se joint la réminiscence de l'époque où j'ai vu l'un et conçu l'autre, l'ensemble qui en résulte est un souvenir. Le souvenir consiste à penser : « J'ai vu autrefois le Louvre, » c'est un mode de *coordination*, et la trace du jugement personnel porté alors : « Je vois le Louvre. »

l'effort d'attention que nous avons dirigée sur cette sensation quand nous l'avons perçue. Cet effort était volontaire
comme tout ce qui procède de l'activité du Moi, tandis que
l'image de la sensation nous a affectés passivement, comme
tout ce qui tient à la sensation. Nous pouvons donc réveiller
par la volonté l'image de l'effort ; et, comme cette image a
été associée à la sensation, sur laquelle l'effort que nous
avons fait a dirigé notre attention, l'image de cette sensation peut renaître, réveiller aussi, ou plutôt reproduire
l'image de l'effort. Quelquefois le lien qui unissait l'image
de l'effort et l'image de la sensation s'est brisé, c'est-à-dire
que la trace de l'association de ces deux phénomènes s'est
effacé. Alors l'image de l'effort subsiste ; mais nous cher-
chons en vain à la diriger vers l'image de la sensation dis-
parue. Cette fois, nous tâtonnons dans le vide, sans guide
pour en sortir et pour trouver au delà ce que nous cher-
chons. Nous ne pouvons reproduire l'image de la sensation,
parce que nous n'avons plus rien qui puisse nous conduire
de son côté. C'est ce qui arrive dans ce pénible travail que
l'on fait quelquefois pour se rappeler un fait, un air, un
mot. Nous sentons que nous sommes sur la voie; mais nous
n'aboutissons pas : « C'est que, dit mon père, nous nous
ressouvenons d'un effort d'attention, et que nous en avons
oublié l'objet. »

C'est aussi par la trace de l'effort d'attention donné à une
sensation, que mon père expliquait et l'existence de cette
étendue sans couleur qui subsiste pour nous, quand nous
avons fermé les yeux, et qui n'est rien qu'un enchaînement
de traces d'efforts liées aux traces des sensations internes
vers lesquelles se dirigeaient les efforts, et aussi ce singulier phénomène cité par Descartes, et souvent reproduit,
de la douleur éprouvée dans un membre qu'on n'a plus ;

car toute sensation a lieu dans le cerveau; nous la localisons dans tel ou tel membre en reconnaissant par expérience que, lorsque nous éprouvons cette sensation, c'est que le membre est malade. C'est une liaison fondée sur l'habitude, comme celle par laquelle nous lions la couleur à la forme ou à la distance. Quand on s'est ainsi accoutumé à localiser une sensation dans un membre, il peut arriver que l'effort d'attention se dirige du côté de ce membre absent, à propos d'une sensation douloureuse qui n'y était pas réellement, mais qu'on avait l'habitude d'y placer; et qu'il résulte de cette sensation renouvelée, et de la direction de l'effort d'atten·tion qui l'accompagne, le renouvellement de l'illusion qui plaçait la sensation dans le membre, même quand le membre n'y est plus.

Le fait si bien observé par M. de Biran, et dans lequel l'homme se révèle à lui-même par la conscience de son activité libre dans l'effort, ce fait fondamental nous a déjà donné l'individualité et la naissance du Moi, la première notion de la durée, et le complément de la théorie du souvenir. Mais sa fécondité n'est pas épuisée; il va nous donner un principe de connaissances dont mon père s'est servi pour expliquer comment nous passons à la notion du monde extérieur, tant matériel que spirituel. Ce principe, c'est le rapport de la cause à l'effet, ce que les métaphysiciens appellent la causalité.

En effet, ce rapport sans lequel il serait impossible d'arriver à supposer même l'existence de quelque chose hors de nous, et qui est comme le levier avec lequel mon père a soulevé l'univers métaphysique, il a trouvé dans le moi le point fixe que cherchait Archimède, ce rapport de la cause et de l'effet, il n'est que là. Vainement nous le demanderons à tout ce qui nous entoure; nous pouvons bien l'y retrouver

plus tard après l'y avoir transporté légitimement; mais nous
ne pouvons l'apercevoir immédiatement et le découvrir
qu'en nous.

Hume l'a démontré, et sur ce point il n'y a rien à répondre aux arguments de cet habile sceptique.

« C'est en vain, dit-il, que nous promenons nos regards
sur les objets qui nous environnent pour en considérer les
opérations; nous n'en sommes pas plus en état de découvrir ce pouvoir, cette liaison nécessaire, cette qualité, ce
rapport qui unit l'effet à la cause, et rend l'une de ces choses
la suite infaillible de l'autre. Nous voyons qu'elles se suivent; c'est tout ce que nous voyons; une bille frappe une
autre bille, celle-ci se meut. Les sens extérieurs ne nous apprennent rien de plus. »

Il n'y a rien à répondre. Cependant le genre humain re-
noncera-t-il à croire qu'il y a des causes et des effets? Ces-
serons-nous de nous attribuer les actes que nous accomplis-
sons? Le mouvement des astres, les phénomènes de la
physique, de la chimie, ceux de la vie animale et végétale
ne seront-ils plus attribués à des forces ou à des propriétés?
Ne faudra-t-il plus en histoire rechercher les causes des événements? Enfin le monde moral, le monde physique, ne
présenteront-ils plus aux regards du philosophe qu'un ensemble de faits et d'incidents sans lien entre eux, n'ayant
nulle raison d'être, nulle raison de commencer ou de finir?
Les sectateurs de Démocrite plaçaient du moins l'empire du
hasard avant la naissance du monde, qu'ils en faisaient sortir.
Oui, ce serait le chaos transporté dans la création; jamais
le bon sens humain n'y consentira.

Il s'est révolté en effet contre cette négation de la causalité. L'école Écossaise, qui représente la sagesse du bon
sens, mais n'en dépasse guère la portée, l'école Écossaise a

voulu maintenir le principe de causalité; Reid a dérivé
la causalité d'un principe naturel et primitif. C'est un instinct naturel qui nous découvre le rapport de causalité.

Nous verrons que ce n'est pas instinctivement que nous
attribuons un effet extérieur à une cause. Mais, quand on
admettrait cet instinct, à quoi servirait-il? Ne pourrait-il
pas nous tromper? Tous nos instincts naturels, pour ne
parler que de celui de notre conservation, sont-ils toujours
bien éclairés? Et d'ailleurs, un instinct peut nous porter à
admettre une notion; mais il ne peut la produire; on ne
peut pas plus concevoir ou prouver par l'instinct qu'on ne
peut entendre par l'œil et voir par l'oreille.

Hume aurait pu dire à Reid : « Je sais bien que, naturellement, vous attribuez un effet à une cause. Mais de quel
droit? Le spectacle du monde matériel ne vous montre que
des phénomènes qui se succèdent, et nulle part, cette liaison de cause à effet que vous prétendez exister entre eux.
Vous dites que c'est en vertu d'un principe naturel; mais
qui m'assure que ce principe n'est pas un principe d'erreur? Et d'abord, où prenez-vous cette notion de cause?
Je vous le répète encore : Une bille frappe une autre bille,
celle-ci se meut ; les sens extérieurs n'apprennent rien
de plus. »

Si l'on reste dans le monde extérieur, Hume a évidemment raison. Réduit à lui-même le monde extérieur ne
peut nous offrir que des faits qui se succèdent, et entre
lesquels nous ne pouvons voir l'enchaînement qui lie là
cause à l'effet. Comme dit Hume, les sens extérieurs ne
sauraient nous donner l'idée de cet enchaînement; car, par
eux, nous ne l'apercevons pas.

Mais si nous rentrons en nous-mêmes, si nous nous observons dans cet acte libre qui produit l'effort, cette fois,

à la lumière du sentiment intime, nous découvrirons en
nous le rapport qui lie la cause à l'effet.

Quand je fais un effort, j'ai la conscience du Moi comme
cause de l'effort, et j'ai conscience de l'effort que me révèle
la sensation musculaire, comme d'un effet que j'ai produit.
Le rapport de la cause à l'effet n'est plus une supposition ;
c'est un fait de conscience qui nous apparaît aussi clairement et immédiatement que nous nous apparaissons à nous-
mêmes ; nous ne pouvons pas plus douter de ce fait que de
notre propre existence, dont nous n'avons le sentiment
que parce que nous nous apercevons comme cause d'un
effet produit. La cause, l'effet, le rapport qui unit l'effet à
sa cause, tout cela nous est donné en nous ; la véritable
source de l'idée de causalité est trouvée.

Maintenant, avons-nous raison de transporter cette idée
au dehors ? Et, parce que nous savons que nous pouvons
être cause, sommes-nous fondés à croire que les choses
peuvent l'être ? C'est ce qui sera examiné plus tard. Pour
le moment, tout ce qu'il s'agit d'établir, c'est que la liaison de l'effet et de la cause nous est donnée dans un fait
de notre conscience, où nous pouvons, et non ailleurs,
l'apercevoir.

La sagacité pénétrante d'Hume semble avoir pressenti la
découverte de cette origine de la notion de cause ; car il
ajoute : « Il ne faut, dira-t-on, qu'une volition pour remuer
nos membres... une conscience intime nous atteste cette
influence de la volonté. De là, l'idée de ce pouvoir, de cette
énergie dont nous savons avec certitude que nous sommes
doués. » Hume était dans le vrai ; il aurait dû s'arrêter là.
Mais dans les pages suivantes, son scepticisme tout à l'heure
si puissant contre l'erreur, s'essaye, mais en vain, à ébranler
la vérité. Toute son argumentation a été supérieurement

réfutée par M. Maine de Biran, auquel cette réfutation appartenait de droit. Je ne m'y arrêterai pas; car le plus adroit sceptique ne peut rien contre un fait. Or, le Moi s'apercevant lui-même comme cause de l'effort qu'il produit est un fait que chacun peut expérimenter; il suffit, je ne dirai pas d'ouvrir les yeux, mais de les fermer, pour se mieux recueillir, et d'observer ce qui se passe en nous quand nous levons le bras. La principale objection de Hume est que nous ne connaissons pas comment s'effectue la liaison de l'âme et du corps. Mais qu'importe? Nous n'en avons pas moins la certitude que notre volonté produit l'effort qui meut notre bras; ce n'est pas une hypothèse métaphysique, c'est un fait d'observation intérieure; car nous sentons en nous-mêmes l'effort de la volonté et la contraction du muscle, et nous sentons que la première produit la seconde. La possibilité de l'explication n'a rien à démêler avec l'évidence du fait intérieur. Hume lui-même reconnaît un peu plus loin que de ce que nous ignorons comment se fait une chose, ce n'est pas une raison de nier cette chose.

Quand il dit : « Si notre ignorance était une raison suffisante pour nier une chose, nous devrions refuser toute force à Dieu aussi bien qu'à la matière la plus grossière, puisque très-assurément nous ne comprenons pas davantage les opérations divines que celles des corps [1]. »

Voilà déjà bien des notions tirées du fait de l'aperception de notre personnalité, se révélant dans le sentiment de notre activité : l'individualité persistante du Moi humain, le souvenir volontaire, la durée, le rapport de l'effet à la cause. Ce n'est pas tout, nous trouverons encore la condition de toute vérité morale, et par suite de toute vérité

____
[1] HUME, *Essais philosophiques*, t. I, p. 189.

politique, dans un caractère essentiel du Moi humain, la liberté.

Ce caractère est pour lui une condition d'existence ; nous ne pouvons avoir le sentiment de notre activité que dans un acte libre. Nous ne nous attribuons l'effort que parce que nous sentons que nous pourrions le produire ou ne le produire pas ; toutes les discussions sur le libre arbitre, quelles que soient les conditions où la substance de l'âme puisse être placée par rapport au monde ou à Dieu, toutes les discussions en ce qui concerne la liberté du Moi, dont nous avons la conscience, tombent devant le sentiment même de notre existence. Nous ne nous sentons exister que par l'action libre ; nous ne nous apercevons que libres.

M. Maine de Biran, dans quelques lignes qu'échauffe un sentiment intime et profond de notre liberté, a foudroyé ceux qui voulaient expliquer nos actes par je ne sais quelle sensibilité ou contractilité, sous l'évidence que porte en soi l'action héroïque, et avec un mot énergique de Turenne qui est le cri sublime du Moi libre. « A quoi sert l'aiguillon de la douleur, de la douleur la plus acérée, lorsque le brasier ardent consume la main d'un Mutius Scévola, qui veut rester immobile ? Quelle est cette puissance capable de modifier ainsi toutes les lois de sensibilité et de contractilité animale, qui lutte contre l'instinct, change toutes ses déterminations, suspend tous ses mouvements, contraint le corps à se porter en avant quand une force opposée le fait frémir et trembler ? « Tu trembles, carcasse, se disait le « grand Turenne, à la première bataille où il assistait ; si « tu savais où je vais te conduire en ce jour, tu tremblerais « bien davantage. » Quel est le *je* dont parle Turenne ? Est-ce le corps, la sensation ou la contractilité ?

Mon père aussi avait une conviction énergique de notre

libre arbitre ; et quand on représentait l'âme comme une balance dans les bassins de laquelle on plaçait, ainsi que des poids, les motifs d'actions qui faisaient pencher les bassins d'un côté ou de l'autre, il répliquait : « Je veux bien, pourvu que le *Moi* comme un bras vigoureux saisisse le fléau de la balance et l'incline à volonté. »

J'ai dit que le fait psychologique de la liberté du Moi humain était la base de la vraie morale et de la vraie politique. Pour la première, comment pourrait-on en douter ? Comment sans la liberté morale y aurait-il une morale ? Comment sans elle pourrait-on mériter ou démériter ? S'il n'était libre, l'homme qui secourt un autre homme ne serait pas plus charitable que le fleuve qui l'abreuve ou le champ qui le nourrit. L'homme qui égorge son semblable ne serait pas plus criminel que la balle qui le tue. Il en est de même pour la politique, laquelle se peut définir : Là morale possible. Selon moi, et j'ai eu occasion d'exposer cette théorie dans un Cours sur Montesquieu, la liberté est le seul principe légitime des gouvernements. En effet, tout gouvernement a pour base l'autorité ; mais l'autorité elle-même n'a sa raison d'être que dans la liberté. La liberté devant être pour tous ne doit être entière pour personne ; la limite de ma liberté, c'est la liberté d'autrui. Pour que la liberté de chacun soit protégée contre la liberté de tous, il faut un pouvoir qui défende l'une et contienne l'autre ; car, si un seul est libre entre tous, c'est le despotisme d'un tyran ; et si un seul est opprimé par tous, c'est le despotisme de la multitude ; là est le principe de l'autorité. Ainsi en partant de la liberté, on arrive à l'autorité ; tandis qu'en partant de l'autorité, je défie qu'on arrive à la liberté.

La liberté politique est une conséquence logique de la liberté morale. Si on n'admet pas celle-ci, je ne sais pas

vraiment de quel droit on pourrait réclamer l'autre. Si
Dieu n'a pas fait l'homme être libre, l'homme est impuissant à se faire tel ; il n'y a pas de constitution sociale qui
puisse changer sa nature, comme il n'y a pas de méthode
qui puisse faire qu'un aveugle voie, ou qu'un sourd entende. Et cependant, chose bien étrange, ceux qui ont cru
le moins au libre arbitre ont été parfois ceux chez qui était
le plus vif le sentiment de la liberté morale ou de l'indépendance politique. Les Stoïciens, ces hommes qui s'affran-
chissaient, autant qu'il a été donné de le faire à qui que ce
soit, de la servitude de la matière et des sens, les Stoïciens
croyaient à la fatalité ; et c'est l'épicurien Lucrèce qui ré-
clame pour la volonté humaine et veut l'arracher au des-
tin : « Fatis avolsa voluntas [1]. »

Au sein du Christianisme, les deux sectes qui, théori-
quement, accordaient le moins à la liberté humaine et l'a-
néantissaient, pour ainsi dire, sous la toute-puissance de
la grâce, les Calvinistes et les Jansénistes, sont celles qui
ont produit les caractères les plus énergiques et les plus
indomptables. Ces hommes, qui méconnaissaient la liberté
humaine dans leur rude système, la pratiquaient énergiquement. Certes les Puritains, qui fondèrent les colonies
américaines, portaient incrustée dans leur âme de bronze
la liberté que repoussaient leurs croyances ; et les filles de
Port-Royal, plus admirables peut-être de constance et de
résolution, qui s'exposaient à tout, même aux censures de
l'Église qu'elles vénéraient, pour ne pas signer une formule
de foi contraire à leur conscience, quelle que fût leur doctrine sur le libre arbitre, n'en avaient pas moins dans le
cœur et dans les entrailles un sentiment bien profond et

---

[1] Il est vrai que chez Lucrèce cette volonté se confond avec le désir, principe passif, tandis que la volonté est active.

bien assuré de cette liberté morale qu'elles prouvaient en la niant. Leur psychologie intime démentait la métaphysique de leurs dogmes. Et, au contraire, combien d'hommes qui croient par le christianisme ou par la philosophie à la liberté de nos actes, et dont les actes sont ceux d'un esclave! Le père Lachaise croyait beaucoup plus à cette liberté que la mère Angélique et que Pascal; les hommes sont ce qu'ils font et non ce qu'ils croient.

Cependant la logique n'est pas entièrement bannie de ce monde; et les croyances qui ne décident pas toujours des sentiments et des actes influent souvent sur eux. Parmi les philosophes qui ont méconnu le fait de la liberté morale, s'il en est qui, comme Helvétius, par une bizarre et noble inconséquence, ont aimé et désiré réellement la liberté politique, il en est qui, d'accord avec eux-mêmes, les ont proscrites toutes deux. Hobbes, logique dans son fatalisme, a nié la vertu et a proclamé l'excellence du despotisme; on aime à rencontrer côte à côte ces deux doctrines, qui se vont si bien. Il faut le reconnaître : la plupart des philosophes du dix-huitième siècle, dont presqu'aucun n'avait une foi bien robuste au libre arbitre, eux qui ont eu de si nobles aspirations vers l'amélioration du sort des hommes, n'ont pas éprouvé au même degré l'enthousiasme de la liberté. Pour plusieurs d'entre eux, et en particulier pour Voltaire, l'idéal de la société, c'était un despote éclairé, conseillé par des sages, qu'il inviterait à souper. Rousseau, qui n'a pas toujours bien compris les vraies conditions d'une société libre, eut cependant un vague et ardent amour de la liberté politique; aussi a-t-il éloquemment proclamé le fait de la liberté morale. Pour le dix-huitième siècle en général, on peut croire qu'au lieu des doctrines du sensualisme fataliste qui l'ont trop dominé,

il eût gagné à leur substituer une psychologie plus vraie ;
et qu'il n'y aurait pas eu de mal à ce que cette société trop
disposée, elle aussi, à tout ramener aux sens, eût eu un
peu plus la notion de l'effort et eût mieux compris l'énergie
du Moi.

Peut-être la Révolution, sa fille et son héritière, se serait
aussi mieux trouvée de recevoir des enseignements philosophiques plus vrais ; et peut-être, dans ses diverses phases,
en y comprenant l'Empire, qu'elle a fait, elle eût moins
perdu le sentiment de la liberté politique, trop souvent oublié, sous la République elle-même, si une notion plus
vraie de la liberté morale avait été au fond des âmes.
M. Cousin a eu raison de dire : « On ne peut donner pour
piédestal à la liberté la morale des esclaves. »

Voyez les deux seuls grands pays qui connaissent encore
la vraie liberté, l'Angleterre et les États-Unis. Ce ne sont
pas des pays de métaphysiciens, non que les métaphysiciens
leur aient manqué ; mais en toute chose la pratique y tient
l'empire. Je m'attache donc peu à savoir quelles théories y
ont régné. Ces théories n'ont pas toujours été très-favora-
bles au libre arbitre ; mais qu'importe ce qu'enseignaient
Hobbes, Calvin, Knox, les matérialistes du dix-huitième
siècle ou les méthodistes du dix-neuvième? Chez les Anglais,
et j'y comprends les Anglo-américains, qui ont commencé
par être Anglais et le sont encore jusqu'à un certain point,
chez les Anglais, chacun a un sentiment énergique de son
individualité, et, pour parler un langage auquel le lecteur
est, je pense, accoutumé, de son Moi.

Ce sentiment existe, non-seulement chez l'individu lui-
même, mais dans chacune des associations, petites ou
grandes, dont se compose l'association nationale, qui, à son
tour, pénétrée du sentiment de son individualité collective,

trouvant, comme le philosophe, la conscience de sa liberté dans le déploiement de son activité indépendante, lève le bras sur le monde, et dit : Moi.

En France, où les opinions théoriques ont plus d'empire qu'en Angleterre, il faut le reconnaître, c'est depuis que la liberté morale, ramenée d'Allemagne dans la philosophie française, comme en triomphe au milieu des hymnes de madame de Staël, a été installée dans une chaire publique par M. Royer-Collard, que l'énergie austère de son humeur rendait si propre à la personnifier, depuis surtout qu'elle a été enseignée par la nouvelle école spiritualiste, c'est depuis ce temps que la France a connu, pour la première fois, un commencement de liberté politique.

On voit donc que, si cette liberté ne suit pas toujours les destinées de la liberté métaphysique, la présence de celle-ci dans la philosophie d'un temps n'est pas tout à fait étrangère au développement de celle-là. Le lien qui les unit l'une à l'autre se laisse parfois apercevoir ; il a été visible chez les deux métaphysiciens dont j'ai eu surtout à parler à l'occasion du moi : M. Maine de Biran et mon père. Bien qu'à l'époque où j'ai connu M. Maine de Biran, il fût un peu ce que nous appelions un ultra, cet ultra avait fait, en 1813, partie d'une commission qui avait la première parlé dans une époque muette, tandis qu'un certain nombre de libéraux des années suivantes se taisaient, ou criaient tout autre chose que « Vive la liberté. »

Celui qui avait découvert le principe de la personnalité humaine dans son activité libre revendiquait alors les droits de la liberté nationale, et, pour employer le langage de sa métaphysique, ceux de la personnalité française.

Quant à mon père, les sentiments de l'homme étaient d'accord avec la doctrine du psychologiste. La timidité de ses manières, suite d'une jeunesse passée dans ses montagnes de Polémieux, ne l'empêchait pas d'aimer la liberté avec ardeur; personne n'en observait partout les progrès avec une plus vive sympathie. Il a suivi pendant plusieurs années, avec un intérêt passionné, toutes les phases de la lutte qui a affranchi l'Amérique espagnole. Il s'enthousiasmait pour Bolivar et pour Canaris; il savait par cœur les morceaux les plus énergiques de Lucain. Je lui ai plusieurs fois entendu dire que les trois événements qui avaient eu sur lui le plus d'influence, c'était sa première communion, qui, faite avec la plus grande ferveur, l'avait attaché pour jamais à la foi de ses pères; l'éloge de Descartes par Thomas, qui l'avait transporté d'amour pour les sciences; et la prise de la Bastille, qui, de loin, n'arrivant dans ses montagnes que comme l'explosion de la liberté, avait décidé des sentiments politiques de toute sa vie. Vingt-quatre ans après, dans ces derniers et sombres jours de l'Empire, je me souviens, quand il me ramenait enfant, à travers les rues de Paris, je me souviens encore de l'accent avec lequel il me disait sentir cette tyrannie sur sa poitrine, comme un poids qui l'oppressait.

Ainsi, bien que les pages qui précèdent ne soient pas en substance dans ses manuscrits comme tout le reste de cette introduction, me plaçant en esprit devant cette chère image, il me semble que mon père ne les effacerait pas, mais qu'il me bénirait plutôt pour avoir, d'un héritage si vaste et dont si peu m'a été transmis, conservé du moins deux sentiments qui furent les siens : l'amour de la liberté sous toutes les formes, et la haine du despotisme sous tous les noms.

CHAPITRE V

COMMENT NOUS ARRIVONS A LA CONNAISSANCE DE LA MATIÈRE ET DE L'ESPACE.

Jusqu'ici, mon père s'est borné à observer, dans l'ordre
de leur apparition, les phénomènes intérieurs dont nous
avons une vue immédiate, parce qu'ils sont en nous ; il a
réduit la sensation pure à l'étroit domaine qui lui appartient ; il a curieusement analysé le fait sensitif, et y a découvert l'étendue relative à nous-mêmes, l'étendue subjective ou phénoménique, laquelle n'est qu'un ensemble
de sensations juxtaposées. Il a trouvé, avec M. Maine de
Biran, dans l'effort volontaire produisant une sensation
musculaire, la manifestation de l'activité libre, le sentiment
de la personnalité du Moi, et en même temps la causalité,
c'est-à-dire le rapport de l'effet à la cause, aperçu entre
deux termes dont nous avons également conscience. Comme
la contiguïté des sensations lui avait révélé l'étendue apparente ou phénoménique, la permanence du Moi lui a révélé
la durée subjective, cette durée variable et intermittente
qui n'existe que pour nous et par nous, qui naît de la succession de nos actes internes. Voilà les seuls éléments de la
connaissance dont nous ayons la vue immédiate ; car ce
sont les seuls qui nous apparaissent dans le champ de la
conscience, et que nous puissions découvrir sans sortir de
nous-mêmes.

Mais nous croyons à autre chose qu'à nous-mêmes ; nous
croyons à des corps existant indépendamment des sensations dont ils nous affectent, placés dans un espace réel et

infini, qui subsiste quand nous fermons les yeux, et que
nous ne voyons plus l'étendue. Nous croyons à une substance que nous appelons notre âme, et qui ne périt point
pendant notre sommeil, lorsque nous perdons la conscience
de notre personnalité, le sentiment de notre Moi ; nous
croyons à une durée indépendante de nous, antérieure à
nous, et qui, elle aussi, ne cesse pas quand nous cessons
de la percevoir, qui était avant que nous fussions et continuerait d'être si nous n'étions plus.

Ces divers objets de notre invincible croyance, la matière, l'espace réel, l'âme et le temps réel, comment sommes-nous arrivés à les concevoir? C'est là ce qui, je crois,
n'avait pas été encore complétement expliqué, et ce dont je
vais présenter l'explication telle que mon père l'a donnée.

Je commencerai par la matière.

La matière semble quelque chose de palpable, et cependant nous ne pouvons la toucher. Nos sens ne nous transmettent que les impressions qu'ils en reçoivent; la substance
matérielle elle-même leur échappe. Montaigne, qui n'était
pas un métaphysicien, mais un esprit réfléchi et pénétrant,
l'a très-bien vu : « Nous atteignons la pomme, dit-il, par
ses qualités, son odeur, sa rougeur, » etc. Ce qui veut
dire : Nous ne l'atteignons pas en elle-même, au moins par
les sens ; car toutes ses qualités sensibles ne sont pas elle.
Descartes a admirablement exprimé cette distinction entre
la qualité sensible et l'idée de substance; dans sa seconde
Méditation, là où il parle de ce morceau de cire qui change
dans toutes ses qualités sensibles, lorsqu'on l'expose au feu,
toutes les choses qui tombaient sous le goût, l'odorat, la
vue, l'attouchement et l'ouïe disparaissent l'un après l'autre.
Cependant, la même cire reste. Cette substance n'est donc
ni la couleur, ni la blancheur, ni la figure, ni le sens, ni

l'attouchement. Enfin, mon père, pour exprimer aussi fortement que possible cette différence entre les substances et leurs qualités, en tant que la première et la seconde sont l'objet de notre connaissance, après avoir donné à celle-ci le nom de phénomène, ce qui apparaît, appelle celle-là noumène, ce qui est conçu. « J'appelle ces causes des noumènes, en tant qu'ils sont conçus subsister indépendamment de la croyance qu'ils existent ainsi; comme je les conçois existants avant que j'y pensasse, et devant continuer d'exister quand je cesserai d'y penser. » On doit comprendre, maintenant, pourquoi les philosophes qui s'étaient élevés jusqu'à distinguer les qualités de la matière, cause de nos sensations, et la matière elle-même, ont dû se demander comment nous pouvions arriver à cette notion de la substance matérielle que les sens ne sauraient nous fournir.

Remarquez qu'il ne s'agit pas encore de démontrer l'existence de la matière; cela viendra plus tard; il ne s'agit maintenant que d'expliquer comment nous pouvons arriver à la notion fausse ou vraie que nous en avons.

Les anciens, qui avaient vu la difficulté, ont peu fait pour la résoudre; en général, ils ont négligé cette branche de la philosophie qui a pour objet de rechercher par quelle voie telle ou telle idée particulière est entrée dans notre esprit; ce qui est fort différent d'un système général sur l'origine des idées. Le moyen âge aussi s'est occupé surtout de ces généralités, mais n'a pas beaucoup étudié la formation de nos diverses idées, le mode d'acquisition de nos différentes connaissances. Cette partie de l'idéologie, que mon père appelait idéogénie, génération des idées, est une de celles sur lesquelles il a particulièrement porté son attention; elle a une grande importance; car, de même que l'histoire d'un usage, d'une institution, d'un art, est souvent le seul moyen de bien connaître la chose et d'en rendre raison, souvent aussi l'histoire de l'origine d'une idée peut seule nous mettre en état d'apprécier sa valeur et de prononcer sur sa réalité.

Comment donc, après que nous avons été modifiés par les qualités sensibles des corps, parvenons-nous à cette idée qu'il y a des corps?

Il faut que ce problème soit difficile; car je ne sâche pas que jusqu'à mon père il ait été résolu.

Descartes, après avoir isolé son morceau de cire de toutes les qualités sensibles, l'avoir, selon son énergique expression, dépouillé de tous ses vêtements, ajoute : « Sa perception n'est point une vision, ni un attouchement, ni une imagination... mais seulement une inspection de l'esprit. »

Comment l'esprit peut-il voir immédiatement (*inspicère*) ce qui est hors de lui, l'invisible substance, et cela, par une faculté qui n'est point une vision? Descartes a oublié de le dire.

Malebranche a évité la difficulté par son système qui dispense l'esprit d'apercevoir directement la matière, en la lui faisant connaître en Dieu; mais ce système n'a été celui de personne depuis Malebranche. Locke, qui a écrit un chapitre « sur l'existence des autres choses, » n'a pas aperçu la difficulté; il énonce le fait très-clairement, comme toujours; mais, ce qui lui arrive quelquefois, il ne l'explique point [1]. Berkeley, qui n'admettait pas l'existence du monde réel, nous verrons que cette existence n'avait pas encore été bien démontrée, Berkeley aurait dû, cependant, expliquer comment nous tombons dans l'erreur d'y croire; mais il ne l'a point fait. Condillac, qui ne fut pas toujours si résolûment conséquent, eut un jour le courage d'écrire : « Il

---

[1] *Essai sur l'entendement*, ch. i, p. 136.

ne nous est pas possible de passer de ce que nous sentons
à ce qui est [1]. » Voilà donc Berkeley qui nie la réalité extérieure, et Condillac qui avoue qu'on ne peut l'atteindre.
Cependant, les hommes persistent à croire à la matière; les
philosophes y croient aussi; ne parviendront-ils pas à comprendre comment ils font pour la concevoir?

C'est alors que paraît sur la scène l'école Écossaise, dont
Reid est le chef.

L'école Écossaise se donna pour l'avénement du bon sens
dans la philosophie, et Reid fut pris comme une sorte de
messie, qui devait la délivrer du scepticisme en faisant régner
partout l'esprit d'observation, et en remplaçant les enjam-
bées téméraires de la spéculation par l'allure modeste et
sûre du sens commun.

Cette école a eu une influence heureuse que je ne veux
pas nier, mais qu'il faut restreindre; elle a été pour la
pensée un sédatif plus qu'un fortifiant. Son mérite véritable
est plutôt dans un certain nombre d'analyses de détail bien
faites, que dans des vues neuves et profondes. Souvent elle
décrit minutieusement ce qui est secondaire et passe sans le
voir à côté de ce qui est principal. Faire ainsi de la philosophie, c'est un peu comme faire de l'astronomie au micro-
scope.

Il ne faut pas que la philosophie soit contraire au bon
sens; mais le bon sens n'est pas toute la philosophie; elle
doit tenir compte des faits sans doute, mais elle doit les expliquer. Or souvent la philosophie Écossaise s'est dispensée
de le faire et s'est bornée à proclamer sous un nouveau nom
l'ignorance qu'il aurait fallu dissiper.

Ainsi, pour ce qui nous occupe en ce moment, la manière

---

[1] *Art de penser*, ch. II.

dont nous avons pu arriver à l'idée de la matière, la Perception de Reid, dont on a fait beaucoup de bruit, n'était qu'un
moyen d'éluder le problème en supposant une faculté qui
n'existe point. « Reid, disait mon père, a pu s'élever au
point de vue commun à Descartes, à Locke, à Malebranche,
à Berkeley, à Condillac lui-même, poussé par Kant au plus
haut degré d'évidence. Il croyait détruire cette théorie en
admettant que, par exemple, un carré rouge étant sous nos
yeux, nous avions à la fois une sensation de rouge qui ne
ressemblait en rien au noumène et une perception de la
forme carrée de ce noumène, qui était la vraie forme qu'il
avait avant que nous le vissions, et indépendamment de
l'idée que nous avions de cette forme. »

Cela se résumait à dire que nous sommes tellement organisés qu'en présence de la sensation, nous avons l'idée
d'autre chose qu'elle, savoir, de l'existence de la matière.
Mais comment et pourquoi? Ce principe constitutif de notre
nature est une supposition gratuite qui n'explique rien; un
être de raison un peu, j'en demande pardon au sage et ingénieux Reid, comme la « Virtus dormitiva » de l'opium,
qui fait dormir.

C'était enseigner pompeusement comme nouveau ce qui
se trouvait dans un coin de la seconde Méditation de Descartes, jeté là en passant par le génie qui, en ce moment,
poursuivait autre chose.

Descartes, sans beaucoup approfondir, avait dit que nous
connaissions la matière par une inspection : « La nature,
avait-il ajouté, m'enseigne qu'il y a plusieurs corps existants autour de moi. » Reid déclara que nous percevions
l'existence de la matière en vertu d'un principe primitif et
constitutif de la nature humaine. Il appelait aussi cette faculté imaginaire une inspiration, une suggestion, quelque-

fois même une magie. En effet elle avait quelque chose de
merveilleux : percevoir la substance pure, indépendamment
de ses facultés sensibles, est une opération assez difficile à
comprendre. Cette vue magique, comme Reid l'appelle, devait venir du pays de la seconde vue.

Avant d'avoir recours à ce parti extrême, il aurait fallu
prouver d'abord trois choses : 1° que nous avions de la matière une aperception immédiate ; 2° que primitivement une
sensation étant reçue, la notion de substance nous était
donnée ; 3° qu'on ne pouvait pas rendre compte de l'acquisition de l'idée de substance matérielle par l'emploi d'une
des facultés déjà connues de notre esprit.

Or, mon père a établi que l'idée de substance matérielle
n'était pas une aperception immédiate, mais la conception d'une cause inconnue et non aperceptible en soi, que
ce n'était pas un fait primitif, mais le résultat du développement de notre intelligence, et l'application au monde extérieur du principe de causalité, découvert au dedans de
nous-mêmes et transporté au dehors.

Ceci a son importance ; car il s'agira désormais d'expliquer comment nous possédons la notion de la matière, sans
avoir recours à une faculté imaginaire, pour rendre compte
d'un fait mal observé, en partant de ceux qu'une observation plus fidèle et plus pénétrante a fait découvrir en nous.

Voici comment raisonnait mon père.

Bien avant de sortir du monde intérieur, nous y avons eu
le sentiment de notre personnalité, de notre Moi. Ce Moi
s'apparaît à lui-même en dehors de la sensation musculaire
qu'il produit, et même, quoi qu'il s'en distingue moins fortement, des autres sensations nées comme lui-même de
l'action de l'âme sur le cerveau, ou produites par l'action
des corps extérieurs sur cet organe. Les sensations appa-

raissent donc au Moi comme extérieures à lui ; c'est le rapport d'extériorité qui sera transporté au dehors, et qui rendra possible la conception d'un monde extérieur.

Mais, pour concevoir quelque chose comme existant hors de nous et indépendamment de nous, telle que la matière, il faut être en possession d'une autre notion, de la notion de causalité, c'est-à-dire du rapport de la cause à l'effet. Cette notion a été acquise dans la production de l'effort. Le Moi s'est senti cause ; il s'est senti produisant un effet dont il avait conscience ; il pourra donc transporter au dehors cette idée de cause et le rapport de causalité. C'est ainsi qu'il parviendra à concevoir l'existence de la substance matérielle et de la substance spirituelle. Voyons d'abord comment il arrive à la conception de la première.

On se souvient que le sens de la vue ou celui du toucher nous ont donné une étendue apparente, dans laquelle un certain nombre de sensations contiguës étaient juxtaposées. Mon père appelle intuitions les sensations et les groupes de sensations ainsi juxtaposées. L'ensemble de ces intuitions forme comme un cadre dans lequel nous pouvons voir une intuition se déplacer, celle que produit la vue de notre main, par exemple. Si un mouvement de cette main prédéterminé par notre volonté est arrêté, que se passe-t-il en nous ?

Nous étions accoutumés à voir des effets intérieurs produits par une cause intérieure, la sensation musculaire produite par l'effort, et à attribuer cet effet à sa cause qui était notre Moi. Un corps arrête notre main ; voici une sensation qui survient et que nous n'avons pas produite ; nous jugeons que nous n'en sommes pas la cause. Mais comme nos sensations musculaires avaient une cause, nous attribuons à cette sensation une cause qui n'est pas nous. Par là, nous sommes amenés à concevoir que quelque chose existe hors

de nous. C'est ce que mon père appelait le jugement objectif; là il voyait l'origine de notre idée de l'existence matérielle. Cette idée est une hypothèse. « Hypothèse si l'on
veut, disait mon père; mais depuis la naissance, l'enfant
procède comme Newton et Lavoisier. »

Ce n'est pas une perception, mais une induction; ce n'est
pas un principe constitutif et primitif de l'esprit humain;
c'est une application que nous faisons de notre puissance de
juger, quand le moment est venu, quand les circonstances
extérieures la sollicitent. Ce n'est pas une faculté à part et
impossible, comme la perception de Reid; c'est un exercice
de la faculté de juger, exercice qui ne peut avoir lieu que
parce que nous sommes en possession du principe de causalité découvert dans l'effort volontaire. Accoutumés par
notre expérience primitive à supposer que de deux phénomènes dont l'un précédait toujours l'autre, le premier était
la cause et le second l'effet, nous avions déjà sans doute
appliqué à tort la causalité dans le monde intérieur; en sentant, par exemple, que l'odeur d'une fleur nous affecte,
quand sa couleur nous apparaissait, nous avions dû primitivement attribuer l'odeur à la couleur. Tout ce qui se reproduit simultanément ou se suit immédiatement, a été
conçu d'abord comme lié par le rapport de causalité; une
réflexion assez avancée peut seule nous apprendre que ce
rapport n'existe pas toujours réellement entre deux faits
dont l'un, à plusieurs reprises, a accompagné l'autre. « *Cum
hoc, non propter hoc.* Avec cela, non à cause de cela. » Cette
distinction, qui ne se fait que bien tardivement dans l'esprit
humain, échappe encore à ceux qui croient que les comètes
annoncent la mort de grands personnages ou du bon vin,
parce que plusieurs fois les années où ont paru des comètes ont été marquées par la mort d'un grand homme ou

la bonne qualité du vin. Il en est de même de saint Médard et de la pluie qui tombe en général à l'époque de sa fête, et peut-être des mauvais temps de l'équinoxe, qu'on commence à ne plus croire causés par le phénomène de l'égalité des jours et des nuits. Rien n'est donc plus naturel à l'origine de nos connaissances que de mettre une cause partout où un phénomène se produit. Dans le cas de la résistance d'un corps, nous mettons la cause dans quelque chose d'extérieur et d'inconnu qui nous résiste; c'est notre première idée des corps; elle nous est donnée par leur impénétrabilité.

D'abord, nous n'avons l'idée que d'une seule cause de résistance. Comment apprenons-nous qu'il y en a plusieurs et qu'elles sont réunies en un système d'impénétrabilité ayant une certaine étendue, une certaine forme, en un corps?

C'est qu'en promenant notre main sur un objet matériel, nous nous apercevons que les causes de résistance, les points impénétrables sont juxtaposés, comme nous paraissent l'être nos intuitions, et que les causes de résistance, les points, cessent de nous arrêter en un certain endroit convenu. Les opérations que fait l'enfant, sans s'en rendre compte, lui donnent la notion des corps, de leur solidité, de leur volume, de leur configuration, de leur mobilité. Aujourd'hui nous n'avons plus à les faire, parce que l'habitude les a liées avec les sensations visuelles que ces mêmes corps produisent en nous, d'après leur manière d'exister, mais qui n'auraient pu nous apprendre ce que nous fait connaître la résistance. On le voit bien pour la forme d'un corps; car pour les yeux seuls, un corps n'a jamais que deux dimensions. Ces sensations visuelles sont devenues un signe souvent trompeur des formes et des dimensions du corps, mais qui en réveille rapidement en nous l'idée;

de là les illusions de la peinture. La conception de relief
acquise primitivement par le toucher, qui nous a indiqué
en quel point le corps nous résistait et cessait de nous ré-
sister, est associée à un certain ensemble de sensations visuelles dont le corps nous a affectés. Cette association, ou,
comme disait mon père, « cette concrétion » nous fait voir
le relief là où il n'existe pas ; il suffit de toucher pour s'assurer que la résistance est partout la même, c'est-à-dire
que la toile est plane ; mais même en la jugeant plane on
la voit toujours en relief. Ici, l'apparence sensible résiste,
pour ainsi dire, à la conviction de l'esprit. D'autre part, la
conception de la forme, aidée d'une grande force d'attention, peut évoquer à volonté l'apparence sensible. On peut
en regardant fixement les losanges tracés sur le papier
faire tour à tour apparaître en creux et en relief les mêmes
losanges. Cette expérience est très-propre à montrer que la
forme ne nous est pas donnée par une sensation, mais par
une conception qui peut anéantir ou produire la sensation
même.

Les corps sont révélés d'abord, dit-on, comme des causes
de résistance et se manifestent à nous par leur impénétrabilité ; cette idée est inexacte ; car la physique nous apprendra
qu'ils sont tous pénétrables, puisqu'ils sont divisibles.
Quelque chose cependant de cette notion primitive demeurera vraie ; elle sera seulement reculée pour ainsi dire
plus loin, et se retrouvera dans l'impénétrabilité des atomes
indivisibles.

Ces substances matérielles qui nous arrêtent sont d'abord
pour nous des forces comme notre Moi, où nous puisons
la première idée que nous nous en formons. L'idée de
cause est primitivement une idée de force. Cette notion de
la substance conçue comme force n'est pas entièrement

fausse ; on peut dire que, sans a force d'expansion, il n'y aurait ni solidité, ni impénétrabilité. Mais notre première connaissance des corps est entièrement erronée sur un autre point, et ceci montre bien où est l'origine de cette connaissance. Comme la cause qui nous est apparue en nous et dont nous transportons l'idée à ce qui arrête notre mouvement, est une cause libre, une personne, nous supposons d'abord que les forces qui se découvrent à nous sont des forces libres et personnelles. C'est pourquoi l'enfant bat le meuble contre lequel il s'est heurté. Cette enfance dure pour les peuples autant qu'ils continuent à personnifier les forces de la nature; mais peu à peu l'enfant s'aperçoit que ce corps qui le blesse est une cause différente, par sa nature, de la cause qu'il a sentie la première en lui, et n'est pas une personne comme lui. Les peuples en grandissant font de même; et il vient un jour où, la cause du tonnerre étant mieux connue, Jupiter, armé de la foudre, est remplacé par le fluide électrique.

Mais il est une notion des corps matériels qui remonte au premier moment où nous l'avons acquise et que nous conserverons toujours, parce qu'elle est véritable, c'est que les corps, causes de nos sensations passagères, sont permanents et subsistent, quand leur action sur nos organes a cessé, comme ils existaient avant le moment de cette action. « Les causes prohibitives, dit mon père, en se concrétant avec les intuitions, peuvent seules leur donner la permanence en empruntant d'elles la juxtaposition continue. » Cela tient encore à la nature du phénomène dans lequel l'idée de cause nous a été donnée et qui est notre propre activité, notre Moi. « La permanence, dit mon père, attribué à quelque chose que ce soit, avant les circonstances qui l'ont fait connaître, et après que ces circonstances ont cessé,

vient et ne peut venir que de ce que le sentiment de l'effort
est permanent tant que dure la veille, et qu'on ne peut en
observer ni la fin ni le commencement, puisque sans lui il
n'y a pas d'observation possible. On ne peut concevoir les
noumènes que comme des causes permanentes ; car il
faudrait une autre cause avec les phénomènes, et ce serait
celle-ci qui serait la vraie cause permanente des phénomènes. » Ainsi mon père pensait que les causes extérieures
étaient conçues d'abord comme sans commencement; c'est
la marche naturelle de l'esprit humain, pour lequel l'idée
de création est un progrès sur les croyances primitives à
l'éternité des puissances de la nature.

Nous arrivons à concevoir non-seulement l'existence des
corps, mais de plus celle de certaines qualités qui sont inhérentes à tous, et que Locke[1] a nommées qualités premières : la solidité, la figure, le nombre, le mouvement.

Une vue de mon père très-originale, et d'une grande importance pour les conclusions de sa philosophie, c'est que
les qualités premières des corps sont des relations; des relations entre les noumènes, c'est-à-dire, entre les causes extérieures et inconnues que nous concevons hors de nous.
« Les relations des noumènes, dit-il, existent avant que nous
le sachions et indépendamment de cette connaissance ; ce
sont les qualités premières de Locke. »

C'est dans la dernière partie de cette exposition qu'on
verra la portée de cette découverte de mon père, et l'usage
qu'il en fera pour établir la possibilité et la certitude de
notre connaissance ; je dois seulement l'indiquer ici.

Je terminerai ce que j'ai à dire sur la notion que nous
parvenons à avoir des êtres matériels, en citant ce qui
suit :

[1] Tome I, livre II, chapitre viii, page 195.

« Lorsqu'en éprouvant une sensation nous avons l'idée
d'une cause qui l'a produite en agissant sur nos organes, et
qui existait avant de la produire, comme elle continue
d'exister quand elle a cessé d'agir et que la sensation n'existe
plus, c'est à cette idée que nous donnons le nom de corps;
et cette idée est celle de la substance matérielle. A cette
idée, se trouve jointe aujourd'hui celle des diverses propriétés de ces corps ; d'abord, l'idée de la propriété qu'il a
de produire effectivement en nous cette sensation ; puis,
celle d'être d'un certain volume et d'un certain poids ;
d'être formée par l'aggrégation d'une multitude de molécules, et susceptible d'être transportée d'un lieu à un
autre. »

L'étude de la manière dont nous acquérons l'idée de
chacune des propriétés fondamentales des corps, telles que
le poids, le nombre, etc., nous mènerait trop loin ; mais
une propriété de la matière, l'étendue, dont j'ai déjà dit
quelque chose, me conduit à exposer ici comment, d'après
mon père, nous arrivons à la notion de l'espace réel et
infini.

Nous avons vu que l'étendue apparente ou phénoménique,
celle qui est relative à nous et n'existe point hors de nous,
est donnée par des sensations visuelles ou tactiles juxtaposées. Mais des sensations ne peuvent rien nous apprendre
de l'espace réel. Celui-là, nous ne le voyons pas, nous ne le
sentons pas, pas plus que nous ne voyons et ne sentons la
matière elle-même. Nous ne pouvons en avoir l'idée qu'en
prenant pour ainsi dire la relation d'étendue qui existait
entre nos sensations visuelles ou tactiles, et en la transportant entre les corps que nous avons découverts exister hors
de nous, comme causes de résistance qui arrêtent nos mouvements volontaires. Reid s'en tire, pour l'étendue aussi bien

que pour la matière, par une perception supposée primitive
et gratuitement admise. Mon père s'y prend autrement; il
dit : « Il n'y a d'étendue que quand il y a des choses coordonnées par juxtaposition continue. Si ces choses sont
des phénomènes, ce qui nous apparaît et n'existe point
hors de nous, comme les sensations, l'étendue est dite phénoménale, apparente ; si ce sont des noumènes, des substances conçues comme indépendantes de nous, elle est dite
nouménale, réelle, objective. La relation est la même dans
les deux cas. »

C'est parce que cette relation est la même entre les
sensations dont se compose l'étendue phénoménale relative
à nous, et l'étendue réelle, dont l'existence ne dépend
pas de nous, que l'une de ces étendues peut nous conduire à l'autre, si nous transportons hors de nous cette
relation aperçue d'abord en nous, comme nous avons fait
pour le rapport de causalité aperçu d'abord dans l'effort
interne, puis appliqué à la résistance extérieure; ce qui nous
a donné l'idée de la matière. Un transfert analogue de cette
autre relation qui est l'étendue, des sensations visuelles ou
tactiles aux corps dont nous avons conçu l'existence, telle
est l'origine de la notion d'espace réel. Entre les corps et
nous dans cet espace réel, il y a des distances ; les distances
entre les corps ne nous sont pas révélées immédiatement par
le sens de la vue. La vue ne nous révèle que les distances
entre les sensations visuelles. Quant à l'appréciation de la
distance des corps par rapport à nous, il est évident que la
sensation ne la donne point ; car c'est un jugement. Nous
n'avons donc aucune perception immédiate de la distance;
nous ne sommes arrivés que par une suite d'expériences à
placer dans l'espace les corps là où nous les plaçons. Un
aveugle à qui on avait rendu la vue, voyait les couleurs près

de ses yeux ; primitivement elles ne sont point appliquées aux objets matériels sur lesquels l'habitude les a pour ainsi dire étendues ; mais elles semblent flotter entre eux et nous. C'est en remarquant l'effort et le chemin que le bras était forcé de faire pour atteindre les choses les plus rapprochées, avant de rencontrer l'ensemble de résistance qui seul donne la notion d'une substance matérielle, qu'on a conçu les distances réelles ; puis cette conception s'est associée par concrétion avec les diverses impressions sensibles que les corps placés à diverses distances produisent sur la vue ; et maintenant, comme je l'ai dit plus haut, la vision réveille la conception à laquelle l'habitude l'a liée. La vision n'est qu'un signe de la distance, elle n'en contient pas la mesure ; elle peut même en être un signe très-infidèle, témoins les illusions de la perspective et de la ventriloquie.

« L'étendue, dit mon père, est une qualité dont la matière jouit nécessairement, quoique non exclusivement, puisque nous la concevons dans l'espace vide. » Cette notion de l'espace, qui, comme espace, est conçu vide, cette notion est la base de la théorie Newtonienne du monde, à l'encontre de la théorie Cartésienne des tourbillons qui, au contraire, admettait le plein. Mon père y tenait beaucoup ; il la rendait sensible par la supposition d'un espace limité, d'une chambre par exemple, dans laquelle Dieu aurait anéanti tout ce qu'elle renferme, et dont les quatre murs seraient toujours à la même distance. L'espace est donc vide là où la matière ne le remplit pas : « L'espace immobile, pénétrable, en partie vide, en parti plein, disséminé dans le plein. En soi, l'espace est vide. Le remplissez-vous d'un fluide subtil ? Alors entre les molécules de ce fluide, qu'y a-t-il ? Un autre fluide ? Et entre les siennes ? »

Quant à l'infinité de l'espace, mon père citait volontiers

les beaux vers de Lucrèce, dans lesquels le poëte suppose
un homme arrivé aux limites du monde matériel, et qui
pourrait encore lancer un trait dans l'espace sans bornes :

> Præterea, si jam finitum constituatur
> Omne quod est spatium, si quis procurrat ad oras
> Ultimus extremas, jaciatque volatile telum,
> Id validis utrum contortum viribus ire
> Quo fuerit missum, mavis, longeque volare;
> An prohibere aliquid censes, obstareque posse?
> Alterutrum fatearis enim sumasque necesse est;
> Quorum utrumque tibi effugium præcludit, et omne
> Cogit ut exemta concedas fine patere.
> Nam sive est aliquid quod prohibeat efficiatque
> Quo minu quo missum est veniat, finique locet se,
> Sive foras fertur, non est ea fine profectum.
>
> LUCRÈCE, *De Natura rerum*, livre I, v. 967.

Car mon père aimait la poésie, particulièrement la poésie
latine, et il a montré qu'il en était nourri, quand, à cin-
quante ans, il a exposé sa classification des sciences en
beaux vers, qui sont pleins d'énergie et de couleur, et qu'il
a bien voulu adresser à son fils [1].

---

[1] On verra, plus loin, comment mon père rattachait l'espace et le temps
à l'infinité et à l'éternité de Dieu.

CHAPITRE VI

DES NOTIONS DE L'AME ET DU TEMPS.

Il semble que l'homme doive plus facilement parvenir à la notion de l'âme qu'à la notion de la matière, que l'une soit pour lui un objet de connaissance plus accessible et plus prochaine que l'autre; il n'en est rien. Cependant notre âme est plus nôtre que le corps qu'elle anime; substantiellement elle est à nous; mais comme substance, il ne nous est pas donné de l'apercevoir. On ne voit d'une vue immédiate ni la matière ni l'âme; on ne voit que leur ombre, ou si l'on aime mieux, que le reflet qu'elles projettent dans notre conscience. S'il y a un abîme entre la sensation et la matière, il y en a un aussi entre l'aperception de notre Moi en acte, et l'idée de l'être spirituel en substance.

L'âme en soi, aussi bien que la matière en soi, ne saurait être directement perçue; nous sommes aussi séparés de notre propre réalité que de la réalité du monde extérieur. Ces deux réalités, comme celle de Dieu même, on peut les concevoir et les prouver; on n'a point de prise pour les atteindre d'une aperception directe et immédiate.

Nous avons vu comment mon père a rendu compte des opérations intellectuelles par lesquelles on obtient la conception de la matière et celle de l'espace absolu; nous allons voir comment, d'après lui, on s'élève à la conception de l'âme et du temps réel.

C'est encore par ce principe de causalité qui se découvre dans le déploiement de notre activité libre, et dans l'accomplissement de l'effort qu'elle a voulu.

Deux choses ont empêché les plus grands métaphysiciens de pouvoir expliquer comment nous arrivons à concevoir l'existence de notre âme, l'absence de ce principe de causalité, que nul avant M. Maine de Biran n'avait mis dans son vrai jour, parce que nul ne l'avait surpris dans sa véritable origine ; et la confusion presque universelle entre le Moi phénoménique, fait de conscience se manifestant dans l'effort, et la substance de l'âme, aussi différents l'un de l'autre que la sensation l'est de la matière.

Descartes, qui a si nettement et si énergiquement distingué la sensation, qui est une modification de notre âme, de l'être matériel cause de cette modification, a confondu dès le principe le sentiment subjectif du Moi, et l'être spirituel qui produit en lui-même ce sentiment comme la matière y produit la sensation.

Descartes, dans sa seconde Méditation, a admirablement distingué le Moi pensant du corps. Mais le Moi pensant de Descartes n'est pas l'âme, bien qu'il le confonde perpétuellement avec elle.

En effet, le Moi n'est pas substantiel ; il est en tant qu'il pense ; il n'est même qu'autant qu'il pense ; et Descartes, pour établir la continuité de l'existence de l'âme, est obligé d'affirmer qu'elle pense toujours, même pendant le sommeil, pendant la léthargie. Quand, dans son doute intrépide, Descartes va jusqu'à supposer un mauvais génie, un démon rusé qui cherche à le tromper en lui faisant croire ce qui n'est point, et qu'il s'écrie, avec un si admirable sentiment de sa personnalité pensante : « Il n'y a donc point de doute que je suis ; s'il me trompe, et qu'il me trompe tant qu'il voudra, il ne saura jamais faire que je ne sois rien, tant que je penserai être quelque chose. » Et quand il dit : « Je suis, j'existe, cela est maintenant certain ; mais combien de temps? Autant de temps que je pense ; car, peut-être il se peut faire que, si je cessais totalement de penser, je cesserais en même temps tout à fait d'être, » qu'est-ce que ce Moi qui sera tant qu'il pensera, et peut-être, ou plutôt très-certainement, cessera d'être quand il cessera de penser, c'est-à-dire, de se parler, de se voir, de s'apparaître? C'est un phénomène, c'est-à-dire, une apparence, ce n'est pas un être. Ici du moins Descartes est parfaitement conséquent, il ne dépasse pas les limites du fait intérieur ; mais quand il dit : « Je pense donc je suis » en prenant le verbe être dans un sens absolu, et il le faut bien croire, autrement le célèbre enthymème ne voudrait rien dire et pourrait se traduite ainsi : « Je pense, donc je suis pensant ; » quand développant cette conséquence beaucoup trop précipitée, si elle n'est pas stérile, il écrit : « Mon être consiste en cela que je suis une chose qui pense, ou une substance dont l'essence et la nature n'est que de penser, » non-seulement il affirme ce qu'il n'a pas démontré, question que je n'ai pas encore à examiner ici ; mais il parle d'un être, d'une chose, d'une substance, avant d'avoir expliqué comment nous pouvions avoir l'idée d'un être, d'une chose, d'une substance.

Il tombe ici dans la confusion qu'il avait si bien évitée au sujet de la matière et de la sensation, dans la confusion du subjectif et de l'objectif, ou si l'on veut, de l'apparence et de la réalité. Descartes dit quelque part que l'existence de la matière est plus difficile à établir que l'existence de l'âme. Nous verrons plus tard, je crois, que la difficulté est égale, et le procédé de démonstration semblable. Mais ce qu'il y a de certain, c'est que Descartes suppose l'idée de l'âme acquise, parce qu'il a constaté le sentiment du Moi. Je répondrai à ce grand philosophe par ces fortes paroles de M. Royer-Collard, qui, en interprétant Reid, se montre par moments si supérieur à lui : « C'est le sujet qui existe, qui dure, qui agit ; mais nous ne touchons ni l'être, ni la durée, ni la force. »

Malebranche a exprimé assez nettement l'impossibilité d'arriver à la notion de l'âme par le sentiment du Moi, lequel, chose remarquable, ne lui avait pas échappé ; il a dit quelque part : « que nous ne connaissons pas l'âme par une idée, mais par un sentiment intérieur ; et ailleurs, que nous n'avons point d'idée claire de la nature de notre âme. » On voit par cet aveu que l'école de Descartes n'avait pas, en effet, bien su démêler la notion de l'âme en elle-même, le sentiment intérieur, si énergique chez Descartes, du Moi pensant. De cette confusion, sortit une querelle célèbre entre Malebranche et Arnauld, où chacun d'eux, comme il arrive souvent, avait tort en partie et en partie raison. Malebranche soutenait contre Arnauld que les idées n'étaient pas dans notre âme. Mon père a montré que Malebranche, découvrant par l'observation intérieure que les idées sont aperçues par le Moi en dehors de lui, les plaçait par cette raison hors de l'âme qu'il confondait avec le Moi ; tandis qu'Arnauld, qui les voulait dans l'âme, entendait parler de la substance spirituelle dans laquelle sont les idées et le sentiment du Moi lui-même. Mon père fait remarquer que ces deux opinions ne pouvaient être expliquées et conciliées que par la distinction fondamentale qu'il établissait entre le sentiment phénoménique du Moi, et la notion de l'âme conçue comme une substance réelle ; ce qu'il appelait un noumène.

Une-fois cette distinction bien arrêtée et bien comprise, il n'est pas difficile de se rendre compte du procédé par lequel nous nous élevons à la conception de l'âme.

C'est encore au moyen du principe de causalité, par lequel nous avons *hypothétisé* la matière comme cause de la résistance qu'éprouvent nos mouvements, puis comme cause de nos sensations ; c'est par ce principe de causalité que nous *hypothétisons* l'âme. Quand on a reconnu, ainsi qu'il a été dit plus haut, l'existence des corps matériels et en partie de notre propre corps, on remarque que plusieurs de ses parties se meuvent à notre volonté ; et l'on est conduit, par le principe de causalité, à attribuer ces mouvements corporels à un être existant réellement et qui est leur cause ; cet être, c'est l'âme.

« Il en est, dit mon père, de la personnalité comme des sensations, relativement aux idées qui l'accompagnent ; dans l'état actuel de nos connaissances, nous concevons une substance qui est à son égard, à l'égard du sentiment de notre personnalité, ce que le corps qui produit en nous une sensation, est à cette sensation. » Nous concevons cette substance comme douée de la propriété de mouvoir à son gré le corps qu'elle anime, en produisant en elle le sentiment de personnalité dont nous parlons. De même que les causes extérieures y produisent ces sensations ; de même que par le mot corps nous exprimons, dans l'usage ordinaire de la vie, à la fois et la substance matérielle dont nous concevons l'existence et l'ensemble de sensations qu'elle produit en nous et que nous rapportons à cette substance, de même le mot Moi exprime le concret formé du sentiment que nous avons de notre personnalité, et de l'idée que nous avons de la substance dans laquelle ce sentiment réside. Le sentiment de la personnalité est la partie intuitive de ce concret; l'idée de cette substance en est la partie conceptive.

Si le mot Moi n'exprimait que le sentiment, ces mots : « J'ai dormi, » n'auraient aucun sens.

L'âme étant conçue comme cause de nos mouvements, on lui attribue successivement nos volontés, nos idées; et, toujours en vertu du principe de causalité, on place en elle nos sensations ; car, dès qu'on la conçoit, on la conçoit nécessairement comme principe voulant, pensant, sentant; toutes ces choses convenant et ne pouvant convenir qu'à sa nature simple, et par conséquent immatérielle. Nous la concevons simple, parce que le Moi, son effet, est simple, de même que la matière étendue a pour effet la sensation, qui nous fait apparaître l'étendue. Plus tard, il sera prouvé, contre les matérialistes, que nous avons raison de concevoir notre âme comme simple; il suffit maintenant d'établir que nous la concevons ainsi. Qui, en effet, conçoit son âme comme composée de parties d'un plus ou moins grand volume, ce qui entraînerait telle ou telle forme; le rond, le triangle, le carré? Avant d'arriver à cette notion de la simplicité de l'âme, on a commencé, le langage en fait foi, par la considérer comme une matière, mais une matière très-subtile, un souffle animé; et les philosophes de l'antiquité ont eu d'abord cette conception imparfaite de l'âme. Comme les enfants et les peuples enfants mettent d'abord dans les êtres matériels une volonté, une personnalité, ce qui donne naissance aux êtres mythologiques, de même on mêle d'abord à la notion de l'âme quelque chose de la matière. Ceux qui confondent les deux principes et qui font l'âme grossièrement matérielle, il faut qu'ils sachent, avant toute discussion, qu'ils reculent encore au delà des premiers essais tentés par l'esprit philosophique pour échapper à une con-

fusion, peut-être excusable alors, entre la matière qui produit la sensation multiple comme elle, et l'âme qui produit
en elle le sentiment d'elle-même, dans lequel se manifeste
sa simplicité.

Nous concevons aussi notre âme comme cause permanente de nos actes intellectuels, que nous lui attribuons ;
car nous transportons naturellement à l'âme, à notre Moi
objectif, tout ce qui caractérisait le sentiment de notre personnalité, notre Moi subjectif. Mais ici cette permanence
n'est point intermittente ; nous ne pouvons y admettre d'in-
terruption. « Nous sommes convaincus, dit mon père,
que l'âme continue à subsister quand un sommeil complet
nous prive du sentiment de la personnalité, comme les
corps ne cessent pas d'exister lorsqu'ils cessent d'agir sur
nos organes, et que les sensations qu'ils produisaient en
nous sont anéanties. »

De cette notion de la persistance de l'âme, naît la notion
de la durée vraie, du temps absolu. La durée subjective
nous avait été donnée dans la vue de la succession de nos
actes intérieurs ; c'était, non une forme de notre sensibilité
comme l'appelle Kant, mais une forme de notre activité.
Maintenant que nous concevons l'existence d'une âme, substance durable et persistante, même quand nous n'avons
pas conscience de nous-mêmes, pendant notre sommeil par
exemple, nous sommes amenés à concevoir aussi une durée
réelle qui subsiste indépendamment de nous et de notre
aperception, dans laquelle s'accomplissent les actes intellectuels que nous attribuons à notre âme.

Ce temps ne commence pas comme la durée subjective,
avec le déploiement de notre activité, pour s'interrompre
quand il s'interrompt, et cesser avec lui ; nous ne lui concevons ni commencement ni fin. Il est infini, il est éternel.

Le temps relatif à nous est comme son image ; et de celui-ci
l'on peut dire, avec J. B. Rousseau et après Platon :

> Le temps, cette image mobile
> De l'immobile éternité !

CHAPITRE VII

DES IDÉES.

Nous avons vu dans quel ordre et dans quelles circonstances naissait en nous la connaissance de ce qui n'est pas
en nous, ce qui n'est pas une simple modification de notre
âme, mais une conception de la matière, de l'espace réel,
du temps réel, et de la substance de notre âme elle-même.
Maintenant, il faudra prouver que nos conceptions ne sont
pas trompeuses, et que les objets de notre pensée existent.
C'est là ce qui forme comme le couronnement de la philosophie de mon père, dont je viens d'exposer les bases et dont
le but est d'expliquer l'intelligence et de la justifier.

Mais cette démonstration de la réalité de nos connaissances suppose l'étude approfondie de nos moyens de connaître et de prouver, des produits de notre pensée, des
procédés de notre raison, c'est-à-dire de nos idées et de nos
jugements.

Ce que je vais exposer maintenant des opinions de mon
père sur ce sujet formait, dans sa pensée, toute une science.

C'était, comme il le dit dans une lettre, une logique nouvelle à laquelle il travaillait depuis dix ans.

La théorie des idées est célèbre dans la philosophie, depuis Platon jusqu'à nos jours; dans les matériaux de cette théorie, telle que la concevait mon père, je vais choisir ceux qui me paraissent constituer particulièrement une doctrine neuve et originale.

D'abord il va sans dire qu'il distinguait fortement l'idée de l'image, comme l'ont fait presque tous les philosophes dignes de ce nom [1], bien que l'école régnant alors qu'il écrivait, les eût confondues, comme tant d'autres choses. L'image est la trace de la sensation; pour mon père, l'idée est la trace que laisse un acte intellectuel; c'est la conception d'une substance ou la vue d'un rapport; l'une est rappelée par l'imagination, l'autre par la mémoire véritable. « Imager n'est pas concevoir, a dit avec raison un auteur qui a heureusement exprimé de fortes idées trop souvent vagues. » Le philosophe que mon père juge ainsi est, je crois, M. de Bonald.

La sensation et l'image n'ont pas d'objet; elles ont des causes; les idées ont un objet que nous concevons quand c'est une substance, que nous apercevons ou concevons quand c'est un rapport.

D'après mon père, il n'y a dans l'animal que des sensations, des images de sensations et point d'idées, comme il n'y a que des désirs et point de volonté. « Sans conscience d'examen, dit-il, sans réminiscence proprement dite, c'est-à-dire, sans mémoire volontaire, ils ne peuvent avoir la con-

---

[1] Mon père fait remarquer que Malebranche a fortement insisté sur cette distinction méconnue par les psychologistes français de l'école de Condillac; ce qui, selon lui, était une des causes principales de leurs erreurs.

naissance des substances ; ils n'ont que des sensations actuelles, entrelacées de sensations passées. »

Voilà la sensation pure à laquelle on a voulu ramener
l'homme tout entier, relégué ainsi dans l'animalité. L'animal a des sensations et des images ; l'homme commence
avec l'idée.

L'enfant, même avant le langage, est déjà tout autre chose
que l'animal ; il a la volonté libre, il a des idées, l'idée des
corps extérieurs et de leur forme ; il distingue une boîte d'un
cube, l'idée d'autres êtres semblables à lui, dont le visage
et les gestes expriment des sentiments qu'il connaît pour
les avoir éprouvés. Sans cela, comment pourrait-il entrer
en communication avec ces êtres et apprendre d'eux à parler ? Pour qu'il donne un sens à un signe, il faut qu'il com-
prenne l'intention de ce signe ; et comment attribuerait-il un
sens à un signe artificiel comme un mot, s'il n'avait compris
des signes naturels, comme l'expression, par les traits et la
voix, de la colère ou de la douceur ? Il y a plus, comment
des mots auraient-ils pour lui une signification quelconque,
s'il n'avait déjà l'idée que le mot exprime ?

L'enfant a donc des idées ; mais il n'a point encore d'idée
générale ; toutes ses idées sont particulières. C'est le langage commencé par ses idées particulières qui l'aidera à s'en
former de générales.

« Ainsi, disait mon père, on échappe au cercle vicieux
par lequel on est obligé de supposer le langage pour expliquer la formation des idées, et les idées pour expliquer la
formation du langage. » Quelques-uns trouveront que mon
père refuse beaucoup à l'animal et accorde beaucoup à l'enfant : Noble erreur, si c'en était une ; ce que je n'admets
point. La différence qui sépare de l'homme l'animalité,
même la plus perfectionnée, ne saurait être trop marquée.

En général, quand on a cherché à la faire disparaître, ç'a
été au détriment de la dignité humaine; mieux vaut, avec
l'école spiritualiste de Descartes, voir dans les animaux des
machines, que d'écrire, comme Lamétrie, un traité de
« l'homme machine, » et voir, comme on l'a fait de nos
jours, dans certains sauvages, un chimpanzé imparfait.
Mon père, d'ailleurs, n'allait pas si loin que Descartes; la
sensibilité tout entière, telle était, pour lui, le champ de
la vie animale; mais il ne pouvait accorder aux brutes le
sentiment de la personnalité, sentiment qui est nécessairement libre. Or, sans personnalité, principe de toute activité,
l'âme pourrait être affectée passivement par une sensation ;
mais elle ne pourrait concevoir et apercevoir; car, concevoir et apercevoir sont des actes.

Quant à l'enfant, il faut se garder d'y voir une petite
brute; « *res est sacra puer*. » Même avant de parler, il veut,
il pense. J. J. Rousseau cite un fait qui indiquerait chez lui,
dès cette époque, le sentiment de l'injustice. Saint Au-
gustin s'accuse, dans ses *Confessions* (l. I, c. vii), d'avoir
eu, dès sa plus tendre enfance, des sentiments mauvais,
tels que la jalousie; il attribue aux enfants la faculté de
pécher. Quoi qu'il en soit, plus on aura observé les enfants,
plus on sera disposé à leur accorder des facultés humaines,
encore bien peu développées sans doute, mais existantes.
« L'enfant, dit mon père, fait quatre-vingt-dix-neuf pas
dans une route où Newton et Copernic feront le centième. »
Je ne sais; mais il me semble touchant que cette ligne ait
été écrite par un émule de Copernic et de Newton.

Mais arrivons à l'homme lui-même, à l'homme en possession de toutes ses facultés, et dont l'intelligence a été
perfectionnée et complétée par le langage; et étudions la
nature de ses idées.

Mon père rejetait les idées innées, que Locke lui paraissait avoir suffisamment réfutées. La doctrine qu'il s'attachait
surtout à combattre, était celle que Locke lui-même avait
concouru à établir, sans pourtant l'adopter tout entière,
qui avait dominé au dix-huitième siècle, que Condillac avait
portée à ses dernières conséquences, et qui, après lui, lé-
gèrement modifiée, mais au fond toujours la même, régnait
encore dans la philosophie française quand mon père commença à l'attaquer.

Le premier article de cette doctrine, c'est que nos idées
venaient par nos sens, et n'étaient que des sensations ou des
images de sensations transformées. A cela, mon père, nous
l'avons déjà vu, répondait : « Les sensations seules viennent par les sens; la sensibilité est passive, les idées sont le
produit d'un acte intellectuel; l'intelligence est active; elle
conçoit les substances et les rapports qui existent entre
elles; elle aperçoit les rapports qui existent entre les sensations elles-mêmes, dès que nous avons de ces rapports
une notion distincte, celui d'étendue, par exemple, aperçu
d'abord entre nos sensations juxtaposées; le rapport n'est
point une sensation. La conception d'une substance, l'intuition d'un rapport, sont des actes intellectuels qui laissent
dans notre âme une trace, laquelle n'est point comme la
trace d'une sensation, une image, mais qui est une notion
ou une idée. »

Mais, outre cette réfutation fondamentale de la doctrine
sensualiste des idées, mon père la combattait sur plusieurs
autres points importants, comme nous le verrons bientôt,
et principalement sur le rôle attribué, dans la formation
de nos idées, à l'abstraction et au langage. Avant d'entrer
avec lui dans cette discussion, je dirai rapidement comment
il classait les idées.

Rejetant les diverses classifications des idées, entre autres les célèbres classifications ou catégories d'Aristote, où
il ne voyait qu'une division arbitraire et le rapprochement
peu naturel sous un même chef de faits intellectuels très-
divers, il avait, après quelques tâtonnements, rapporté toutes
nos idées à quatre groupes très-naturels, auxquels il a donné
successivement différents noms, mais que j'exposerai, d'a-
près un fragment où cette classification me paraît plus nettement énoncée qu'ailleurs.

1° Idées qui se rapportent aux corps considérés isolément, à leurs qualités, tant premières que secondes, en
prenant ces mots dans le sens que Locke leur attribue. Ces
idées sont la base des sciences naturelles.

2° Idées qui se rapportent à notre personnalité et à notre
âme, à tous les actes et à tous les faits de notre intelligence,
comme penser, vouloir, comprendre. C'est ce que mon
père appelait les idées réflexibles, objet des sciences philosophiques.

3° Les idées qui se rapportent aux corps considérés dans
leurs relations de volume, de distance, de mouvement, de
nombre, et qui sont surtout l'objet des sciences physico-
mathématiques.

4° Les idées qui se rapportent aux hommes vivant en société, aux relations sociales, et dont se composent surtout
les sciences historiques et morales, la législation et la politique; ce que mon père appelait les idées anthropologiques.

Ainsi sont classées, par lui, les idées par rapport à leur
objet; ensuite, et ceci est encore plus important, elles sont
classées d'après leur nature.

Quant à leur nature, elles sont vraies ou fausses, claires
ou obscures, complètes ou incomplètes, simples ou complexes.

Une idée ne peut être fausse que lorsqu'elle est la conception d'une chose qui n'existe pas, ou d'un rapport que l'on croit voir là où il n'est point. Mais l'idée du rapport en lui-même ne peut être fausse, pas plus qu'une sensation ne peut l'être ; car les rapports nous sont donnés comme les sensations, par intuition immédiate ; nous les découvrons entre les données subjectives qui nous apparaissent ; et là, ils ne peuvent nous tromper. Quand nous voyons une rose et l'image de cette rose dans un miroir, l'idée du rapport numérique Deux que nous découvrons alors est une idée vraie. Mais si nous concevons que deux roses existent réellement et objectivement, notre conception de substance est fausse, et la conception du rapport, deux roses, entre les substances est fausse également. Le rapport aperçu entre les deux apparitions est vrai ; mais cette vérité, comme celle des sensations, est sans importance ; ce qui importe, c'est la vérité du jugement que nous portons sur les réalités non perçues immédiatement, et qui sont l'objet de nos conceptions. Il est vrai que nous voyons ronde une tour qui est carrée ; il est vrai que nous voyons deux roses là où il n'y en a qu'une ; mais ce qui importe, c'est la vérité du jugement par lequel, en dépit de la sensation et du rapport, nous affirmons que la tour est carrée, et qu'il n'y a là qu'une rose.

Quand Descartes disait que toute idée parfaitement claire était une idée vraie, il avait raison s'il entendait par là que tout rapport aperçu était vrai dans le sens que je viens de dire ; mais une conception de rapport ou une conception de substance peut être très-claire et ne pas être vraie ; une tour ronde, le nombre deux sont des idées très-claires, qui, appliquées aux cas particuliers que j'ai pris pour exemples, ne sont point vraies.

On voit qu'une idée claire n'est pas toujours une idée vraie. J'ajouterai, la clarté fait souvent l'illusion de la vérité. Il y a des esprits nets et faux, on les comprend si bien qu'on ne peut croire qu'ils se trompent; ils se trompent pourtant parfois, le plus lucidement du monde.

« Une idée peut être claire, dit mon père, bien qu'elle soit incomplète, quand elle suffit au jugement que l'on porte sur cette idée; dans ce cas, on dit parfois qu'une idée est obscure, parce qu'elle est incomplète; et l'on a tort. » L'idée de la substance matérielle, cause de nos sensations, l'idée de l'âme, cause de nos pensées, sont des idées très-incomplètes; car nous sommes loin de connaître à fond la nature de la matière et de l'âme, dont nous ne connaissons que certaines qualités essentielles; mais ces idées sont très-claires, quand nous nous bornons à affirmer, par exemple, qu'il y a une cause étendue de la sensation et une cause simple de la pensée. Il ne faut donc pas reprocher aux idées métaphysiques de manquer de clarté; seulement, il faut reconnaître qu'elles sont incomplètes; notre faculté de concevoir est limitée; mais, sur quelque sujet que ce soit, elle peut n'être point confuse. J'ajouterai encore que la difficulté de comprendre peut ne pas tenir à l'obscurité; la philosophie de Kant est difficile à cause du langage, pour nous bizarre, qu'emploie son auteur. Elle n'est pas réellement obscure; car les idées sont très-arrêtées et très-précises. On pourra, malgré cette Introduction, avoir parfois quelque peine à bien saisir la pensée de mon père, à cause des termes qu'il crée souvent pour la rendre; si on se familiarise avec ces termes, on trouvera sa pensée d'une netteté singulière. Qu'une personne étrangère aux mathématiques ouvre un livre où il sera traité de cette science, elle n'en comprendra pas un mot; cependant, quoi de plus

clair que les mathématiques? Cela soit dit en passant à
ceux qui ne voient qu'obscurité dans la métaphysique ; c'est
qu'ils n'en ont pas étudié la langue. L'esprit de Voltaire
est inintelligible pour un Allemand, qui ne sait pas le
français.

De même que, dans la nature, les corps auxquels nous
avons à faire sont composés d'éléments souvent assez nombreux, de même, et bien plus encore, nos idées sont souvent aujourd'hui très-complexes, c'est-à-dire composées
d'idées élémentaires groupées ensemble, qui ont pénétré
dans notre intelligence à diverses époques de son développement, et par des portes très-différentes. Grâce à l'analyse que mon père a faite des diverses parties dont se composent ces groupes, et à la sagacité avec laquelle il a saisi le
moment où ils se forment, on peut décomposer assez facilement les plus compliqués d'entre eux. Il a démonté, pour
ainsi dire, l'horloge de notre intelligence pour en étudier
toutes les pièces ; puis il l'a remontée, en remettant à leur
place et en jeu tous les rouages et tous les ressorts.

A chaque époque du développement de notre intelligence, il montre comment les faits nouveaux qui se produisent alors se combinent, et, comme il dit, se concrètent
avec les faits intellectuels de la même époque ou des
époques précédentes, avec ceux qui se continuent dans
les époques qui suivent ; il a étudié tous les principaux
groupes qui en résultent. Ce travail a été celui de sa vie
entière ; il l'a fait et refait cent fois, distribuant toujours
d'une manière différente, quoiqu'au fond dans le même
ordre, ces combinaisons naturelles des éléments de nos
connaissances. On en verra quelques exemples dans ce
qui m'a paru de ce travail, incessant et inachevé, assez définitif pour être publié. Mais pour admirer, comme elle le

mérite, l'activité infatigable d'une méditation toujours renouvelée, il faudrait avoir sous les yeux « ces tableaux de
l'intelligence humaine » dont j'ai entre les mains plusieurs
centaines, qui s'accordent tous dans l'ensemble, et dont
aucun n'est l'exacte reproduction d'un autre dans le détail.
Je ne peux que signaler ce mouvement incessant de la
pensée de mon père, et je vais continuer d'indiquer successivement les points de vue les plus originaux de sa théorie
des idées.

Le mot Abstraction est un de ceux dont les philosophes
que mon père combattait, ont le plus abusé. L'emploi de
ce mot, lui-même de nature abstraite, et qui, dans l'usage,
entraîne l'idée d'un objet de la pensée qui manque de réalité, a introduit une grande confusion dans les esprits et a
ébranlé bien des croyances philosophiques; car, chose remarquable, on attribuait beaucoup à l'abstraction, et on semblait croire que des idées abstraites étaient des produits
artificiels, comme des jeux chimériques de notre esprit.
Toute idée générale était une idée abstraite, et toute idée
abstraite, un mot, de sorte qu'on aurait pu dire des plus
hautes aperceptions de l'esprit humain : « Sunt verba et
voces prætereaque nihil. »

Pour les philosophes dont je parle, la matière était une
abstraction ; l'esprit, bien entendu, une abstraction ; l'espace, le temps, des abstractions ; le vrai, le bien, le beau
des abstractions ; tout le monde n'osait pas dire que Dieu
fût une abstraction ; mais on n'hésitait pas à soutenir que
le Moi humain, c'est-à-dire, le sentiment de notre existence et de notre activité, la conscience de notre personnalité était une abstraction ; il est vrai qu'on ajoutait sans
beaucoup s'entendre, une abstraction réalisée.

Mon père a mis l'abstraction à sa place ; il a établi que

cet instrument tout-puissant, disait-on, de la formation de
nos idées ne pouvait à lui seul former aucune de ces idées.
« L'abstraction, dit-il, ne donne aucune nouvelle idée :
mais par elle nous pensons isolément ce que, sans elle,
nous ne penserions que dans l'idée complexe. »

L'abstraction ne fournit donc à la pensée aucun élément
nouveau ; elle ne produit rien, ne crée rien ; elle sépare,
elle isole ; voilà tout. On n'a jamais dit que le couteau de
l'anatomiste produisît une molécule de chair ou un organe.

« On ne peut, dit mon père, abstraire de l'idée complexe que ce qui y est présent à l'esprit, dans sa compréhension. »

Pour lui, une idée générale, n'est point une abstraction,
mais une vue de notre esprit, la vue d'un rapport entre les
phénomènes, ou la conception d'un rapport entre les substances, rapport toujours réel dans le premier cas, et qui
peut l'être dans le second.

Les parties les plus hautes de notre connaissance ne sont
donc pas un résultat des abstractions ; elles sont, ou du
moins peuvent être des réalités. Les idées générales ne sont
pas des produits artificiels, mais des aperceptions naturelles par lesquelles notre intelligence découvre des rapports qui peuvent être réels.

Nous acquérons, selon mon père, les idées générales par
la comparaison ou l'indétermination. Je parlerai d'abord de
la comparaison.

La comparaison est le moyen le plus habituel d'acquérir
des idées générales.

Comparer, c'est apercevoir un rapport qui existe réellement entre les phénomènes ; l'abstraction précède la comparaison ; mais c'est la comparaison qui donne l'idée. Pour
arriver à l'idée générale du vert, il faut abstraire, c'est-à-

dire séparer la couleur d'une feuille, par exemple, de sa
forme, de sa grandeur, de toutes ses autres qualités; mais
après cette opération, l'idée générale n'existe pas encore
dans notre esprit; pour qu'elle y existe, il faut avoir fait
plus; il faut avoir comparé cette qualité, ainsi séparée des
autres par l'abstraction, dans plusieurs feuilles, et avoir
aperçu le rapport de ressemblance qui se trouve entre ces
feuilles. Ceci est une vue de notre esprit; c'est l'intuition
vraie d'un rapport vrai.

De même pour les rapports qui sont entre nos conceptions. Si je conçois que toutes les âmes des hommes sont
de même nature, c'est que je compare par la pensée tous
les hommes que je connais et que je puis supposer exister.
Si je reconnais à tous les mêmes facultés essentielles, je me
fais une idée générale de ce que c'est que l'humanité. Cette
idée ne peut s'appeler une abstraction; car elle n'est point
un produit de l'abstraction; c'est une idée comparative,
parce qu'elle est née de la comparaison. Elle peut être
réelle si le rapport que j'ai conçu entre les êtres humains
est un rapport vrai. Ainsi ce que l'on désigne par des mots
abstraits, ce sont des réalités, ce sont les rapports vrais que
nous concevons exister entre les êtres; ainsi, la beauté, la
bonté, la vérité ne sont pas des abstractions; ce ne sont
pas des substances sans doute, mais ce sont des rapports,
des modes si l'on veut, mon père ne rejetait pas cette expression, mais des modes qui tiennent à la nature des
choses; bien qu'autrement réels, ils sont aussi réels que les
substances. Les idées que nous avons de celles-ci ne sont
pas non plus des abstractions; nous y arrivons par la vue
du rapport de causalité. Ce rapport est réel; l'idée qui en
résulte peut être réelle; nous saurons plus tard qu'elle l'est
nécessairement; c'est tout ce qu'il faut pour voir dans les

idées de substances autre chose qu'une abstraction. Quant au sentiment de notre personnalité, c'est un fait de conscience dont nous ne pouvons douter comme fait; c'est pour nous une réalité; et quoi qu'on en ait pu dire, au moment où j'écris ces lignes, je sens parfaitement que je ne suis pas une abstraction, même réalisée.

Nous comparons d'abord nos sensations, et elles nous apparaissent dans un premier rapport qui ne nous donne pas encore l'idée générale de ressemblance. Les sensations de même nature nous apparaissent dans un simple rapport de coordination ; toutes les sensations de vert sont coordonnés ; mais notre intelligence intervient; elle reconnaît que ces sensations ont quelque chose de semblable, elle acquiert la notion générale du vert. De même, en comparant les diverses sensations de couleurs verte, rouge, jaune, bleue, etc., elle en séparera par l'abstraction une partie semblable ; ce qui ne donne pas encore l'idée de couleur; puis par la comparaison, elle découvrira le rapport qui existe entre toutes ces couleurs et arrivera ainsi à la vue de ce rapport. Ce sera cette vue de notre esprit qui nous donnera l'idée générale de couleur. Il en est de même de toutes les idées que nous acquérons par la comparaison. Ici se place la question du langage. L'école de la sensation tendait à faire de presque tout notre développement intellectuel une conséquence du langage. Comme le langage était presque la seule différence radicale entre nous et les animaux qu'elle ne crut pouvoir supprimer, c'était lui qui devait rendre raison de tout ce qui nous sépare d'eux. Selon ces philosophes, c'est le langage qui avait, en aidant l'abstraction, donné naissance aux idées générales; le raisonnement n'était qu'une langue plus ou moins perfectionnée, l'idéal de la philosophie était une grammaire bien faite; vue mesquine et fausse de l'intelligence humaine, que mon père s'est attaché à combattre.

Il a montré d'abord que l'acquisition même du langage n'était possible qu'en admettant des idées antérieures à cette acquisition. « L'homme, disait-il énergiquement, ne conçoit point parce qu'il parle; mais il parle parce qu'il conçoit. Les signes ne peuvent que faire croire à ce qu'on a conçu, non faire concevoir ce qu'on n'a pas encore conçu.» Sur ce point, il se trouvait d'accord avec le grand ennemi de l'idéologie, Bonaparte lui-même, qui, au sujet d'une question proposée par l'Institut, disait : « Si sans les signes on ne peut pas penser, comment donc a-t-on pu penser aux signes?... Si on ne peut avoir d'idées que par les signes, comment a-t-on une idée des signes[1]? » J'en demande bien pardon à cette grande ombre; mais celui qui parlait ainsi était coupable d'idéologie et même de très-bonne idéologie.

Après avoir établi que les idées précèdent le langage, mon père ajoutait : « Je sais que plusieurs philosophes les ont rejetées; cela ne m'étonne pas de la part de ceux qui cherchaient à ravaler l'homme au rang de la brute; mais il me semble qu'on ne peut trop s'étonner qu'on se soit jeté dans la même erreur par des vues tout opposées. »

S'il s'agissait d'établir la prééminence de l'homme précisément par les facultés qui distinguent entièrement son intelligence de celle des animaux, il ne fallait pas dire : « L'homme diffère des animaux seulement parce qu'il a reçu le langage auquel il doit toutes les idées où ils ne peuvent s'élever »; mais au contraire, c'est parce qu'il a la faculté de concevoir qui leur est refusée, c'est parce qu'il

----

[1] *Mémoires du comte Rœderer*, t. III, p. 324.

a les idées de cause, de substance, de certaines relations, qu'il est susceptible de parler.

Le langage existant, c'est par les idées que l'enfant peut l'apprendre ; et les êtres qui ne peuvent concevoir comme lui ne peuvent le recevoir. Voilà une ligne de démarcation fondée sur la nature de la substance intelligente qui nous anime, au lieu que dans l'autre hypothèse la différence viendrait d'une circonstance extérieure, qui ne supposerait aucune diversité de nature ; ce ne serait qu'accidentellement que nous différerions des animaux. On dit que les animaux n'arrivent pas à l'intelligence faute de signes ; mais s'ils étaient intelligents, ils formeraient des signes.

En refusant au langage d'être le principe et l'auteur des idées générales, mon père reconnaissait qu'il en était l'occasion et l'instrument. Un mot ne peut être que le signe, non l'origine ou la cause d'une idée. Cette origine est en nous ; cette cause productrice, c'est la faculté qui nous est donnée de concevoir des substances, d'apercevoir des rapports entre les phénomènes et de les concevoir entre les substances [1].

Mais, en maintenant avec fermeté ce principe contre l'école qui faisait dériver nos idées de la faculté de parler, mon père ne niait point que cette faculté merveilleuse ne concourût puissamment à développer notre intelligence et ne l'aidât à former les idées générales, que, seule, elle peut produire. « On n'apprend pas à penser en parlant, a-t-il dit ; il faut avoir pensé pour apprendre à parler ; » mais il a reconnu aussi l'influence de la parole sur la pen-

---

[1] Dans tout ceci, mon père avait en vue, non la question de l'origine, mais la question de l'acquisition du langage, déjà inventé et transmis par les parents qui le savent aux enfants qui ne le savent pas parler.

sée. La parole aide le travail de l'abstraction, qui lui-même
précède et prépare la comparaison, d'où naît l'idée générale ; il l'aide en fournissant des termes qui désignent
la partie séparée d'un groupe de sensations ou de conceptions, et empêchent de la confondre de nouveau dans
le groupe d'où on l'a tirée. Un homme qui choisit dans
une bibliothèque un certain nombre de livres qu'il veut
mettre à part, attache à ces livres une étiquette pour les
reconnaître et ne pas les replacer par erreur parmi ceux
du milieu duquel il les a tirés ; ces étiquettes sont fort
commodes et facilitent son travail, mais ne lui en fournissent pas les matériaux. Les matériaux sont les livres
eux-mêmes qu'il voit et qu'il classe.

Mon père allait plus loin, et il reconnaissait l'influence
utile des signes aussi bien sur la faculté de comparer
que sur la faculté d'abstraire. Les signes communs, qui
expriment les idées générales, les arrêtent et les fixent
dans l'esprit ; l'idée générale du vert, l'idée plus générale
encore de couleur échapperait de notre pensée, pourrait se
dissoudre et se briser, pour ainsi dire, si elle n'était
comme rivée et soudée par le mot qui l'exprime. « L'influence du langage sur la pensée est successive, dit mon
père ; les idées partielles, successivement plus intenses,
se distinguent ; l'analyse de la pensée commence ; elle
étend à son tour celle du langage, et une réaction mutuelle s'établit ; enfin, les mots de plus en plus ne se lient
qu'aux idées. »

C'est ainsi que l'enfant perfectionne sa pensée en perfectionnant sa parole ; pour comprendre les mots qu'il entend
répéter, il porte son attention sur les rapports exprimés
par ces mots. Il décompose toujours plus facilement, et
généralise ses idées avec l'aide de cet instrument de préci-

sion qui est le langage ; instrument dont mon père n'avait garde de méconnaître l'importance, pourvu que de l'instrument on ne fît pas l'ouvrier.

Comment eût-il pu en être autrement? Il fut toujours très-occupé d'étudier le mécanisme des langues qu'il connaissait; il avait sur ce sujet une foule de vues ingénieuses, il saisissait merveilleusement ce qui, dans les divers idiomes, était un moyen différent d'exprimer la pensée. De ces différences de procédés grammaticaux, il avait formé comme un type idéal qui les eût réunis ; ce type, il l'avait réalisé ; il avait créé une langue, et dans cette langue il avait fait des vers. Je regrette de n'avoir presque rien trouvé dans ses manuscrits sur ce sujet intéressant ; et je n'ose me fier à mes souvenirs ; mais du moins quelques-uns de ses aperçus sur la philosophie de la grammaire ont été conservés ; on y verrait comment il traite du substantif, de l'adjectif et du verbe. Ce qu'il dit du verbe être est particulièrement remarquable; j'en parlerai à l'occasion des jugements.

Un lieu commun, qui de la philosophie sensualiste a passé dans beauconp d'esprits, c'est qu'il n'existe que des individus dans la nature ; que les classes dans lesquelles on les range sont des conceptions de notre intelligence, auxquelles rien ne correspond dans la réalité. Cette proposition révoltait mon père, lui, génie éminemment classificateur ; lui, admirateur de la méthode naturelle créée par les Jussieu, et si admirablement appliquée par Cuvier ; lui, qui a classé suivant les principes de cette méthode les corps simples de la chimie, les faits de l'intelligence, et enfin, tout l'ensemble des connaissances humaines, il ne pouvait souffrir que l'on détruisît la réalité de l'œuvre immortelle des grands hommes que j'ai nommés, et de la sienne. Pour lui, nos idées de collections sont des idées vraies ; et dans la nature il y a, comme dans nos livres, des classes, des genres, des espèces ; car ces groupes d'êtres ont entre eux des rapports réels que nous pouvons découvrir, mais que nous ne créons pas. Ces rapports ont une importance inégale selon la nature des termes entre lesquels ils existent. Si, entre les qualités secondes des corps, c'est-à-dire les qualités purement sensibles comme la couleur, l'odeur, etc., les classifications sont nécessairement artificielles ; car ces caractères superficiels et fugitifs n'entraînent pas de véritables ressemblances entre les corps qui les présentent ; si, entre les qualités premières, qui sont des rapports réels, elles peuvent donner lieu à des classifications plus naturelles, parce que de tels rapports sont liés à d'autres ressemblances qui en découlent ; la vérité de ces classifications dépend du choix que l'on fait entre ces différents rapports de ressemblance d'après leur importance, c'est-à-dire d'après le nombre plus ou moins grand de rapports secondaires qui les accompagnent.

A propos des nombres, mon père disait : « La numération résulte d'une suite de partitions, qui est une sorte de classification disposant les choses et mettant dans chacun des genres qu'on en forme celles qui ont le même nombre de parties. »

On voit ici et on verra plus loin comme les cadres de la philosophie de mon père se prêtaient à recevoir les notions les plus élevées des sciences. De pareils points de contact entre la métaphysique d'une part, et de l'autre les sciences naturelles, physiques et mathématiques, sont faits pour réconcilier les savants avec la philosophie, qui n'est pas auprès d'eux très en faveur, mais qui, elle aussi, est une science qu'ils feraient bien de ne pas tant mépriser et de connaître mieux.

Revenons des applications de la métaphysique à la métaphysique pure, aux idées générales ; nous avons vu qu'on arrivait à ces idées par la comparaison.

Mon père ne prétendait pas qu'on ne pût y arriver par une autre voie. Outre le procédé de comparaison, il reconnaissait le procédé d'indétermination. Quand nous voyons un grand nombre de soldats, sans les compter, nous n'en avons pas moins l'idée qu'il y a un certain nombre de soldats ; c'est une pluralité confuse ; mais c'est une pluralité qui nous donne l'idée générale du nombre, idée nécessairement générale ; car nous n'avons en ce cas celle d'aucun nombre particulier. Mon père regardait les idées générales par indétermination comme antérieures à celles que donne la comparaison. Il faisait remarquer qu'on ne pouvait appliquer à ces idées générales ce que l'on dit avec raison des idées de classes, mais qui ne s'applique qu'à celles-ci : à savoir que l'idée a toujours d'autant moins de compréhension qu'elle a plus d'étendue. Ainsi, il est bien vrai que l'idée complexe Homme contient moins d'idées particulières que l'idée Nègre ; car celle-ci, qui est moins générale, comprend un attribut qui manque à l'idée plus générale : la noirceur de la peau. L'idée par indétermination n'est point dans le même cas ; l'idée de nombre que nous donnent des étoiles que nous ne comptons pas, n'a pas moins de compréhension quand l'idée est plus étendue, c'est-à-dire, quand elle renferme un plus grand nombre d'étoiles.

Je n'indiquerai pas ici d'autres aperçus de détail sur la nature de nos idées ; on les retrouvera dans les fragments que je publie. Mais il me semble nécessaire de montrer la place que tient la doctrine de mon père sur les idées dans l'histoire générale de cette doctrine, jusqu'à quel point il se rapproche, et comment il se distingue des deux grandes opinions qui ont partagé les philosophes depuis Pythagore jusqu'à Condillac, et qui, au moyen âge, ont produit deux sectes célèbres sous les noms de Réalistes et de Nominaux.

Ces deux appellations désignent assez bien les opinions qu'elles représentent ; il s'agit de savoir en effet si, dans nos idées générales, il y a quelque chose de réel, s'il y a en elles de l'être, ou si elles ne sont que des noms inventés pour exprimer une abstraction de notre esprit.

Tous les philosophes ont incliné vers un de ces deux points de vue opposés ; et beaucoup d'entre eux ont été poussés vers des conséquences extrêmes, que mon père a su éviter.

Et on le conçoit, comment admettre que nos idées gé-nérales, c'est-à-dire, ce qu'il y a de plus grand dans notre intelligence, les idées générales de cause, de forme, de bonté, de beauté, de substance ne représentent rien d'exi-stant en soi, qu'elles soient un fantôme sans réalité, une création capricieuse de notre esprit, un mot, un son, un souffle fugitif de nos lèvres ? Et d'autre part, comment ad-mettre que les idées générales représentent une chose réelle, quand elles se forment par le rapprochement que fait notre esprit des choses particulières ? Quelle est cette réalité extérieure de l'idée générale ? Est-ce un être ? Et où réside-t-elle ? Non dans les individus ; comment pourrait-elle y ré-sider ? Si on ne peut la trouver hors de nous, il faut donc qu'elle soit seulement en nous, c'est-à-dire, qu'elle ne soit point, qu'elle naisse le jour où nous avons fabriqué cette idée générale, en donnant un nom à ce qui n'est pas.

On sait où le besoin de trouver une réalité à nos idées a
conduit les plus grands esprits de l'antiquité et des temps
modernes. Platon vit dans les idées l'essence et la forme
des choses particulières, se communiquant à elles, et les
faisant ce qu'elles sont, de sorte qu'il n'y a des hommes
que parce qu'il y a dans tous l'idée de l'humanité. Ces
idées étaient pour Platon des essences et des causes; pour
les derniers platoniciens, elles devinrent des personnes,
des génies, des dieux.

Voilà le réalisme de l'idée poussée à ses dernières limites. Aristote, qui combat la théorie de son maître, déclare que les universaux, c'est-à-dire, ce qui est commun à
plusieurs choses particulières, ne peut avoir d'existence
hors des choses particulières, mais qu'ils sont séparés de la
matière, et seulement dans l'entendement qui les abstrait;
enfin il affirme qu'il n'y a que des individus dans la nature. Le réalisme est ébranlé; le nominalisme va naître
s'il n'est déjà né. Le nominalisme aussi atteignit bientôt en Grèce ses limites extrêmes; Straton de Lam-
psaque avança qu'il n'y avait nulle idée intermédiaire entre
une chose et son nom, et que rien n'existait, sinon les
choses particulières et les mots. Selon Épicure, c'est du
mot que l'idée, qui pour lui était la sensation prolongée par
le souvenir, reçoit la généralité qui la rend l'élément de la
science; c'est sur le mot que se porte le jugement, le raisonnement, la détermination; c'est donc le mot qui contient le vrai et le faux.

Les stoïciens n'allèrent pas moins loin qu'Épicure dans
le même sens; ils nient l'existence essentielle des idées
comme l'existence de tout ce qui est incorporel; l'idée générale, disent-ils, ne subsiste que dans notre pensée.

Il faut donc moins s'étonner que Brutus, citant du reste

un vers d'Euripide se soit écrié en mourant : « O vertu, tu
n'es qu'un nom. » Brutus était nominaliste [1].

Bizarre et admirable inconséquence du Stoïcisme ! ces
hommes, qui ne croyaient pas à la liberté de nos actes, plaçaient toute la morale dans l'énergie de la volonté ; et on sait
si chez eux la volonté fut énergique. Dans leur philosophie,
la vertu était un mot ; et ils mouraient pour la vertu.

La pensée du Moyen âge a vécu, comme on sait, uniquement sur Aristote. La doctrine d'Aristote tenait encore au
réalisme ; mais elle contenait le nominalisme ; le Moyen âge
se partagea entre les deux doctrines ; mais le nominalisme
fut prédominant.

Les abstractions et les mots tenaient une grande place
dans la Scholastique ; la philosophie des abstractions et des
mots devait avoir l'empire.

D'autre part, le goût même de l'abstraction prêta tant de
faveur aux êtres imaginaires, aux entités, comme on disait,
que les réalistes les donnaient pour base aux universaux,
c'est-à-dire aux vérités générales. Le réalisme fut aussi
absolu que le nominalisme. Dans la philosophie moderne,
la même opposition fondamentale de point de vue qui avait
produit le réalisme et le nominalisme, n'a pas cessé de se
montrer.

Les idées innées de Descartes furent une tentative pour
échapper à la difficulté ; mais cette hypothèse gratuite et
contraire aux faits n'était pas tenable, et l'on vit le premier
disciple de Descartes remonter tout d'abord jusqu'à Platon,
et donner aux idées quelque chose de la substance en les
plaçant en Dieu.

C'est surtout le nominalisme qui a régné au dix-huitième

[1] Ce qui me semble exprimer ceci : « Hélas ! il est donc vrai que la vertu
n'est qu'une vaine parole ! »

siècle. Locke, en appelant les idées générales des abstractions, s'y achemina; Condillac et son école s'y établirent ;
toutes les idées générales furent des abstractions qui
n'avaient de réalité que par le langage.

Quand mon père se prit à étudier la métaphysique,
cette doctrine régnait. Nous avons vu comme il la com-
battit, et la réfuta en montrant que nous avions des idées
avant de parler ; que l'abstraction séparait les éléments
d'une idée complexe, mais ne pouvait produire une idée ;
que nos idées générales nous étaient données, non par
l'abstraction, mais par la comparaison ou par voie d'indétermination ; enfin que le langage était l'auxiliaire de
notre esprit dans la formation de nos idées, mais n'en
était point la source, et surtout n'était point la même
chose que les idées.

On sait maintenant quelle est la place qu'occupe la
doctrine de mon père dans l'histoire de la théorie des
idées ; on sait qu'il n'est pas nominaliste. Est-il réaliste?
comment et jusqu'à quel point l'est-il ?

Pour lui, toutes les idées générales sont des idées de
rapport ; ces rapports existent dans les êtres, que nous le
sachions, ou que nous ne le sachions pas ; elles étaient
avant que nous en eussions l'intuition ou la conception ;
elles seront après. On ne peut pas dire que ce soit des
êtres ; car ce ne sont pas des substances. Mais ce ne sont
pas non plus de simples apparences. Ce sont des existences,
et des existences indépendantes de nous. Ainsi, la rondeur
n'est pas une abstraction de mon esprit et un mot; c'est le
rapport existant réellement hors de moi entre tous les corps
ronds. La comparaison me l'a révélé. Mais quand je n'aurais pas fait cette comparaison, il y aurait entre tous les corps
de même forme un rapport inhérent à leur nature, aussi

réel que leur existence substantielle, qu'exprime, que traduit, que ne crée point le mot rondeur.

Il en est de même de toutes les idées générales, qu'on
appelle à tort idées abstraites. Les idées de classes ont leur
réalité hors de nous, dans la réalité des rapports qui existent
naturellement entre les choses, et qui, lors même que
nous ne les aurions point découverts, n'en classeraient pas
moins les êtres. L'idée générale, l'Homme, l'Humanité, est
vraie ; car elle exprime tous les rapports qu'ont entre eux
les individus humains ; ce n'est point un produit abstrait de
notre intelligence ; c'est une réalité de rapports aperçus par
elle. C'est en ce sens qu'on peut dire que l'idée générale
a en elle de la réalité, non pas une réalité substantielle, et
en cela mon père n'est pas réaliste à la manière de Platon,
mais la réalité des rapports que l'idée générale exprime; ce
qui fait qu'il est encore plus loin de la secte des nominaux.
Contre Aristote, le père ou plutôt l'ancêtre de cette secte,
il soutient que les universaux, la partie qui est commune à
plusieurs choses, ont leur existence dans ces choses dont
ils constituent le rapport, et ne sont pas seulement dans
notre esprit ; qu'il n'y a pas seulement des individus dans
la nature, mais aussi des classes, lesquelles reposent sur les
rapports qui existent entre les individus. Il rejette le nominalisme de l'antiquité, et celui du Moyen âge, sans pourtant être réaliste comme on l'était dans l'antiquité et au
Moyen âge; car il ne croit point que les idées générales
soient des entités ni même des formes substantielles; car
pour lui le rapport existe, mais n'existe point à la manière des substances. Il n'existe point par soi-même ; pour
exister, il a besoin de deux termes; mais ces deux termes
étant donnés, il existe nécessairement; il n'est dans aucun
des deux termes, mais dans leur existence simultanée.

Comme dit mon père : « Il n'est pas *à parte rei ;* » car il ne participe pas de la substance ; il résulte de la liaison es choses ; il est « *à parte conjonctionis rerum.* »

CHAPITRE VIII

DES JUGEMENTS ET DES RAISONNEMENTS.

L'opinion moyenne d'Abélard, qui semble chercher une place aux universaux en dehors et à côté des substances, et qui dit que les idées générales sont des conceptions de notre esprit, peut sembler au premier coup d'œil se rapprocher de celle de mon père. Il n'en est rien cependant. Abélard vient au nominalisme, puisqu'il soutient que rien n'existe dans l'individu, et dans l'individuel rien que l'individuel, et que les universaux ne sont rien que des conceptions de l'esprit (CLXXX). J'emprunte ces passages à la belle Introduction au *Sic et Non* d'Abélard par M. Cousin, qui me semble avoir très-bien établi que le conceptualisme d'Abélard n'est qu'un nominalisme modifié, mais qui garde l'esprit et le principe fondamental du nominalisme.

Tel est le réalisme de mon père ; ce n'est pas celui de Platon et des scholastiques ; c'est ce que j'appellerai un réalisme tempéré. Cette doctrine est fondée sur une vue, que je crois neuve, du mode d'existence des rapports.

L'étude des idées nous amène à celle des jugements, « le plus important des faits de l'intelligence, dit mon père,

puisqu'il nous conduit immédiatement au but pour lequc
nous l'avons reçue. »

Si mon père distinguait l'idée de la sensation, il ne pouvait confondre avec celle-ci le jugement, où notre activité
est encore plus clairement empreinte. Il ne disait pas avec
un des continuateurs les plus distingués de l'école de Condillac, M. de Tracy : « Sentir est notre existence tout entière, et juger n'est encore que.... sentir distinctement une
partie de ce qu'on avait senti d'abord confusément. » Un
jugement qui est une sensation, c'était pour lui comme un
œil qui entend, ou comme une oreille qui voit, et encore
bien plus impossible; car il y a infiniment plus loin entre la
sensibilité passive et l'activité de notre âme qu'entre deux
organes des sens.

Pour lui, juger, c'est « reconnaître l'existence d'une rè-
lation entre des termes où elle existait déjà, ou reconnaître
qu'elle n'existe pas entre ces termes. » C'est affirmer ou
nier. La vue de ce rapport est une idée comparative; l'affirmation, ou la négation de ce rapport est un jugement;
l'herbe verte, voilà une idée; l'herbe est verte, voilà un jugement. Le verbe être, ainsi employé pour exprimer la
coexistence de l'attribut et du sujet, caractérise tout jugement. Mon père fait remarquer que, dans ce cas, le verbe
être n'est pas synonyme d'exister, n'indique pas réellement
l'existence absolue, mais seulement l'existence de la relation
entre les deux termes; il le prouve par cette phrase : « Le
hasard est un pur néant, » où l'on applique le mot *est* au
néant, à ce qui n'est pas. Ici, *est* pourrait se remplacer par
existe, et n'implique d'autre existence que celle du rapport
qui lie l'idée de hasard à celle de néant.

Sur le jugement, il dit : « Il ne suffit pas d'exprimer les
deux termes pour prononcer un jugement, parce que cela

n'exprimerait que la simultanéité des deux idées dans l'esprit; il faut encore exprimer que nous les associons. Il faut donc un mot-lien pour exprimer que nous faisons cette association ; faute d'autre terme, nous en employons un qui est quelquefois synonyme d'exister ; mais il ne signifie plus exister. Le fantôme est un vain épouvantail. »

Mon père hésitait à donner le nom de jugement, quoique, rigoureusement parlant, il doive leur être donné, aux associations que nous formons de très-bonne heure entre les sensations, ou entre notre Moi et les sensations, et celles par lesquelles nous attribuons une cause à ces sensations et à ce moi. Il préférait les appeler des croyances, parce qu'elles précèdent le discernement, sans lequel il n'y a point de jugement véritable. Il préférait donner à ces associations primitives le nom de croyances, parce qu'elles ne sont jamais accompagnées d'incertitude. « Nous croyons d'abord tout ce que nous concevons, disait-il; en effet, c'est le propre de l'homme, de l'enfant et des peuples enfants ; la marche de l'humanité, comme celle de la philosophie, est d'aller de la croyance à l'examen, pour revenir par l'examen à la croyance. »

En général cependant, il évitait de classer les faits psychologiques d'après les facultés auxquelles ils se rapportent. Mon père regardait ce genre de classification comme pouvant facilement être arbitraire; il préférait distribuer les faits par groupes naturels, comme on distribue les êtres matériels suivant la méthode naturelle. Cependant, j'ai trouvé une fois indiquée la division de nos facultés intellectuelles en sensibilité, activité, entendement et raison. C'était, pour lui, l'âme sentant, voulant, comprenant et jugeant, et la base de ce qu'il appelait les quatre systèmes qui correspondaient au développement successif de ces quatre facultés, et qu'il

appelait système sensitif, système actif, système comparatif
et système intuitif. Il y faisait rentrer tous les faits les plus
compliqués de la psychologie. Du reste, il ne supposait pas
que la sensibilité, l'activité, l'entendement, la raison ne s'a-
perçussent que dans leurs systèmes respectifs ; les faits
compris dans les premiers systèmes continuent à se produire dans les suivants ; car on ne cesse pas de sentir, parce
qu'on agit ; de sentir et d'agir, parce qu'on comprend et qu'on
juge ; et mon père admettait déjà, dès le second système,
l'action de l'entendement, puisqu'il y admettait de véritables
idées et même une sorte de jugement.

Nous avons vu, en parlant des idées, combien mon père
était contraire à ce principe de l'école de Condillac, que les
idées générales ne sont que des abstractions formées à
l'aide du langage et qui n'existent qu'en lui et par lui. Ce
nihilisme de l'idée lui était odieux. Il n'était pas moins hos-
tile à l'opinion du même philosophe sur les jugements, opinion selon laquelle nous ne faisons en jugeant qu'analyser
notre pensée, de sorte que nous n'ajoutons rien à ce qui
y existait déjà ; ce qui a conduit Condillac et devait le conduire à prétendre que tout jugement se réduit à une identité. Voici un passage qui avait le don de procurer à mon
père de violents accès de colère métaphysique :

« Tout le système des connaissances humaines peut être
rendu par une expression plus abrégée et tout à fait identique : les sensations sont des sensations. Si nous pouvions
dans toutes les sciences suivre également la génération des
idées et saisir le vrai système des choses, nous verrions d'une
vérité naître alors toutes les autres, et nous trouverions l'a-
brégé de tout ce que nous saurions dans cette proposition :
Le même est le même [1]. »

[1] Condillac, *Art de penser*, p. 123.

En effet, il est dur d'avoir tout appris et de faire tous les jours quelques pas de plus dans la région des découvertes, pour entendre un abbé philosophe, qui n'a rien découvert, vous avertir que le terme des connaissances humaines, que vous, homme universel, vous ne vous flattez pas d'atteindre, mais que vous usez vos forces et consumez votre vie à poursuivre, c'est que les sensations sont des sensations et que le même est le même.

Et cette doctrine de l'identité, que les meilleurs disciples de Condillac trouvaient un peu absolue, et que lui-même avait été obligé parfois de tempérer dans l'expression, n'en était pas moins dominante alors. La philosophie française enseignait presque unanimement que juger, ce n'était que distinguer dans une idée ce qui y était déjà contenu. Un tel jugement, fût-il mille fois répété, ne pouvait conduire, quoi qu'en dise Condillac, à voir « d'une vérité naître toutes les autres. » Car naître, c'est sortir, *oriri*, c'est se détacher, et par conséquent s'ajouter à ce qui existe déjà. Les vérités sur lesquelles prononcent nos jugements ne naissent même point, à proprement parler, les unes des autres ; une vérité ne contient pas toutes les vérités qu'on en déduira, comme un être contient tous les êtres futurs de sa race, dans la théorie de l'emboîtement des germes. Mais une idée en appelle une autre qui lui est voisine, avec laquelle elle est en relation, et c'est par la vue de ces relations de l'idée que nous possédons avec d'autres idées, que nous les associons. C'est par là que se forment nos jugements. Ils peuvent donc être autre chose que l'analyse de ce qui est contenu dans une idée ; ils peuvent y ajouter des éléments nouveaux. Locke, comme mon père le faisait remarquer, reconnaissait ce fait que son école a méconnu ; Locke a démontré l'inutilité des maximes où le même est

affirmé du même; soit en termes différents, soit en termes
identiques, et les a rejetées dans la classe des jugements frivoles[1]. Kant a distingué expressément les jugements analytiques, qui développent seulement nos connaissances, et
les jugements synthétiques qui les étendent[2].

Mon père aussi reconnaissait que, dans le jugement purement analytique, l'esprit ne fait que se rendre compte de
ce qui est compris dans une idée ; il appelait ce jugement
qualificatif, parce qu'il n'a d'autre objet que de prononcer
sur la présence ou l'absence d'une qualité du sujet.
« L'herbe est verte, l'herbe n'est pas bleue ; » et encore ici
il signalait dans le jugement la présence d'un élément qui
n'est pas dans l'idée, l'acte intellectuel par lequel nous affirmons ou nions la simultanéité d'existence du sujet et de
sa qualité ; ce qui constitue proprement le jugement.

« Le jugement analytique, disait-il énergiquement, fait
entrer le sujet dans le genre de l'attribut ou l'en exclut,
selon qu'il est affirmatif ou négatif. » De plus, il voulait
qu'on distinguât avec soin le jugement empirique, par lequel nous déterminons les caractères d'un corps, et « qui
nous procure une connaissance que nous n'avions pas
auparavant, du jugement qualificatif par lequel nous la re-
trouvons dans les idées dont se compose cette connaissance[3]. » Il n'admettait point du reste cette autre assertion

―――――

[1] Livre IV, ch. vii, page 11.
[2] De Gérando, *Systèmes de philosophie*, t. II, p. 200.
[3] A propos du jugement qu'il appelait *docimastique*, il remarquait que l'on
pouvait procéder à reconnaître à quelle classe, à quel genre, à quelle espèce
appartenait un corps; que cette détermination peut se faire de deux manières : ou en comparant analytiquement un à un tous les caractères de la
classe à ceux de l'individu, ce qui est très-long, et pour ainsi dire infini ;
ou bien par exclusion, en observant ceux qui ne conviennent pas à telle ou
telle classe. Un seul qui ne convient pas est une cause d'exclusion. On arrive
ainsi à la classe à laquelle l'être appartient.

de l'école de Condillac, que la définition des termes soit un moyen de connaître. La définition n'est qu'une description incomplète, et l'on ne peut décrire que ce que l'on connaît.

On a dit que tous les jugements sont des jugements analytiques. Mon père, au contraire, daignait à peine accorder à ceux-ci le nom de jugement; il les appelait des jugements de faits. « Une suite de jugements de faits, disait-il, n'est qu'une somme; ils ne nous font que connaître, et non pas déduire. »

Le jugement comparatif, qui affirme entre deux objets un rapport de ressemblance et de différence, était pour lui un vrai jugement. « Il faut bien distinguer, disait-il, le jugement par lequel nous associons une idée à un faisceau d'idées, et celui par lequel nous reconnaissons que nous avons fait cette association; le premier est indépendant de toute comparaison; le second est la vraie source de la science. »

Tous les jugements non purement analytiques étaient ramenés par lui à deux classes, le jugement comparatif et le jugement intuitif. « Il n'y a, disait-il, de jugement véritable que lorsqu'une nouvelle idée ou une nouvelle notion augmente la somme d'éléments déjà réunis en s'y joignant; soit dans le jugement comparatif, quand c'est l'idée d'un rapport de ressemblance ou de dissemblance, aperçu entre des choses différentes l'une de l'autre; soit dans le jugement intuitif, quand c'est une notion[1]. »

Cette notion qu'affirme ou nie le jugement intuitif, est la notion simple d'un rapport aperçu dans un groupe complexe. Tels sont les rapports mathématiques aperçus entre les lignes qui sont un groupe de points, et entre les

____
[1] Lettre à M. de Biran.

nombres qui sont un groupe d'unités. Tel est le rapport de
l'effet à la cause découvert dans le groupe de volitions
actives et de sensations musculaires, qui est l'effort ; tels
sont les rapports entre l'agent et son acte, qui forment les
lois de la morale intuitive, et ceux qui servent de base aux
syllogismes. Tous ces rapports sont affirmés par le jugement avec le caractère de nécessité qui leur est propre.

Selon mon père, c'est l'intuition qui nous découvre les
axiomes évidents de la géométrie. Parmi ces axiomes, il
rangeait celui-ci : « Une droite qui a ses points également
distants d'une autre droite a tous ses points à la même
distance de cette dernière. » C'est la notion même des parallèles, dont on a voulu faire un théorème que, selon mon
père, on n'a jamais pu démontrer. D'autre part, cet axiome
prétendu : Une ligne droite et le plus court chemin d'un point
à un autre, n'est pas un axiome, mais une conséquence de la
nature de la ligne droite.

La comparaison et l'intuition peuvent s'unir dans nos
jugements ; mais il y a des jugements purement intuitifs
dans lesquels la comparaison n'entre pas. Le système comparatif se joint à l'intuitif, quand le jugement exige que les
parties soient comparées, comme dans le cas d'un contour
en partie rectiligne et en partie curviligne. D'autres fois, le
système comparatif n'y entre pour rien ; ainsi dans le
même groupe de cinq objets, si l'on a, outre l'intuition
totale du nombre cinq, les intuitions partielles des nombres 2 et 3, il en résultera le jugement $5 = 2 + 3$.

Parmi les jugements, les intuitifs sont ceux qui nous font
remonter d'un effet à sa cause, et que mon père appelait œtio-
dictiques, « qui montrent la cause » ; et entre ceux-là il avait
donné une attention particulière aux jugements de probabilité. Ici la philosophie touchait aux mathématiques, un

autre de ses domaines ; et il est particulièrement intéressant
de connaître sur ces sujets mixtes la pensée d'un esprit qui
pouvait les envisager sous leurs deux faces. Son premier
mémoire de mathématiques était une application de la
théorie mathématique des probabilités aux chances du jeu,
mémoire qui, disaient les auteurs d'un rapport lu à l'Académie des sciences, serait fort propre à guérir de la passion
du jeu, si les joueurs étaient mathématiciens. Ce sujet
lui avait donc été familier de bien bonne heure, et il y
avait beaucoup pensé.

On a reproché aux mathématiciens de donner trop de
place aux considérations tirées de la probabilité. Mon père
combattait l'application rigoureuse du calcul des probabilités
aux actes où la liberté humaine intervient : « Le dé est fatal,
disait-il ; l'homme est libre. » Mais il allait bien plus loin ;
car il rappelait qu'outre la volonté de l'homme, il y a une
autre volonté libre ; c'est celle de Dieu ; de sorte que, dans
ce qui semble le plus contraire aux probabilités, il fallait
tenir compte de cette liberté. Pris ainsi, ce problème touche
aux questions les plus hautes, et nous le retrouverons à la
théodicée [1].

Cependant, faisant abstraction de cette intervention suprême et toujours possible de la liberté divine, mon père
admettait l'application du jugement de probabilité à tout ce
qui dépend des lois fatales de la nature. Il reconnaissait
même que, bien qu'en faisant toujours une réserve pour la
liberté de l'homme, ses actions, quand on opère sur de
très-grands nombres, peuvent offrir une certaine base au

---

[1] Je compte donner sous le titre de *Complément* quelques vues sur la morale et la religion que j'ai trouvées dans les papiers de mon père, et qui, sans
faire rigoureusement partie de l'ensemble de son système métaphysique, en
forment comme son complément inachevé.

calcul de probabilité. Il citait comme exemple de l'uniformité
des résultats qui semblent devoir le moins tomber sous
l'empire d'une loi de probabilité, ce fait; qu'au bout de l'année le nombre des lettres mises au rebut faute d'adresse est
toujours proportionnellement à peu près le même.

Mon père faisait encore une distinction ingénieuse, et
que je crois neuve, entre le cas où nous spéculons sur la
probabilité qu'un fait se reproduira, en connaissant la
cause de ce fait, et le cas où nous ne la connaissons pas ;
la probabilité est plus grande quand on connaît la cause.
La probabilité du retour d'une comète ou de l'arrivée d'une
éclipse est infiniment plus grande pour l'astronome qui connaît la parabole de la comète, ou la marche de la terre autour du soleil et de la lune autour de la terre, que pour
celui qui aurait remarqué seulement un certain nombre de
retours périodiques de comètes et d'éclipses. Les phénomènes chimiques sont pour l'ignorant une sorte de magie,
et la probabilité de les voir reparaître dans certains circonstances est moins grande pour lui que pour le chimiste,
qui sait la cause de ces phénomènes. Enfin un grand
nombre d'expériences suivies d'un même résultat aug-
mentent, à mesure qu'elles se multiplient, la probabilité
que la même expérience réussira une fois de plus. Ceci
tient à la connaissance d'une cause particulière et constante
agissant dans un certain sens ; car, dans ce qui est de pur
hasard, c'est-à-dire, quand les causes qui déterminent un
fait sont inappréciables ou inconnues, le nombre de fois
que le fait s'est reproduit n'influe en rien sur la chance
qu'il a de se reproduire encore. J'ai entendu mon père
énoncer cette vérité bien établie dans la science, quoiqu'elle
soit contraire à l'opinion universellement établie parmi
les joueurs, qu'il y a des veines ; c'est-à-dire qu'un joueur

qui a réussi plusieurs fois a plus de chance qu'un autre de réussir encore. Cette erreur, car c'en est une certainement, résistera, je le crains bien, à l'autorité du calcul et de la métaphysique, quoique représentée par mon père.

Je terminerai l'exposition des vues de mon père sur nos jugements en reproduisant et en développant, à mes risques et périls, cette assertion que je trouve énoncée, mais non démontrée dans ses manuscrits :

« Il est faux qu'une vérité générale ne soit que la somme de vérités particulières; il est faux qu'une vérité particulière ne soit que l'application d'une vérité générale. »

Les deux assertions que mon père combat ici ont été avancées l'une et l'autre et souvent répétées comme une chose évidente ; je les crois, comme mon père, également inexactes.

Non, le jugement qui prononce une vérité générale n'est pas la somme de jugements particuliers ; et tout jugement particulier n'est pas la conséquence d'une vérité générale.

Les simples jugements analytiques, qui se bornent à reconnaître que l'attribut était contenu dans le sujet, ceux que mon père appelle jugements qualificatifs, et les autres jugements par lesquels nous apercevons dans un être une qualité nouvelle, et qu'il nomme jugements empiriques, se généralisent par la comparaison. Le jugement général qui naît de cette comparaison est bien le résultat des jugements qualificatifs ou empiriques ; mais, cependant, il en diffère, il est autre, il est lui. Sans doute, je ne dirais pas : « Les feuilles sont vertes », si je n'avais reconnu un grand nombre de fois qu'une feuille était verte; mais quand je le dis, je fais plus que résumer ces observations particulières; j'affirme que la généralité des feuilles est verte. Dans cette

affirmation, il y a un nouveau jugement. Ce jugement général n'est pas seulement la somme de ces jugements particuliers. C'est, du reste, certainement le cas où cette assertion est la plus plausible.

Quant aux jugements qualificatifs ou empiriques, qui nous
font connaître les qualités des êtres, on ne peut soutenir
qu'ils soient la conséquence d'un jugement général.

Pour les jugements intuitifs, on peut établir plus évidemment que leur généralité n'est pas la somme des cas particuliers, et que les jugements particuliers ne sont point
toujours une conséquence de la vérité générale.

Prenons les jugements mathématiques. Lorsque dans un
contour en partie rectiligne et en partie curviligne, nous
voyons que l'une de ces parties est plus courte que l'autre,
cette vérité pour être évidente n'a nul besoin que nous
l'élevions à cette formule générale : « Toute ligne droite tirée
entre deux points est plus courte qu'une ligne courbe réunissant les mêmes points. » L'évidence nous frappe dans le
cas particulier, indépendamment de la vérité générale.

D'autre part, quand nous avons l'intuition de la vérité
générale du rapport qui existe entre toute ligne droite et
toute ligne courbe placée dans les conditions que je viens
de dire, ce n'est point parce que nous avons reconnu cette
vérité dans tous les cas particuliers où cette vérité est évidente, ni même dans un plus ou moins grand nombre de
ces cas ; la vérité générale nous apparaît évidente par elle-
même, comme tout à l'heure nous apparaissait la vérité
particulière. L'évidence de la première est égale à l'évidence
de la seconde ; mais aucune des deux n'a besoin de l'autre
pour être complète.

Il en est de même des vérités morales : « Je ne dois pas
tuer mon semblable ; et l'on ne doit pas tuer son semblable. »

C'est la même vérité, l'une reconnue dans un cas particulier,
l'autre reconnue dans la généralité, ou mieux dans l'universalité des cas possibles. Mais on ne peut dire que l'une
soit fondée sur l'autre. Quand j'énonce la proposition particulière, je suis aussi assuré de sa vérité que lorsque j'é-
nonce la vérité générale. Elles sont donc indépendantes par
leur nature ; le général n'a pas besoin du particulier, ni le
particulier du général. En fait, on ne peut pas même dire
que l'une précède nécessairement l'autre. Le plus souvent la
vérité générale est entrée la première dans l'esprit, parce
que nous avons reçu cette vérité générale de nos parents
ou du prêtre qui nous a enseigné notre catéchisme. Mais
on peut concevoir un homme à qui cet enseignement n'aurait point été donné, et qui, sans s'élever à un jugement
général sur ce qui doit, à cet égard, régler les relations
humaines, serait averti qu'il ne doit point tuer un autre
homme par la voix de la conscience, c'est-à-dire par un
jugement qui pourrait se traduire ainsi : « Je ne dois pas
tuer cet homme. » Si l'on niait ce que j'avance dans le cas
que j'ai choisi, qui pourra nier que chez les sauvages, chez
les enfants privés de l'enseignement des vérités générales
de la morale pour d'autres actions que l'homicide, ce cri
de la conscience ne puisse se faire entendre dans un cas
particulier, et sans égard à un précepte général qui n'a pas
été enseigné ?

Mais quand cela ne serait point, quand en fait la notion
de jugement général précéderait toujours le jugement particulier, celui-ci n'en serait pas moins en lui distinct de
l'autre, et la vue du devoir dans le cas particulier, indépendante par son essence du précepte général qui le prescrit. Dans tous ces cas, il est encore plus clair que le jugement général n'est pas la somme des cas particuliers ; car

il frappe par son évidence intrinsèque indépendamment de toute application.

Mon père a donc raison de nier que la vérité générale soit toujours la somme des vérités particulières, et la vérité particulière, toujours une conséquence de la vérité générale.

Ainsi les jugements analytiques, qui éclaircissent nos connaissances ; les jugements comparatifs et les jugements intuitifs, qui les étendent ; les sciences d'observation fondées sur des caractères reconnus d'abord, puis retrouvés dans les êtres ; les sciences de classification établies sur la comparaison des rapports qui existent entr'eux véritablement ; les sciences d'évidence et de déduction, comprenant et rapprochant la logique, *les* mathématiques, la morale ; l'ensemble des sciences reposant sur des jugements qui tous, même les jugements purement analytiques, ajoutent, quand nous les portons, à la somme de nos connaissances ; la théorie qui ramène tous nos jugements à une identité, repoussée comme une négation du jugement et réfutée par les faits ; le jugement général indépendant du jugement particulier, et le jugement particulier indépendant du jugement général : tels sont les points principaux de la théorie de mon père sur le jugement. Passons avec lui à l'étude du raisonnement, du jugement enchaîné.

Tout raisonnement est, en effet, un enchaînement de jugements ; chacun de ces jugements forme un des termes du raisonnement ; et, entre chaque terme, existe une relation intuitive, c'est-à-dire une relation que nous découvrons par cette vue qui nous faisait saisir la relation entre les idées associées par les jugements eux-mêmes.

Un enchaînement de raisonnements forme une déduction. L'évidence existe dans la déduction, quand on a eu une intuition nette des relations qui unissent les termes des jugements, qui sont les idées, et les termes des raisonnements, qui sont les jugements.

Le syllogisme jouait un grand rôle dans les anciennes logiques; les nouvelles ont presqu'entièrement banni cet hôte à figure un peu barbare. Mon père avait appliqué sa puissance de combinaison mathématique à la théorie du syllogisme, qui est, pour ainsi dire, la partie mathématique de la logique. Entre ses mains, cette théorie avait pris une nouvelle rigueur, une rigueur toute géométrique. Il n'avait eu garde de négliger le moyen, déjà employé par Euler, de représenter le rapport de dépendance et d'indépendance entre deux propositions par deux cercles, tantôt restant l'un en dehors de l'autre, tantôt l'un renfermant l'autre, et tantôt tous deux se coupant de manière à avoir une partie commune et une partie distincte. Les perfectionnements importants que mon père s'est efforcé d'apporter à la théorie du syllogisme, créé par Aristote, élaboré dans le Moyen âge et résumé dans la logique de Port-Royal, ces perfectionnements ne peuvent même être indiqués ici; mais je puis dire un mot de ce que mon père pensait du syllogisme en général.

Pour lui, le syllogisme était une déduction formée par l'enchaînement de jugements entre lesquels l'esprit découvre une relation évidente, et comme disait mon père après Kant, apodictique, évidente et nécessaire. Cette relation est une relation de comparaison; car dans le raisonnement syllogistique, il s'agit toujours, entre les termes, d'un rapport de compréhension ou d'exclusion. Exemple : Si A est dans B et que B soit dans C, A est dans CB; si A n'est pas dans B et que C soit dans B', A n'est pas dans C.

Il y a bien d'autres relations nécessaires que celles qui lient les propositions dans l'argumentation syllogistique : celle des rapports de grandeur, par exemple, qui forment la base des raisonnements mathématiques.

Mon père, qui avait étudié à fond et perfectionné la théorie du syllogisme, était donc bien loin de vouloir ramener au syllogisme toute forme de raisonnement : « Le syllogisme, disait-il, loin d'être une source de vérités nécessaires, n'est rien qu'un moyen, à la vérité très-utile, d'abréger le raisonnement, en se servant de raisonnements une fois faits pour les intercaler dans la chaîne de l'argumentation, sans se donner la peine de les répéter. »

Il disait que le syllogisme est plus fait pour démontrer que pour découvrir ; et, en effet, le Moyen âge, qui a tant usé du syllogisme, a plus démontré que découvert.

Combattant toujours avec ardeur l'opinion d'après laquelle les jugements seraient renfermés les uns dans les autres, au lieu d'être distincts par leur essence, et liés les uns aux autres par une relation dont nous avons une vue intuitive, mon père s'élevait contre cette expression souvent employée que la conclusion est renfermée dans les prémisses. Non, la conclusion n'est pas renfermée dans les prémisses ; car alors, l'en dégager n'ajouterait rien à nos connaissances, et l'on retomberait dans l'identité de Condillac, transportée du jugement au raisonnement. La conséquence n'est donc point dans les prémisses ; elle naît et sort des prémisses.

Ce que mon père a dit de plus important et de plus nouveau sur le raisonnement, c'est ce qu'il avance des applications de l'analyse et de la synthèse à la faculté de raisonner.

Il a distingué toute méthode de raisonnement en analyse et synthèse directes, analyse et synthèse indirectes.

Tout le monde sait que l'analyse va du compliqué au simple, et que la synthèse va du simple au compliqué.

Mais ce que tout le monde ne sait pas, ou plutôt ce que personne n'avait bien établi avant mon père, c'est la nature de ce qu'il a appelé l'analyse indirecte et la synthèse indirecte, qui sont distinguées par ce caractère que, soit en marchant du compliqué au simple ou du simple au compliqué, le raisonnement va de l'inconnu au connu.

On dit quelquefois qu'en raisonnant il faut procéder du connu à l'inconnu ; il est très-faux, comme on va le voir, qu'il en soit toujours ainsi ; car, si cela est vrai de l'analyse et de la synthèse directes, dans ce que mon père nommait l'analyse et la synthèse indirectes, on procède, au contraire, de l'inconnu au connu.

1° Analyse directe. — On part d'une relation compliquée pour arriver à une relation simple. Si, par exemple, je veux partager le nombre 40 en deux parties telles que l'une ajoutée à la moitié de l'autre soit égale au nombre 32, voilà une relation bien compliquée, puisqu'il faut une phrase pour l'énoncer. Je fais plusieurs raisonnements qui vont toujours la simplifiant, et j'arrive à un rapport très-simple, qui est le nombre 24.

C'était un raisonnement analytique, puisque je marchais du plus compliqué au plus simple ; c'était une analyse directe, puisque j'allais d'un rapport connu, celui qu'exprimait la donnée du problème, au nombre inconnu 24, qui en était la solution.

2° Synthèse directe. — De jugements qui ont pour objet une relation très-simple entre les idées, on parvient à des jugements qui contiennent l'énoncé d'une relation plus ou moins compliquée. C'est ce qui arrive en général dans la géométrie élémentaire, quand, d'idées et de propositions très-simples, on passe à une démonstration plus compliquée ; quand, par exemple, partant de la ligne droite, de l'idée de l'angle, de l'idée de la mesure d'un angle par un autre, de l'idée de l'égalité de deux angles, toutes idées très-simples, dont on a successivement affirmé la vérité par des jugements très-simples aussi, on arrive à cette proposition plus compliquée, que les angles opposés par le sommet sont égaux.

Mon père faisait remarquer, à propos de ces deux méthodes de raisonnement, allant l'une et l'autre du connu à l'inconnu, que la méthode analytique directe ne fait pas découvrir des choses non supposées. Dans l'exemple cité, on a bien trouvé que le rapport numérique cherché était 24 ; mais on supposait qu'on arriverait à trouver un nombre qui exprimât ce rapport. Dans l'autre exemple, rien ne pouvait faire supposer, en allant de la notion simple de la ligne droite à celle de la mesure d'un angle par un autre, etc., qu'on arriverait à cette proposition : « Les angles opposés par le sommet sont égaux. » La synthèse directe fait donc découvrir des vérités non supposées ; ce que l'analyse directe ne fait point.

Voyons maintenant l'analyse et la synthèse non plus directes, mais indirectes, n'allant plus du connu à l'inconnu, mais de l'inconnu au connu.

3° Analyse indirecte. — Cette méthode consiste à faire des hypothèses compliquées ; on part alors de cet inconnu hypothétique et compliqué, et en raisonnant dessus, on le simplifie successivement jusqu'à ce qu'on arrive à des relations simples. C'est ce qu'on fait en géométrie dans les démonstrations par l'absurde ; on complique la vérité qu'on veut démontrer de plusieurs suppositions qui l'excluraient, et on démontre successivement l'absurdité de ces suppositions. La proposition que l'on prouve ainsi est plus simple que les suppositions qu'on a faites et écartées successivement ; on a donc fait de l'analyse. Cette proposition était connue, puisqu'on voulait la démontrer, et savoir si les hypothèses que l'on a formées d'abord, pour les écarter ensuite, étaient vraies. Ces hypothèses, c'était l'inconnu ; on partait donc de la supposition de l'inconnu pour démontrer le connu ; on allait de l'inconnu au connu; l'analyse était donc indirecte.

Cette méthode de raisonnement peut conduire à découvrir la vérité d'une hypothèse, lorsqu'on examine successivement les hypothèses différentes de celle qu'on veut démontrer, pour prouver la fausseté des premières et arriver ainsi à la dernière par voie d'exclusion.

4e Synthèse indirecte. — Une méthode de raisonnement encore plus importante est la synthèse indirecte ; elle consiste à faire une hypothèse plus simple que les faits dont on cherche la cause, et à voir si cette hypothèse explique assez bien les faits pour que nous soyons convaincus qu'elle en donne la vraie cause. On va du simple au compliqué ; car on compare une hypothèse simple avec des faits complexes. C'est donc une synthèse, et on va de l'inconnu, c'est-à-dire de la cause hypothétique, au connu, c'est-à-dire aux faits qu'il s'agit d'expliquer ; c'est donc une synthèse indirecte. On voit que ce qui caractérise les deux méthodes indirectes, c'est l'emploi de l'hypothèse, lequel renverse la marche de l'esprit, qui va naturellement du connu à l'inconnu, en le faisant partir d'un inconnu hypothétique, et le compare au connu qu'il faut démontrer ou expliquer.

Mon père faisait observer que la synthèse indirecte

peut remplacer l'analyse directe, là où celle-ci serait impossible. « On ne doit, disait-il, recourir à la synthèse indirecte que lorsqu'il est impossible d'appliquer l'analyse directe. » En mathématiques, la synthèse directe sert à résoudre, par une espèce de tâtonnement, des questions que ne peut atteindre l'analyse. Mais mon père lui attribuait surtout un grand rôle dans toutes les sciences où il s'agit d'expliquer les faits, en remontant à leurs causes et à leurs lois. « Jamais, ajoutait-il, l'analyse n'eût pu nous faire découvrir cette loi générale et simple, que les corps célestes s'attirent en raison inverse du carré des distances ; ce n'est que par des hypothèses que l'on a trouvé cette grande vérité. »

C'est que mon père, qui n'était pas un esprit chimérique, avait un grand respect pour l'hypothèse, comme moyen de découvertes dans les sciences. Il paraît que le moyen était bon ; car il lui a réussi ; bien entendu qu'il ne s'agit pas d'hypothèses gratuites, mais d'hypothèses contrôlées par les faits. Il se complaisait, à propos des raisonnements par synthèse indirecte, à exposer les conditions d'une bonne hypothèse ; voici d'après lui les principales.

D'abord, il faut qu'une hypothèse ne soit contraire à aucun fait connu et les explique tous. Un seul fait qui lui est contraire la fait rejeter immédiatement ; un seul fait qu'elle n'explique pas la frappe d'insuffisance. L'exclusion d'une hypothèse est de sa nature plus certaine que l'admission de cette hypothèse ; car un fait qui lui est contraire prouve sa fausseté. Mais qui prouvera sa vérité ? Il ne suffit pas qu'elle explique tous les faits connus ; car il peut s'en présenter qu'elle n'expliquera pas. Néanmoins les faits observés peuvent être tellement nombreux l'excluraient, et on démontre successivement l'absurdité de ces suppositions. La proposition que l'on prouve ainsi est plus simple que les suppositions qu'on a faites et écartées successivement ; on a donc fait de l'analyse. Cette proposition était connue, puisqu'on voulait la démontrer, et savoir si les hypothèses que l'on a formées d'abord, pour les écarter ensuite, étaient vraies. Ces hypothèses, c'était l'inconnu ; on partait donc de la supposition de l'inconnu pour démontrer le connu ; on allait de l'inconnu au connu ; l'analyse était donc indirecte.

Cette méthode de raisonnement peut conduire à découvrir la vérité d'une hypothèse, lorsqu'on examine successivement les hypothèses différentes de celle qu'on veut démontrer, pour prouver la fausseté des premières et arriver ainsi à la dernière par voie d'exclusion.

4e Synthèse indirecte. — Une méthode de raisonnement encore plus importante est la synthèse indirecte ; elle consiste à faire une hypothèse plus simple que les faits dont on cherche la cause, et à voir si cette hypothèse explique assez bien les faits pour que nous soyons convaincus qu'elle en donne la vraie cause. On va du simple au compliqué ; car on compare une hypothèse simple avec des faits complexes. C'est donc une synthèse, et on va de l'inconnu, c'est-à-dire de la cause hypothétique, au connu, c'est-à-dire aux faits qu'il s'agit d'expliquer ; c'est donc une synthèse indirecte. On voit que ce qui caractérise les deux méthodes indirectes, c'est l'emploi de l'hypothèse, lequel renverse la marche de l'esprit, qui va naturellement du connu à l'inconnu, en le faisant partir d'un inconnu hypothétique, et le compare au connu qu'il faut démontrer ou expliquer.

Mon père faisait observer que la synthèse indirecte

peut remplacer l'analyse directe, là où celle-ci serait impossible. « On ne doit, disait-il, recourir à la synthèse indirecte que lorsqu'il est impossible d'appliquer l'analyse directe. » En mathématiques, la synthèse directe sert à résoudre, par une espèce de tâtonnement, des questions que ne peut atteindre l'analyse. Mais mon père lui attribuait surtout un grand rôle dans toutes les sciences où il s'agit d'expliquer les faits, en remontant à leurs causes et à leurs lois. « Jamais, ajoutait-il, l'analyse n'eût pu nous faire découvrir cette loi générale et simple, que les corps célestes s'attirent en raison inverse du carré des distances ; ce n'est que par des hypothèses que l'on a trouvé cette grande vérité. »

C'est que mon père, qui n'était pas un esprit chimérique, avait un grand respect pour l'hypothèse, comme moyen de découvertes dans les sciences. Il paraît que le moyen était bon; car il lui a réussi; bien entendu qu'il ne s'agit pas d'hypothèses gratuites, mais d'hypothèses contrôlées par les faits. Il se complaisait, à propos des raisonnements par synthèse indirecte, à exposer les conditions d'une bonne hypothèse; voici d'après lui les principales.

D'abord, il faut qu'une hypothèse ne soit contraire à aucun fait connu et les explique tous. Un seul fait qui lui est contraire la fait rejeter immédiatement ; un seul fait qu'elle n'explique pas la frappe d'insuffisance. L'exclusion d'une hypothèse est de sa nature plus certaine que l'admission de cette hypothèse ; car un fait qui lui est contraire prouve sa fausseté. Mais qui prouvera sa vérité ? Il ne suffit pas qu'elle explique tous les faits connus; car il peut s'en présenter qu'elle n'expliquera pas. Néanmoins les faits observés peuvent être tellement nombreux qu'il résulte évidemment de l'hypothèse qu'il serait déraisonnable de la révoquer en doute. Quelquefois le nombre des hypothèses possibles est limité par la nature; ainsi, une quantité ne peut être, par rapport à une autre, qu'égale, plus grande ou plus petite. Si deux des trois hypothèses possibles sont reconnues fausses, la troisième est nécessairement vraie ; mais le plus souvent le nombre des hypothèses possibles est indéfini. Alors qui prononcera entre elles, quand elles expliquent également les faits connus ?

Si, dans ce cas, de l'une des hypothèses ou peut tirer des conséquences contraires au fait, comme l'a fait Dalembert, pour la théorie des tourbillons de Descartes, elle doit être exclue. En effet, de ce que deux hypothèses rendent raison des faits, il ne faut pas en conclure qu'elles sont toutes les deux véritables. Ici, mon père faisait une distinction très-ingénieuse et très-profonde entre l'explication d'un fait par une hypothèse qui expliquerait également la négation de ce fait, et l'explication par une hypothèse qui, si les faits étaient autres qu'ils ne sont, serait renversée. Il disait qu'il fallait préférer celle-ci, celle qui non-seulement rend compte des faits connus, mais encore en rend compte exclusivement, de sorte que, si ces faits n'existaient pas, la conception explicative serait détruite. En effet comme on dit vulgairement : « Ce qui explique tout n'explique rien. »

Je terminerai, par cette théorie de l'hypothèse explicative, tout ce qui se rapporte à l'acquisition de nos connaissances, et tout ce qui précède l'exposition des vues de mon père sur nos moyens d'arriver à la certitude, parce que c'est précisément par une hypothèse explicative qu'il rend compte de l'acquisition de nos connaissances, et par la démonstration de cette hypothèse qu'il en établit la réalité.

Nous avons suivi cette acquisition de nos connaissances, la
formation de nos idées, de nos jugements, de nos raisonnements ; nous avons étudié leur nature; il reste à établir
leur certitude.

CHAPITRE IX

DES MOYENS DE CERTITUDE.

THÉORIE DES RAPPORTS.

Le moment est venu de juger toute la philosophie de mon
père par son dernier résultat. Jusqu'ici on l'a vu analyser,
classer, expliquer les faits de notre intelligence, en faire le
tableau et l'histoire. Les vues de détail que j'ai signalées,
en marchant à sa suite dans le long chemin qui conduit des
premières sensations de l'enfant aux raisonnements du géomètre, ces vues neuves, justes, profondes, conserveraient
sans doute leur mérite quand les points de la doctrine de
mon père qui me restent à établir ne seraient pas admis.
Mais si on les admet, il aura fait plus que d'enrichir la
science philosophique de découvertes partielles ; il aura
donné une base encore inconnue, bien que cherchée toujours
jusqu'ici, à la certitude de nos connaissances; réfuté tout
scepticisme raisonnable, et couronné l'ensemble des ses re-

cherches métaphysiques, par une théorie destinée peut-être à faire époque dans l'histoire de l'esprit humain.

Cette théorie est celle des rapports. Le rôle que les rapports jouent dans l'histoire de la pensée humaine est immense; et ce rôle n'avait jamais, je crois, été aussi complétement mis en lumière que par mon père. L'emploi qu'il a fait des rapports pour établir la certitude de nos connaissances lui appartient entièrement.

Mon père a déterminé nettement le premier le mode d'existence des rapports. Selon lui, il y a trois manières d'exister: 1° les phénomènes, modifications de notre âme, n'existent que tandis que l'âme est ainsi modifiée ; ils ne sont qu'en tant qu'ils apparaissent ; ces phénomènes sont les sensations et le sentiment du Moi ; elles nous donnent, les premières, l'étendue apparente ou subjective ; le second, la durée relative à nous, comme disait mon père, l'étendue et la durée phénoméniques ; 2° les substances ou noumènes, choses pensées, que nous ne pouvons apercevoir immédiatement, mais que nous concevons comme causes : la matière, de la sensation ; l'âme, du Moi ; Dieu, de l'âme et de la matière. Les substances existent par elles-mêmes, tandis que les phénomènes n'existent que relativement à nous ; et à l'encontre de ceux-ci, qui nous apparaissent, puisque cette apparition seule les constitue, les substances, qui sont conçues comme existant indépendamment de nous, ne peuvent être immédiatement perçues ; elles ne se révèlent que par les phénomènes, qui n'ont avec elles aucune ressemblance. Comme je l'ai dit, les touches d'un piano ne ressemblent pas aux notes de la gamme.

3° Après avoir précisé cette grande distinction des phénomènes, modifications de notre âme, et des substances, objets de nos conceptions, avec une rigueur que nul n'a surpassée; mon père distingua un mode d'existence, intermédiaire entre l'existence purement subjective, c'est-à-dire relative à nous et aperçue par nous, des phénomènes, et l'existence purement objective, c'est-à-dire, entièrement hors de nous et de notre aperception des substances; il distingua l'existence des rapports.

En effet, les rapports que nous découvrons entre les phénomènes ne sont point, comme les phénomènes, une simple modification de notre âme, qui n'existe que dans elle, par elle, et qui, l'âme étant autrement modifiée, cesse à l'instant. Ces rapports sont aperçus immédiatement comme les phénomènes; mais, comme les substances, ils sont conçus exister indépendamment de nous. Quand j'entends deux sons, le rapport numérique *deux* qui existe entre ces sons, n'est point comme eux une modification de moi-même, qui varie avec l'état de ma sensibilité. Les sons peuvent me paraitre plus forts ou plus faibles, si je bouche ou débouche mon oreille; l'intensité de la sensation peut donc dépendre de conditions où je me trouve. Mais le rapport qui existe entre elles n'en dépend nullement. Fortes ou faibles, les sensations étaient toujours deux; ce n'est point de moi que leur vient ce rapport; il n'est donc pas comme elles relatif à moi; il existe indépendamment de moi comme les substances, avec cette différence que les substances existent isolément et qu'un rapport a besoin pour exister des termes qu'il unit. Mais les termes étant donnés, l'existence du rapport est une conséquence nécessaire de la leur.

Les rapports sont aperçus directement comme les phénomènes, et en diffèrent, parce qu'ils ont une existence indépendante de notre aperception. On voit que l'existence des rapports, cette existence singulière, discernée pour la première fois si nettement par mon père, diffère et participe à la fois de l'existence des phénomènes et de celle des substances.

Ainsi trois modes d'existence : les phénomènes, qui n'existent qu'en nous et dont nous avons une aperception immédiate; les substances, qui existent par elles-mêmes, indépendamment de nous, que nous ne percevons pas immédiatement, mais que nous concevons comme causes des phénomènes; et enfin les rapports, que nous apercevons immédiatement, comme les phénomènes, mais qui ne sont pas comme ceux-ci une simple modification de notre âme, qui ont une existence indépendante de notre aperception, comme les substances, mais qui s'en distinguent en ce qu'ils ne peuvent exister isolément, mais seulement entre deux termes. Telle est la nature moyenne des rapports entre le simple phénomène et la substance, nature que mon père a démêlée et qui les rend propres à l'emploi qu'il leur a donné dans sa métaphysique, à savoir, de combler l'abîme que nous avons vu, dès nos premiers pas, se creuser entre les phénomènes et les substances. Considérons attentivement avec mon père cet élément si important de la connaissance humaine, qui a tant contribué à la former et doit servir à la justifier.

La première vérité qu'établit mon père dans sa théorie des rapports, c'est que nul rapport ne peut être aperçu qu'entre des phénomènes. En effet, l'aperception d'un rapport suppose l'aperception des deux termes entre lesquels il existe; or, on l'a vu, nous n'apercevons que les phénomènes; nous concevons, nous hypothétisons les substances. Par conséquent, ce n'est qu'entre les phénomènes seuls aperçus par nous que nous pouvons apercevoir des rapports. Nous pouvons en concevoir, en hypothétiser entre les substances que nous concevons, que nous hypothétisons. Nous arriverons à ceux-là ; parlons d'abord de ceux dont l'intuition nous est donnée entre les phénomènes.

Mon père tenait à ce mot Intuition appliqué à l'aperception des rapports, et il le défendait par de fort bons arguments dans ses lettres à M. Maine de Biran, contre lequel il avait raison sur ce point comme sur d'autres. Mon père savait très-bien le latin et sentait vivement l'énergie de la langue latine. Il avait appris le latin seul à la campagne, à 18 ans, en lisant Horace ; et, un de ses grands plaisirs était de me réciter enfant des odes d'Horace, dont l'harmonie le ravissait. Il faisait remarquer à M. Maine de Biran la propriété du mot intuition dérivé « d'*intueri*, voir dans, » pour exprimer cette vue qui, sortant de nous pour ainsi dire, va pénétrer dans les rapports des phénomènes. C'est donc par intuition que nous découvrons les rapports entre les phénomènes. « Si je vois ici une orange verte, là une autre orange verte, plus loin une autre orange verte ; en haut une autre orange mûre, en bas une autre orange mûre, je concevrai immédiatement ce que c'est que d'être trois, d'être deux, d'être cinq. Je penserai même qu'il y a plus d'oranges vertes que d'oranges mûres ; j'aurai l'idée du rapport qu'ont entre elles les différentes parties de l'arbre, du rapport de grandeur entre les différentes parties de l'arbre et des rapports de grandeur entre les différents nombres [1]. »

Les rapports sont donc aperçus entre les phénomènes ; et, comme le remarquait mon père, c'est par eux seuls que

---

[1] Le mot Orange désigne simultanément, comme on l'a vu dans un des chapitres précédents, et les qualités sensibles de l'orange ou qualités secondes, et la conception des qualités premières, étendue, forme, etc., qui sont des rapports réels indépendants de nous. Mon père ne parle ici que des qualités sensibles, les seules que nous percevions par les sens, de l'Orange phénoménique, comme il disait.

nous avons la connaissance des phénomènes; car, « sentir simplement n'est point connaître; la connaissance subjective ou phénoménique elle-même ne consiste qu'en un enchaînement de rapports; dans la première période de l'âge purement sensitif, des sensations ou des images, sans qu'on aperçût les rapports existant entre elles, ne formaient qu'un chaos, mais non une véritable connaissance. »

Il ajoutait : « Par cela seul que des choses coëxistent ou se succèdent, elles ont des rapports; les rapports seuls font donc qu'il y ait connaissance. On sent les phénomènes; et en même temps, on les connaît par leurs rapports mutuels. »

Les jugements par comparaison, d'où nous avons vu naître les idées générales, portent d'abord sur des ressemblances de phénomènes; nous comparons les objets dont la couleur est rouge, c'est-à-dire qui produisent en nous cette sensation; et en les comparant, nous acquérons l'idée générale de la couleur rouge. Mon père écartait cette opinion mal fondée que l'idée générale se forme en isolant par abstraction la partie commune de diverses sensations. Non, ce n'est pas cette partie commune de diverses sensations semblables qui donne l'idée générale. Cette idée naît de la vue du rapport qui existe entre ces sensations; car, disait-il, « l'idée de rouge est bien différente des diverses images rouges. »

Cette distinction est, je crois, importante; elle avait échappé à Aristote, quand il disait : « L'universel, c'est ce qui est commun à plusieurs choses. » Mon père répondait : « Ce n'est pas ce qui est commun à plusieurs choses; c'est le rapport qu'un acte intellectuel spécial découvre entre les choses; et l'idée générale est la trace laissée dans l'âme par cet acte intellectuel. »

Les rapports sont donc toujours aperçus entre les phénomènes et ne peuvent être aperçus ailleurs ; mais, comme des phénomènes, nous remontons aux substances par la causalité, des rapports aperçus entre les phénomènes, nous remontons aux rapports conçus entre les substances, non par causalité, mais par identité; c'est-à-dire, nous supposons que les rapports qui existent entre les phénomènes existent aussi entre les substances ; et, comme disait mon père, « nous les transportons. »

« La réflexion montre invinciblement qu'il n'y a dans les corps que des causes inconnues de phénomènes. Étendra-t-on cela aux modes d'union, aux rapports, et à ce qui en dépend? En quoi diffèrent-ils des phénomènes, pour qu'on ne le fasse pas? Et pourquoi ne pas dire aussi qu'il n'y a dans les corps que des causes inconnues qui nous les font paraître étendus et en mouvement, sans qu'ils le soient; divisibles et nombrables, sans qu'ils le soient, etc., etc.? Cependant, tout notre esprit se soulève là contre; et les hommes forts dans toutes les sciences, en convenant que les autres phénomènes ne sont pas dans les corps, pensent comme le vulgaire que le reste y est réellement, incontestablement. Seulement, comme le mouvement phénoménal suppose une durée phénoménale et une représentation étendue et fixe, sur laquelle a lieu le mouvement, et où la route parcourue par les corps existait d'avance, ils ne peuvent les concevoir dans les corps qu'en concevant, outre l'étendue matérielle, mobile, une durée nouménale réelle, et une étendue infinie, immobile, pénétrable, dans laquelle se fait le mouvement, et dont les parties sont coordonnées de toute éternité, suivant toutes les figures concevables, puisqu'elles peuvent être occupées et parcourues par des corps de toutes figures et de tous mouvements. » Cette opinion est-elle justifiable ?

C'est ce que nous verrons tout à l'heure; mais avant d'essayer de l'établir, mon père vient d'exposer nettement le fait de cette translation des rapports aperçus entre les phénomènes aux substances elles-mêmes, pour lesquelles nous ne pouvons nous empêcher de concevoir des rapports semblables. Il ne prononce pas encore que cette translation, et la conviction qui en résulte de la réalité de la durée, de l'espace, et du mouvement à travers la durée et l'espace, soit justifiée; mais déjà il place cette conviction sous la protection de l'assentiment, non du vulgaire, mais des « hommes forts dans les sciences. » On sent la conscience scientifique et presque passionnée du géomètre, qui ne veut pas qu'on lui ravisse l'espace.

D'ailleurs, il dit la même chose des autres rapports également aperçus entre les phénomènes et également transportés aux noumènes, les substances, le temps et l'espace réels, tels que les nombres, les formes, la causalité, etc.

Descartes, ce philosophe qui, comme le dit mon père quelque part, est celui avec lequel il se sentait la plus grande analogie de pensée, bien qu'il fût loin d'en partager toutes les doctrines, Descartes a exprimé cette translation des rapports du monde de la pensée au monde extérieur, dans ce langage philosophique simple et grand qui lui est naturel, et auquel je ne trouve pas trop inférieur celui qu'on vient d'entendre [1]. « Quand je pense que je suis maintenant et que je me ressouviens, outre cela, d'avoir été autrefois, et que je conçois plusieurs diverses pensées dont je connais le nombre, alors j'acquiers en moi les idées de la durée et du nombre, lesquelles, par

----

[1] DESCARTES, Méditation IIIe.

après, je puis transférer à toutes les choses que je voudrais. »

Mais Descartes n'a point insisté sur ce transfert, et surtout ne l'a point justifié, comme nous verrons mon père le faire bientôt. Il a cherché la certitude dans les idées innées; la clarté de nos pensées, preuve de leur vérité, dans le paralogisme de la véracité de Dieu. J'ai indiqué plus haut comment ce n'étaient pas là des moyens légitimes de certitude.

Nous n'en sommes pas encore à la question de la certitude; nous étudions seulement la nature des rapports qui serviront à l'établir.

Nous avons vu qu'après les avoir aperçus entre les phénomènes, nous étions invinciblement entraînés à les transporter dans la région des réalités. Voyons comment nous les concevons dans cette région, où nous les supposons exister.

Mon père établissait que les substances ne peuvent nous être connues que par leurs rapports; et nous ne pouvons connaître que ceux qui existent aussi entre les phénomènes. « On ne peut connaître des rapports des noumènes, substances, espace, temps réel entre eux que les rapports qui sont aussi entre les phénomènes. » Et il ajoutait avec profondeur : « Dès lors que de rapports de noumènes invinciblement ignorés !... » En transcrivant cette ligne, il me semble qu'elle me fait comme entrevoir ou au moins soupçonner tout un monde de vérités, qui doivent rester inconnues à l'homme dans cette vie, et peut-être lui être manifestées plus tard; et j'éprouve ce qui nous saisit à la pensée des astres innombrables perdus pour nous dans les abîmes de l'espace, que nous ne verrons jamais en ce monde, et que peut-être, après la mort, il nous sera donné d'apercevoir et de visiter.

10

On ne s'étonnera pas que l'attention de mon père ait été particulièrement attirée par ce grand fait souvent trop peu étudié des rapports. Le caractère propre de son génie devait l'y porter naturellement ; les sciences mathématiques qu'il cultivait avec tant de succès sont des sciences de rapports. Dans les sciences physiques, naturelles, dans la métaphysique même, il était dominé par le besoin de la classification ; classification qu'il voulait toujours harmonique, et que, pour cette raison, il voulait peut-être symétrique à l'excès. Il a appliqué ce sentiment de la classification, qui est un sentiment de rapports, à l'ensemble même des connaissances humaines, aussi bien qu'aux éléments intellectuels dont elles se composent ; et enfin, l'universalité de savoir et de combinaison qui fut son partage à un degré si rare, en lui présentant sans cesse de nouveaux rapports entre les objets si multipliés de sa pensée, dut l'amener, dans sa métaphysique, à considérer comme il l'a fait le rapport avec un soin particulier. De là, en grande partie l'originalité d'une entreprise philosoque à laquelle, pour la tenter, il fallait être préparé comme lui.

Le premier donc, il a étudié à fond la nature des rapports et leur a donné toute leur place dans la philosophie, en caractérisant leur nature et déterminant leur rôle avec une précision géométrique. Jusque là, cette classe d'êtres métaphysiques avait été entrevue ; mais elle n'avait jamais été décrite avec exactitude et classée avec rigueur.

Dans la théorie des nombres de Pythagore, il y avait, je pense, un pressentiment poétique de la théorie des rapports, considérés surtout dans les nombres, qui sont des rapports, et leur harmonie, c'est-à-dire, leurs relations. Les Idées de Platon peuvent être aussi ramenées, en ce qu'elles ont de réel, à des rapports. Platon semble avoir conçu, comme mon père, qu'il y avait là un mode d'existence spécial pour les rapports des choses. La notion générale de l'homme, l'humanité, comme la notion du juste ou du beau, qui sont pour mon père des rapports, sont pour Platon des Idées. L'un et l'autre nient que ce soient des abstractions et des mots; mais le mathématicien du dix-huitième siècle détermine et précise rigoureusement le mode d'existence de ces rapports. Le grand métaphysicien et le grand poëte, d'ailleurs, dans son langage inspiré, mais plus vague, ne distingue point aussi nettement ce mode d'existence de celui des substances ; il paraît en faire aussi des causes de véritables êtres, jusqu'à ce que ses successeurs d'Alexandrie en fassent des personnes et des génies.

Les stoïciens se jetaient dans l'extrémité opposée, quand ils disaient : « La relation, prise à part des termes dans lesquels elle existe, est une conception qui ne subsiste que dans l'entendement. » Ils allaient trop loin, puisque le rapport, séparé des termes phénoméniques entre lesquels nous l'avons aperçu, peut exister autrement, entre les substances auxquelles nous l'avons transporté.

Pour Aristote, il semble avoir tour à tour une vue profonde, mais exclusive du double caractère des rapports, que nous ne voyons qu'entre les phénomènes, par conséquent en nous, mais que nous concevons exister hors de nous, comme les substances. Il reconnaissait que les universaux étaient des formes séparées de la matière, c'est-à-dire pouvaient exister indépendamment de leurs termes ; ce qui est vrai; mais il ajoutait qu'ils ne sont que dans notre entendement; ce qui ne l'est point.

Disons avec mon père : Notre entendement les aperçoit,

en a l'intuition, « *intuetur*, » entre les phénomènes qu'ils
unissent et dont ils sont distincts, sinon séparés, comme le
voulait Aristote.

Mais, arrivons à la grande question finale, à la question
de la certitude.

Ce moment est solennel.

Nous avons étudié tous les principaux faits de l'intelligence humaine, les idées que fait naître en nous l'aperception des rapports entre les phénomènes, et la conception
des rapports entre les substances. Nous avons vu comment
nous nous élevions à la conception des substances elles-
mêmes. Maintenant, il faut nous demander si ces idées de
rapports et ces conceptions de substances ont quelque valeur objective ou réelle ; si nous pouvons croire que les substances existent véritablement, et qu'entre elles existent les
rapports que nous avons aperçus entre les phénomènes,
et que nous avons transportés aux substances. Ce transport est-il légitime? ou n'est-ce qu'une illusion de notre
esprit? ou ce qui, au fond, revient au même, une forme nécessaire de notre entendement, comme dit Kant, c'est-à-
dire une condition subjective de notre nature? En un mot,
le moment est venu de franchir l'intervalle du subjectif à
l'objectif, de sortir de nous-mêmes, et d'arriver, s'il se peut,
à la réalité. C'est le grand *desideratum* de la philosophie,
comme disait mon père. Voyons ce qu'il a fait pour atteindre ce but cherché par tous les métaphysiciens et demandé
vainement à tous les systèmes.

Ici, mon père a marché en homme accoutumé aux procédés des sciences exactes et des sciences physiques.

Il a exclu d'abord toute solution évidemment absurde.
Ainsi, ce ne sont pas les phénomènes qui peuvent nous rien
apprendre sur leur cause; il a été démontré, avant lui et

par lui, que les phénomènes n'avaient rien de commun
dans leur nature avec les substances qui les font naître en
nous, les sensations, par exemple, avec la matière. Ce
n'est donc pas des phénomènes qu'on peut rien induire
sur la nature réelle des choses; ni les sens externes, ni
le sens intérieur ne peuvent rien nous en apprendre.
Sentir, c'est sentir et pas autre chose; ce n'est point connaître.

Si nous avions une perception immédiate de l'existence
de la matière, comme le voulait Reid, ce qui d'ailleurs n'est
point, cette perception, qui serait en nous ét ne serait qu'en
nous, serait elle-même un phénomène et ne pourrait pas
plus nous assurer de l'existence du monde extérieur que
tout autre phénomène.

Ce n'est donc point aux phénomènes que nous nous adres-
serons pour trouver quelque moyen de parvenir à la démonstration de l'existence réelle.

Sera-ce aux substances? Mais c'est leur être même qui
est en doute; nous ne les apercevons pas; nous les concevons seulement comme causes des phénomènes. Avons-nous
raison de le faire? et faut-il croire à ces conceptions? C'est
la question même que nous nous adressons en ce moment.

Cette question semble insoluble; il semble que nous
soyions destinés à tourner dans un cercle sans issue. Nous
apercevons les phénomènes; mais ils n'ont point d'existence
en dehors de nous ; nous concevons que les substances en
ont une; mais qu'en savons-nous? Nous les supposons; nous
ne les apercevons pas.

Les phénomènes et les substances ne peuvent donc nous
conduire à la certitude de la réalité: les phénomènes, parce
que nous ne les voyons qu'en nous; les substances, parce

que nous ne faisons que les concevoir hors de nous.

S'il n'y avait que des phénomènes et des substances, la certitude de quelque chose de réel serait donc impossible ; mais il y a autre chose que les phénomènes et les substances ; il y a les rapports ; là, est la grande vue de mon père.

Les rapports qui existent entre les phénomènes sont pour nous l'objet d'une intuition immédiate, comme les phénomènes ; mais, nous l'avons vu, ils existent indépendamment de nous ; et en cela, ils diffèrent des phénomènes.

Il serait absurde d'induire quoi que ce soit des phénomènes aux substances ; mais il n'est point absurde, mon père n'en demande pas encore davantage, il n'est point absurde de transporter les rapports découverts entre les phénomènes aux substances, entre lesquelles les conçoivent exister, non-seulement le vulgaire, mais encore les savants les plus illustres, les physiciens, les géomètres et ceux aussi d'entre eux qui sont en même temps des philosophes ; ce qui n'est point donné comme une preuve, mais seulement comme une présomption.

Nous pouvons donc, sans absurdité, admettre comme possible que les rapports que nous apercevons entre les phénomènes existent réellement entre les substances, et que les substances elles-mêmes existent ; car la conception de leur existence nous est donnée par un rapport.

Ce rapport aperçu d'abord entre des phénomènes, le sentiment du moi et la sensation musculaire, que nous transportons entre les substances, quand nous supposons, par exemple, que le soleil attire la terre, ce rapport est le seul, comme l'a fait remarquer mon père, le premier, je crois, qui puisse exister entre les substances et les phénomènes.

De là, sa grande importance ; car sans lui nous ne pourrions remonter de ceux-ci à celles-là. C'est par lui seul que nous arrivons à la notion de substances, causes des phénomènes.

Peut-être que nous nous trompons et que le rapport ne doit point être transporté au monde extérieur. Admettonsle, malgré le cri du genre-humain. On permettra au moins à mon père d'avancer que cette application du principe de causalité n'est point absurde, puisque le rapport observé par nous entre des phénomènes est indépendant de la nature de ses termes.

En effet, faisant un pas de plus dans l'élimination des moyens qui peuvent nous conduire à la réalité, mon père distingue dans la grande classe des rapports comme deux familles : ceux qui, tout en existant indépendamment de nous dès que leurs termes existent, dépendent de la nature de ces termes, et ceux qui n'en dépendent point.

Cette distinction est d'une haute importance.

Les rapports fondés sur la ressemblance et la différence des phénomènes, tous ceux qui font naître en nous des idées générales comparatives, et donnent lieu à des jugements comparatifs, dépendent évidemment de la nature des termes entre lesquels nous les apercevons. « Les rapports de ressemblance, dit mon père, dépendent de la nature des sensations entre lesquelles nous les avons aperçus. » Si les sensations venaient à changer, le rapport changerait. Par exemple, j'ai conçu un rapport de ressemblance entre deux feuilles d'oranger ; si, à l'une de ces deux feuilles je substitue une fleur, le rapport entre la couleur de la feuille et celle de la fleur ne sera plus le même qu'entre les feuilles précédemment comparées.

Mais tous les rapports ne sont pas dans ce cas ; il en est

qui ne dépendent nullement de la nature des termes entre lesquels ils sont aperçus. Mon père ajoute : « Il n'en est pas de même des rapports de position et de nombre. Si après avoir conçu qu'une branche est située entre deux autres branches, je remplace les trois branches, ou l'une d'elles, ou deux d'entre elles par des feuilles, des fleurs ou des fruits, j'aurai, en considérant ces nouvelles sensations et en les comparant aux premières, l'intuition de certains rapports de nombre et de position qui n'auront pas changé dans leur nature. » Tout le monde comprend ce que c'est qu'un rapport de position. Un nombre aussi est un rapport; comme disait mon père : « Un nombre concret est l'existence simultanée des choses nombrées. » La simultanéité est évidemment un rapport.

La causalité est un rapport entre la cause et l'effet; l'étendue, un rapport de juxtaposition, que nous apercevons entre les sensations visuelles et tactiles, et que nous supposons entre tous les points de l'espace ; le temps est un rapport de succession aperçu entre les phénomènes de notre activité, et transporté entre les faits réels que nous croyons s'accomplir autour de nous. La forme est un rapport de parties ; le mouvement, un rapport entre les situations successives d'un corps dans l'étendue.

Il y a des relations de grandeur comme de nombre; il y a des dépendances logiques entre diverses propositions dont l'une entraîne l'autre ; il y a enfin des rapports que nous découvrons ou concevons exister, avec la même évidence, entre les hommes considérés comme agents moraux et entre leurs actes, et qui nous apparaissent comme la loi de ces agents et de ces actes. Tous ces rapports sont indépendants de la nature des termes entre lesquels nous les voyons ou les jugeons exister. Quels que soient l'effet et la cause, le rap-

port qui lie la cause à son effet est le même ; le rapport de
divers points de l'étendue est le même, qu'elle soit remplie
par un corps, ou par un autre. Le rapport des divers moments du temps est le même, qu'il s'agisse d'une période
de temps ou d'une autre. Changez la nature des objets que
vous comptez, substituez des billes à des dés, le rapport
numérique sera le même; remplacez toutes les molécules
d'un cristal par d'autres molécules, sans changer la configuration, et le rapport des formes entre ses parties n'aura
pas changé. Un mètre sera de la même longueur et dans le
même rapport, avec un pied par exemple, que ce soit un
mètre de bois ou de métal. Le même syllogisme demeurera
vrai, si l'on change les propositions, et si on leur substitue
des propositions liées par le même rapport de dépendance
logique. Le précepte qui prescrit d'aimer son prochain n'est
si sublime que parce qu'il embrasse une foule infinie et
une infinie variété de termes, c'est-à-dire d'hommes, entre
lesquels il établit une constante et universelle relation. Le
propre du devoir est de reposer sur un rapport, celui de
père et de fils, de citoyen et de patrie, rapport qui reste im-
muable, quelle que soit la variabilité des termes, que le
père soit bon ou mauvais, que la patrie soit inique ou
soit juste.

Il est donc un certain nombre de rapports aperçus entre
les phénomènes et conçus entre les substances, qui sont indépendants de la nature des termes entre lesquels ils
existent, et ne tiennent qu'au mode de coordination de ces
termes.

Ce sont ces rapports qui seuls peuvent, sans absurdité,
être transportés des phénomènes aux substances. Puisqu'ils
ne dépendent point de la nature de leurs termes, il n'est
point absurde qu'ils existent également entre des termes

de nature aussi différente que des phénomènes et des substances [1].

Mais, ce qui n'est point absurde est-il vrai? Des rapports qui existent entre les phénomènes peuvent être transportés aux noumènes : mais le sont-ils légitimement? La
croyance à leur réalité, et par suite à celle des substances
et de leurs qualités premières, est-elle fondée en raison?
Suprême question, la plus haute et la plus importante de
toutes, l'écueil de tant de philosophies! Voyons comment
mon père s'y prend pour la résoudre.

Ce qui lui est propre et ce qu'on devait attendre de lui,
c'est d'avoir appliqué au problème de la réalité de notre
connaissance la méthode de raisonnement qui a fait découvrir, aux plus grands génies, l'explication du monde matériel et leur a servi à le prouver.

Pour éliminer les hypothèses inadmissibles, il a employé
ce qu'il appelle l'analyse indirecte, comme on fait dans certains cas mathématiques quand on procède par voie d'élimination et « *per absurdum.* » Pour démontrer l'hypothèse vraie, il va employer ce qu'il appelait la méthode de
synthèse indirecte, par laquelle ont été établies toutes
les grandes explications scientifiques des faits du monde
matériel.

Puisque nous ne pouvons arriver à la réalité des substances et de leurs rapports par aucune aperception immédiate, et que nous ne pouvons que les concevoir, les « hypothétiser, » il faut reconnaître hardiment, ce qu'a fait mon
père, que l'existence de la matière, de l'âme et de Dieu est

---

[1] Dans quelques-uns de ses écrits, mon père appelle Relations les rapports indépendants de leurs termes, pour les distinguer de ceux qui en dépendent; mais le plus souvent il les désigne tous deux sous le nom de Rapports, pris dans une acception générale.

une hypothèse ; mais il faut ajouter sur-le-champ avec lui que c'est une hypothèse démontrée, aussi certaine que celle de Copernic et de Newton. Or, pour mon père et, je le crois, pour le genre humain, il n'y a point, dans tout ce qui n'est pas d'intuition immédiate, de plus grande certitude que celle qui repose sur l'évidence d'une hypothèse démontrée. La démonstration, si elle est suffisante, élève une hypothèse au rang d'une vérité ; vérité qu'on ne peut alors repousser sans folie, pas plus que celle de Copernic et de Newton.

La réalité des substances telles que nous les concevons, et des rapports tels que nous les supposons entre les substances, est donc pour mon père une hypothèse explicative, qu'il faut démontrer.

Quelles doivent être les conditions de la démonstration d'une hypothèse explicative, pour que cette démonstration soit complète ?

Rappelons-nous les conditions telles que je les ai exposées, en parlant de la théorie de mon père sur les raisonnements ; car, toutes les parties de sa philosophie étaient étroitement liées ; sa psychologie était la base de son ontologie, et sa logique en était le chemin.

Il faut qu'une hypothèse, pour être bonne, explique tous les faits ; or, la croyance à la réalité des substances et de leurs rapports explique tous les faits. Ce qui le prouve, c'est que jamais les physiciens et les astronomes n'ont été embarrassés de la notion du monde réel, telle qu'ils l'admettent avec le reste des hommes, pour expliquer aucun des faits qu'ils ont découverts.

« Le monde réel, dit mon père, ne peut contenir, sans impliquer (sans contradiction), que des idées de rapport, dépouillées de toute subjectivité ; c'est un fait que les savants les forment et y croient; permis aux métaphysiciens comme Kant et Berkeley de les « désobjectiver ; » mais c'est une immense probabilité contre eux. Voilà mon pont ! »

Voilà mon pont ! Remarquable expression perdue là, dans une note, et qui exprime admirablement le résultat de toute la philosophie de mon père. Un pont ! oui, et je le crois, un pont indestructible jeté sur l'abîme qui sépare la connaissance de la réalité et qu'on ne peut franchir par un autre pont que celui-là.

Tous les faits expliqués par une hypothèse admise par tous les savants, c'est déjà, comme il dit, une immense probabilité ; mais cette probabilité va s'accroître encore au point de devenir une véritable certitude.

Ici, se place la distinction profonde qu'a établie mon père entre deux hypothèses qui rendent également raison de tous les faits, mais dont la première en rendrait également ment raison s'ils étaient autres qu'ils ne sont, et dont la seconde les explique tels qu'ils sont, et serait fausse, s'ils étaient différents. Évidemment, c'est la seconde qui doit être préférée ici, comme dans toutes les sciences. Or, si l'on suppose, par exemple, que les formes des corps n'existent pas réellement, que là où nous concevons un cube, il n'y a pas réellement une portion de matière ayant réellement une forme cubique, mais seulement une cause qui peut être inétendue et qui ferait naître en nous l'idée de cette forme, comme la matière qui n'est pas colorée fait naître en nous la sensation de la couleur; dans cette hypothèse, qui n'est pas absurde en soi, la notion que nous avons dans ce cas de la forme cubique sera expliquée ; mais on expliquerait de même que nous eussions, par le même moyen, la notion de toute autre forme, tandis qu'en supposant la matière telle que nous la concevons, étendue, figurée et, dans ce cas particulier, composée de molécules disposées de manière à former réellement un cube dans l'espace, cette supposition n'expliquerait pas, dans le même cas, la notion de toute autre forme, celle d'une sphère par exemple, comme le ferait la supposition précédente d'une cause inétendue nous donnant la notion du cube et qui pourrait aussi bien nous donner celle d'une sphère ou d'une ellipsoïde. Ici donc, l'hypothèse de la matière étendue, composée de molécules disposées de manière à constituer réellement, objectivement, dans l'espace, une forme que nous concevons, doit être préférée à celle de la matière inétendue et nous donnant l'idée, sans rapport à la réalité, d'un cube, quand il n'y aurait point de cube hors de nous. Ces deux hypothèses expliquent notre conception : mais l'une n'explique que cette conception ; l'autre expliquerait toutes les conceptions que nous pourrions avoir, au lieu de celle-là. C'est donc la première qu'il faut admettre, et la seconde, qu'il faut rejeter ; car, encore une fois, ce qui explique tout, n'explique rien.

De là, ce que mon père appelait le double critérium de toute hypothèse, et qu'il appliquait à celle de la réalité objective des noumènes tels que nous les concevons.

1° Il faut que, dans cette hypothèse, des relations qu'elle suppose on puisse déduire les rapports qui existent entre les phénomènes ;

2° Il faut s'assurer que la dépendance qui lie les relations supposées entre les noumènes et les relations qu'on suppose par suite devoir se présenter entre les phénomènes, il faut que cette dépendance, dis-je, ne puisse exister qu'autant que les premières relations existent réellement et indépendamment de nous entre les noumènes.

Descartes écrivait au père Mersenne [1] :

« Pour la physique, je croirais n'y rien savoir, si je ne savais que dire comment les choses peuvent être, sans démontrer qu'elles ne peuvent être autrement. »

Descartes donnait ici la définition d'une bonne hypothèse, selon mon père ; malheureusement, elle n'est pas toujours applicable aux siennes. Ce qu'il déclare ici vouloir faire en physique, mon père l'a fait en philosophie; et il a pu écrire :

« Toute ma philosophie est dans ceci :

« Nous n'aurions jamais pu avoir la notion de la réalité, si les phénomènes n'étaient en nous. »

3° Mais réciproquement les phénomènes n'auraient pu les produire en nous, si les réalités correspondantes n'avaient préexisté. Ces deux choses étant faites, l'hypothèse des relations entre les noumènes devient d'autant plus probable que plus de relations entre les phénomènes qui en ont été déduits se vérifient par l'observation, dans le monde subjectif ou apparent. Ainsi, la démonstration de la réalité objective, déjà irrécusable, se continue et s'accroît chaque jour et s'achève à travers les siècles.

Tel est, dans ses principaux traits, le système philosophique de mon père. Partant de l'observation exacte et de l'analyse détaillée de tous les faits de l'intelligence, parmi lesquels il a réduit la sensation à elle-même et fait au sentiment de la personnalité, au moi, la part qui lui était due, il a le premier nettement distingué l'étendue et la durée subjectives du temps et de l'espace réel ; il a expliqué, mieux que nul ne l'avait fait avant lui, comment nous arrivons à la notion de la matière et de l'esprit, du

---

[1] Descartes, t. II, p. 35.

temps et de l'espace ; il a créé une théorie des idées qui est sienne ; il a classé dans un ordre et présenté sous un jour nouveau nos jugements et nos raisonnements ; il a approfondi l'étude des méthodes qui emploient l'analyse et la synthèse ; enfin, il a découvert l'importance des rapports dans l'exercice de notre connaissance. Déterminant avec précision leur mode d'existence intermédiaire entre celui des phénomènes et celui des substances, il s'en est servi comme d'un moyen de passage pour aller indirectement des uns aux autres ; et par sa démonstration de l'hypothèse de la réalité, il a donné une base scientifique aux sciences et une sanction métaphysique à la philosophie du genre humain.

Ce système est parfaitement indépendant de tout autre. Mon père en rencontre plusieurs, s'accorde avec eux quelque temps, puis s'en sépare, quand ils s'écartent de ses idées ; ce qui est le véritable éclectisme, celui, soit dit en passant aux adversaires de M. Cousin, celui que M. Cousin a toujours préféré.

L'histoire de la philosophie n'est pas le but de mon père ; son affaire n'est pas de l'exposer et de la juger, mais de la compléter par des découvertes. Ou je me trompe bien, ou sa place sera haute ; il sera compté parmi ceux qui ont réfuté des erreurs, en les remplaçant par des vérités. Il a porté des coups mortels à la philosophie de la sensation et au matérialisme, en limitant le fait de la sensation et en précisant la notion de la matière. D'autre part, il s'est séparé de l'idéalisme, en établissant la réalité des choses comme existant au dehors de notre esprit. Par là, il a fermé la porte au scepticisme, au scepticisme matérialiste de Hume, comme au scepticisme spiritualiste de Berkeley. Il a combattu chez Kant la conception des substances et de leurs rapports, donnée comme une condition subjective de l'entendement humain ; et chez Reid, chef de l'école Écossaise, la supposition gratuite et contraire aux faits d'une perception de la substance, qui, si elle était, ne serait elle-même qu'un phénomène subjectif de l'entendement. Il est resté fidèle à cette hauteur d'analyse qu'il signale dans la grande école de Descartes. L'histoire de la philosophie dira quel est son rang parmi les génies inventeurs qui ont fait faire à cette science de véritables progrès. Je crois que cette place sera digne de celle qu'il occupe dans l'histoire des sciences mathématiques et de la physique.

Sans doute, il n'a pas laissé un ouvrage complet, et on doit le regretter, surtout en admirant les qualités de style philosophique si remarquable dans tout ce qu'il a écrit, et que quelques citations ont suffi, je pense, pour faire apprécier. Beaucoup de vues de détail, très-ingénieuses sans doute, sont perdues. Mais je suis convaincu que toutes les principales idées de mon père sur la philosophie se trouvent dans les fragments qu'on publie aujourd'hui, et qui se composent de plans et de parties d'ouvrages, de notes pour des cours, de rédactions faites d'après des leçons, de lettres ou de fragments isolés. Ses manuscrits contiennent même plusieurs expositions sommaires de tout l'ensemble de ses idées ; je les ai réunies ensemble. J'ai réuni aussi en sections séparées les manuscrits qui traitent d'un sujet particulier, en disposant ces sections suivant l'ordre que j'ai suivi dans cette Introduction. Les expositions d'ensemble dont je parlais tout à l'heure prouvent que ce doit avoir été là l'ordre véritable de ses idées. J'ai réuni dans une section à part, qui est considérable, les manuscrits où il est traité de plusieurs sujets, et qu'on ne pouvait par conséquent rapporter à telle ou telle section.

Ces écrits divers, bien que souvent inachevés, forment donc par leur réunion un tout ; l'unité de la pensée de mon père est si grande que, prise isolément, il est facile de la rapporter à l'ensemble. Les écrits mêmes où divers sujets sont traités en passant peuvent toujours se rattacher à cet ensemble, dès qu'on est parvenu à l'embrasser. Les manuscrits de mon père ne sont point des brouillons confus ; ce sont presque toujours des rédactions, jetées rapidement sur le papier, de la vue du moment ; mais l'expression est aussi nette que la vue elle-même. La métaphysique d'Aristote est de même composée de fragments ; cela ne l'a pas empêchée de traverser les siècles.

Pour ceux qui ne sont pas familiers avec la métaphysique, mais qui apportent un esprit sérieux et attentif aux grands problèmes dont elle poursuit la solution, j'ai cherché à exposer dans cette Introduction, l'esprit propre, la marche générale et les principaux points de la philosophie de mon père.

J.-J. AMPÈRE.

Tocqueville, 23 septembre 1855.

APPENDICE

A L'INTRODUCTION

· Dans l'Introduction qui précède, j'ai cherché à présent ·
les traits principaux du système métaphysique de mon père,
et cet ensemble de vues sur notre nature intellectuelle, dont
l'enchaînement l'a conduit à cette théorie des rapports,
d'où est sortie, pour lui, l'explication de la pensée et la démonstration de la réalité.

Pour qu'on pût mieux suivre cet enchaînement, j'ai renvoyé à l'Appendice, que je place après cette Introduction,
de faire connaître ses vues sur des parties de la science
philosophique qui ne se lient pas intimement avec le problème de la connaissance et avec le problème de la certitude. Telle est l'étude des principes de la morale et de la
religion. Que le mot d'Appendice n'étonne point; il ne pré-
juge point l'importance de ces grands sujets ; mais les opinions qu'on peut s'en former sont la conséquence d'une
théorie métaphysique, plutôt que cette théorie elle-même.
C'est pour cette raison que je place l'exposition d'un cer-

tain nombre de vues de mon père sur la morale et la religion après l'Introduction à sa métaphysique.

La morale et la religion étaient étroitement liées pour lui à la métaphysique ; tous les éléments de ces hautes connaissances avaient leur part dans son tableau historique de l'intelligence, comme les raisonnements et les méthodes scientifiques s'y rencontraient également. Mais en morale et en religion, il n'a pas proprement fait un système; il a accepté les croyances du genre humain en matière de morale et de religion naturelle, et celles de l'Église catholique, en matière de théologie chrétienne. Cependant, ce serait laisser une lacune regrettable dans l'exposition de ses idées que de ne pas dire comment il rattachait à son système métaphysique la morale, la théodicée et la théologie, et de ne pas faire connaître les plus importantes de ses vues sur des points particuliers, dans cette haute région de la pensée où il a tant vécu.

Ici, mon rôle change ; je n'ai point à préparer le lecteur à l'intelligence de questions scientifiques pour lui souvent nouvelles ; il s'agit de questions que tout le monde connaît. Je ne ferai que classer et annoter, pour ainsi dire, un certain nombre de passages extraits des manuscrits de mon père ; c'est lui qui parlera, je suis un collecteur ; je ne suis plus un interprète. J'ai même respecté le désordre qui s'y trouve quelquefois, et que le lecteur voudra bien excuser.

PSYCHOLOGIE MORALE

Mon père, surtout dans la première époque de ses recherches philosophiques, ne s'était pas moins occupé d'étudier
les faits moraux que les faits intellectuels de la nature humaine. Si plus tard il se voua davantage à l'observation et
à l'explication des seconds, c'est qu'il y avait là plus à découvrir et plus à faire. Mais toujours, depuis son premier
grand travail philosophique, écrit vers 1804, jusqu'à la fin
de sa vie, les facultés morales de l'homme furent classées
par lui corrélativement aux facultés intellectuelles.

Dans ce premier travail, il distinguait les perceptions en
sensations réfléchies et comparatives, et trouvait dans les
émotions la même division. Les premières accompagnent
les diverses impressions que reçoivent nos organes ; les
secondes sont cette vue intérieure qui nous découvre tout
ce qui se passe en nous ; ce sont les affections qui déchirent
le cœur du scélérat et font le bonheur de l'homme juste.

« Les affections comparatives sont aussi nombreuses que
variées ; ce sont celles qui font les délices du mathémati-

cien, constamment occupé à percevoir des rapports abstraits, dont ceux qui n'ont pas éprouvé les mêmes jouis-
sances ne peuvent concevoir le charme ; ce sont celles qui
nous enchantent à la vue des chefs-d'œuvres des beaux-
arts. »

(Écrit de 1803 à 1807.)

Il poursuivait cette corrélation dans toute l'étendue des
faits qui se rapportent à l'entendement, et de ceux qui se
rapportent à la volonté. 1° A la perception d'une chose
présente correspondait pour lui l'affection, c'est-à-dire,
l'attrait ou la répugnance pour une chose présente ; 2° à
l'idée d'une chose absente, le désir que cette chose absente
soit ou ne soit pas ; 3° à ces associations de perceptions et
d'idées, les actes dont les affections et les désirs sont les
motifs ; 4° au discernement du vrai et du faux, le discernement du bien et du mal ; le premier portant sur les pensées, le second sur les volitions. La volonté correspond au
jugement ; elle consiste à juger de l'action propre à rem-
plir une fin, que l'imagination, seul moyen d'atteindre l'a-
venir, lui présente comme désir à la première période. Dans
tous les changements que mon père a apportés à sa classification des faits intellectuels, il a toujours rapproché paral-
lèlement à celle-ci les faits moraux ; car il savait quel
était le rapport intime de ces deux ordres de faits.

« Les deux systèmes de la volonté et de l'entendement
réagissent continuellement l'un sur l'autre, et ne se développent même que par cette réaction mutuelle. Comment
nos actions se multiplieraient-elles, si elles n'étaient éclairées du flambeau de notre intelligence ? Et que serait notre
intelligence, si elle n'avait jamais agi ? »

(*Mémoire pour l'Institut*, an XII.)

Le philosophe qui avait si bien distingué la pensée de la
sensation ne pouvait confondre, comme l'avait fait systé-
matiquement et conséquemment l'école sensualiste, qu'il
combattait, la volonté avec le désir; celui-ci, passif comme
la sensation, l'autre active comme la pensée. « La volonté,
disait-il, est si peu la passivité qu'elle la cause en créant
des sentiments factices. » Dans l'homme, il distinguait
énergiquement la volonté libre et le désir fatal, volition
aussi nécessaire que le jugement. C'est la pensée qui produit le mouvement intérieur et extérieur, comme celui
qui produit l'attention ou lève le bras. C'est là un fait
absolument distinct du désir qui est la modification produite en nous, si on veut, par un mouvement du cerveau,
qui, si on l'admet, vient du dehors ; la force de l'âme se
manifeste en niant ou en croyant contre l'instinct, en
s'abstenant ou en agissant contre le désir.

(Volition). « L'important est de faire voir que cet acte
qui meut est, soit qu'on le considère dans son action intérieure ou extérieure, absolument distinct du fait du désir,
avec lequel on a voulu le confondre et qui n'est pas plus
lui que la connaissance, qui en est esclave, n'est une condition libre. »

Le désir et la volonté ne se confondent que dans l'animal : « dans l'état animal, on croit tout ce qu'on conçoit,
comme on veut tout ce qu'on désire. »

La volonté n'a rien d'affectif; et immédiatement elle n'est
pas accompagnée ni de plaisir, ni de souffrance. « La vraie
volonté, ne nous rendant ni heureux, ni malheureux, en
tant qu'elle ne s'applique qu'à ce que nous jugeons dépendre de nous, doit être séparée du désir, crainte, espérance. »

Comme la sensation précède la pensée, le désir précède la volonté. « Une action ne peut être volontaire sans qu'on sache d'avance ce qui en résultera d'après l'expérience, sans avoir un désir quelconque de cette chose, sans y avoir trouvé du plaisir quand on en a eu l'intuition ; en un mot le système qui nous est commun avec les animaux est la condition *sine qua non* de tout ce qu'y ajoutent les facultés les plus élevées de l'homme : la réflexion et la volonté libre. »

Mon père avait analysé la volition comme la sensation et l'idée.

« Deux sortes de volitions : l'une se rapporte au moment le plus proche de celui où l'on veut, l'autre à une époque déterminée ; de là, la volition actuelle et la volition subséquente.

« Il y a des volitions simples, des volitions complexes, des volitions accidentelles et des volitions constantes. »

(Écrit de 1803 à 1807.)

Il avait porté également l'analyse, et une analyse souvent fort délicate, sur tous les phénomènes de la sensibilité morale, et en particulier sur les désirs, si nettement séparés par lui de la volonté.

« On désire qu'une chose ne soit pas, comme on désire qu'elle soit ; le mot crainte ne doit pas être employé pour désigner cette sorte de désir ; la crainte, comme l'espérance, résulte d'un désir uni à un jugement, qui nous fait considérer un événement comme probable ou au moins comme possible. »

(Écrit de 1803 à 1807.)

L'école qui, à son insu, s'étudiait à rabaisser l'homme en toutes choses avait prétendu que toutes nos affections, tous nos penchants naissent d'un besoin ; mon père n'acceptait point cette humiliante origine de l'affection désintéressée, et il répondait qu'il y a des affections sans besoins qui les déterminent ; c'était pour lui une vérité d'expérience. Cette expérience-là, il l'avait faite dans son cœur.

« Le mot besoin a été pris dans deux sens bien différents; dans l'ordinaire, il ne peut être considéré que comme cause frivole et non comme cause productrice. Les affections données aux animaux ne sauraient être une suite de ces besoins, mais seulement un moyen choisi, pour la conservation des animaux, par l'intelligence qui les créa, et qui les créa susceptibles de ces affections. Dans l'autre sens, besoin, pris pour privation, est un effet et non une cause, effet du désir, qui est lui-même produit par l'affection dont il est le reste. »

Voici ce qu'il disait sur le besoin, l'affection, et le désir :

« 1° Il y a des affections sans besoins qui les déterminent?... Vérité d'expérience.

« 2° Il y a des désirs sans affections qui les déterminent. . . . . De même.

« 3° Les désirs produisent des affections comme les actes sont produits par elles; et cela de deux manières : 1° affection actuelle, serrement de cœur dès que le désir naît plus vif; 2° plaisir du succès, chagrin de l'insuccès dans tous les jeux, plus ou moins.

« Nous avons des penchants indépendants de nos besoins, qu'une volonté libre a mis en nous comme les affinités dans l'oxygène. Observez qu'il le faut également pour les penchants relatifs à nos besoins dans le sens que tout le monde donne à ce mot ; car il n'y a point de nécessité qu'un mets plaise à mon goût, parce qu'il est nécessaire à ma nutrition ; et de même des autres choses qu'une sage Providence nous fait faire par l'attrait, mais non pas pour l'attrait, pour une utilité que nous ne soupçonnons pas d'abord. Il peut y avoir de ces penchants pour des utilités très-éloignées, qui nous sont même encore trop peu connues pour que nous en ayons des conjectures. En voici une qui paraît surpasser tout en probabilité, pour nous mettre en état de concevoir ce que Dieu voudrait nous révéler de son essence.

« Helvétius appelait un penchant une idée innée. Une idée est la perception actuelle ; un penchant est la faculté possible d'être ému de telle manière par telle sensation. Cela est inné, comme si l'on disait que la faculté possible de percevoir est innée ; ah ! oui, dans ce sens-là. »

Mon père avait porté son attention particulière sur les émotions qui ne sont point la partie affective d'une sensation simple, mais qui naissent à la suite d'une croyance fournie par l'entendement. C'est ainsi qu'il classait la honte, par exemple, naissant à la pensée de l'opinion que les autres ont de nous : « J'ai distingué, dit mon père à ce sujet, et l'incitation primitive, comme rougir de honte, et l'incitation acquise. » De même, en parlant des sentiments affectueux, de la sympathie pour autrui, pour le genre humain, il trouve des pages comme celle-ci, dans lesquelles on croit entendre parler son cœur :

« La disposition à éprouver, à l'égard des affections d'autrui, des émotions de même espèce que pour nos propres affections, constitue cet état de notre âme qu'on appelle aimer, dans le sens où il ne se rapporte pas à nos jouis-

sânces ; la disposition à éprouver des émotions contraires
est la haine.

« Sans cette faculté de sentir en quelque sorte dans
d'autres êtres, nos émotions seraient bornées à celles de
nos modifications personnelles qui nous représentent les
modifications intuitives passées, et celles que nous pouvons
avoir. C'est elle seule qui étend nos émotions dans tout
l'univers, qui nous fait gémir sur les malheurs des derniers défenseurs de la République romaine, qui nous fait
jouir du bonheur de nos amis, et trouver tant de charme
à la pensée que toutes les nations, éclairées par le malheur
et perfectionnées par le temps, seront un jour civilisées,
libres et heureuses. »

(Mémoire pour l'Institut, an XII.)

Enfin, çà et là, dans des pages inachevées, se rencontrent
des observations très-justes, et qui feraient honneur à un
moraliste de profession.

« L'ennui est l'effet d'une imagination très-accoutumée à
agir et qui manque d'occasion d'agir. »

Il y a aussi l'ennui des sots dont l'esprit a un vague
besoin d'action, et manque, non d'occasion, mais de capa-
cité d'agir. Mais mon père parlait du sien.

« Porter de colère la main à son épée ; il me semble que
cette distinction ne manque pas de finesse. »

e genre d'émotions pour ainsi dire intellectuelles, qui
ne proviennent pas d'une sensation, mais d'une idée, avait
beaucoup frappé mon père ; il citait souvent à ce sujet un
passage de l'Émile sur un homme qui était très-calme : « Il
a lu une lettre, il est au désespoir ! » Pour exprimer à quel
point ce qui est hors de nous, ce qui ne nous atteint point
matériellement, peut réellement nous troubler, il a écrit

cette phrase piquante : « Un tel parle mal de moi; en suis-je moins pur? non, mais désespéré. »

Les émotions proviennent de ce qu'il appelait des affections réfléchies, et qu'il opposait aux affections purement sensitives.

« Entre les trois sortes d'affections, l'affection réfléchie est tellement distincte de la sensitive que leur effet est souvent opposé; la première mêlait ses charmes à la douleur qu'éprouva Épictète lorsque son maître lui cassa la jambe; et souvent elle joint le tourment du remords aux sensations les plus délicieuses. Quelques auteurs ont pensé que des affections, aussi nécessaires que les sensitives à l'existence du genre humain, étaient un fruit de l'éducation ; autant vaudrait avancer que nous ne trouvons un goût agréable aux aliments salutaires, et une saveur nauséabonde aux poisons, que parce que nos parents nous ont dit que les premiers nous étaient nécessaires et que les seconds nous donneraient la mort. »

(Mémoire pour l'Institut, an XII, ch. III, Analyse de la réflexion.)

Voici encore quelques observations très-précieuses que je tire d'un sommaire de plusieurs chapitres de son Mémoire pour l'Institut. « Il n'est pas aussi facile de classer nos affections que nos facultés perceptives. Le philosophe contemple les idées en elles-mêmes, les affections dans les idées, portraits qui nous les révèlent. Mais pour les affections qu'il n'a pas éprouvées, comment les classer? Peut-on sentir par le bras d'un autre homme, comme on voit par les yeux d'un voyageur? Bien plus de nuances, et moins de moyens de distinction. »

. . . .

« Les animaux n'ont été fournis que des affections néces-

saires à leur conservation. Combien les hommes n'en ont-
ils pas de superflues, ou d'opposées à ce but, qui se découvrent avec surprise aux yeux du philosophe qui sait voir!
Ces penchants sont démontrés par le fait, et par la possibilité de fonder sur eux des idées typiques qui aient un sens;
les dispositions à ces affections les précèdent; résultat de
notre nature intime, on ne peut s'empêcher de les regarder
comme innées...., Hume convient de cette *innation*. Quelle
absurdité de croire factice, ou inventée, dans l'espèce humaine, telle affection que l'on dit innée dans l'éléphant!...

« ... Des affections qui tiennent à la fois des intuitives
et des comparatives sont celles d'un orgueil élevé et de la
basse vanité, de la noble émulation et de l'abjecte envie.
Ce sont les comparaisons de notre moi et des autres moi...
D'autres affections tiennent à la fois des sensitives et des
comparatives : tel est le plaisir de l'harmonie où nous sommes moins affectés par les sons eux-mêmes que par les rapports que nous sentons entre eux. Des affections plus uniquement comparatives sont celles des arts d'imitation, où
l'objet imité ne serait point affectif par lui-même ; ce sont
les émotions qu'excite en nous l'architecte, dans les rapports
nombreux que ses édifices offrent à notre sagacité. Le but
que se proposait l'artiste, les difficultés vaincues, l'art, tout
entre dans ces comparaisons c'est là le beau selon saint Au-
gustin : variété dans l'unité. »

Des affections qui accompagnent le désir :

« Celui qui désire n'est point dans un état calme; ses
affections sont rarement déterminatives de volontés; car
il ne faut pas confondre les volitions qu'elles détermine-
raient, et celles que détermine immédiatement le désir.
Folie des hommes ! On veut éprouver les affections sensi-

tives ou autres, mais non pas celles de l'espérance, peut-être aussi douces; il faut que la nature des choses nous en fasse jouir en quelque sorte malgré nous. Qui jamais la fit entrer dans ses rêves de bonheur? qui cherche à y livrer toute son attention pour la savourer avec plus de délices? qui ne travaille à abréger ces fortunés instants? On a poussé l'extravagance jusqu'à dire que l'homme qui désire n'est pas heureux, puisqu'il lui manque quelque chose. »

Il me semble que ces lignes sur l'espérance sont remarquables; le bonheur du désir est peut-être exagéré; mais il y a du vrai.

Des affections qui accompagnent les produits de l'imagination :

« Enthousiasme, objet idéal qui partage avec le réel tant d'adorations. Mais ce n'est pas là où se borne ce genre d'affection ; c'est par la même faculté imaginatrice qu'en réunissant le souvenir des maux que nous avons soufferts aux perceptions qui nous portent à croire que notre prochain souffre, nous le concevons comme souffrant, que nous souffrons en lui; et si cette mémoire active s'exalte, nous voulons bientôt tout faire pour le secourir. Affection sublime! Pourquoi faut-il qu'elle éprouve les funestes influences de l'habitude? Quelle émotion n'éprouverions-nous pas si, sachant tout ce que nous savons sur les différents états de l'homme en société, nous voyions pour la première fois un mendiant! Et c'est le bien public de leur ôter gratuitement le seul genre d'affection qu'ils puissent éprouver, le seul dédommagement de toutes leurs privations! Affection pour les nobles produits de l'imagination, tu crées dans l'homme ses plus beaux mouvements et les motifs de ses plus belles actions ; après l'avoir dévoué à l'adou-

cissement des malheurs de ses semblables, tu le passionnes
pour les plaisirs ineffables qui attendent son âme, quand son
corps tombera dans le tombeau ; et c'est alors que tu le
fais se sacrifier tout entier au Dieu qui le créa, et au frère
qu'il lui a donné et dont il a voulu qu'il s'efforçât d'adoucir
l'exil. »

On voit par ces différents passages que l'étude des faits
moraux de l'âme humaine avait été l'objet des méditations de mon père. L'homme aimant se montre ici à chaque
ligne, à côté du penseur.

Téléologie ou destination de l'homme.

Mon père fut toute sa vie préoccupé de ce grand problème
de la destination de l'homme, qu'il appelle quelque part :
« Le plus beau, le seul beau qu'on puisse proposer à la philosophie, tendant à ce terme suprême de toute recherche
philosophique digne de ce nom », qu'il nomme l'intention de
Dieu devinée au moyen des facultés actuelles. Il avait em-
prunté à Kant le mot de Téléologie, *science des fins, science
de l'accomplissement* ; et il avait donné le nom de téléologi-
que à un de ces jugements d'évidence qu'il regardait comme
aussi certains que ceux par lesquels nous affirmons les
axiomes des mathématiques.

Cette science de la fin pour laquelle, a dit mon père avec

12

une rare sublimité d'expressions, « l'homme est comme
prêté à cette terre, » est distincte de la morale, mais s'y
rattache ; elle en contient le complément et la sanction ; le complément, car elle enseigne à l'homme son
principal devoir envers Dieu, celui de ne pas tromper l'intention que Dieu a eue en nous créant, ce qui suppose
qu'on connaît cette intention ; la sanction, car la connaissance de notre destination renferme la certitude de
notre immortalité et de la rétribution qui l'attend.

Ce que l'on peut demander à un système de métaphysique sur ces hautes questions, c'est d'abord qu'il ne né-
glige aucun des arguments par lesquels notre intelligence
peut essayer de les résoudre ; et c'est aussi, c'est avant tout,
que, dans les notions qu'il nous donne de la nature de
cette intelligence et des êtres qui sont en rapport avec elle,
il n'y ait absolument rien de contraire aux sublimes
vérités que la philosophie démontre et que la Religion enseigne.

S'il n'y a que des sensations, il n'y a pas de liberté ; il n'y
a pas même de moi ; liberté, moi, sont des abstractions,
des mots. Comment fonder sur des fantômes l'espoir d'une
durée éternelle ? Si l'homme n'est pas libre, pourquoi des
récompenses et des châtiments futurs ? Si le moi n'a pas
d'existence réelle et n'est qu'une collection de sensations,
comment survivrait-il à ces sensations ? Alors viendraient
des esprits hardis qui, prenant la matière pour démontrée,
soutiendront que la matière seule existe, et Broussais s'é-
criera : « Vous dites que c'est l'esprit, qui n'est point matière nerveuse, qui perçoit, sent, raisonne, veut, prévoit ;
nous disons : c'est le système nerveux qui fait tout cela[1]. »

____

[1] De l'irritabilité et de la folie, p. 39.

Et alors, l'esprit étant supprimé, il n'y aura plus à s'occuper de l'immortalité de l'esprit.

Dans la métaphysique de mon père, on a vu que l'existence de l'âme n'était pas moins certaine que celle de la
matière ; la connaissance de celle-ci, pas plus immédiate
que la connaissance de la première ; et que la réalité de
toutes deux reposait sur le même genre de démonstration.
On a distingué leur empire. Il n'y a donc pas de rasion de
nier l'une plus que l'autre ; on ne peut être matérialiste ;
c'est déjà quelque chose.

Il y a plus : pour que l'immortalité de l'âme importe à
l'homme, il faut que l'âme soit indivisible ; car, que nous
importerait cette immortalité sans individualité, et par
conséquent sans conscience, des molécules matérielles ?

Eh bien ! l'indivisibilité de l'âme résulte de la théorie
métaphysique de mon père ; le sentiment du moi est un
phénomène simple ; et par la théorie des rapports, ce phénomène nous conduit à la notion d'une substance simple
comme lui. Cette simplicité, elle est pour mon père d'une
évidence égale à celle des axiomes mathématiques.

Il n'y a pas de syllogisme pour conclure l'indivisibilité
de l'âme de l'unité de la notion ; mais on la conçoit par
cette dépendance nécessaire, et par un jugement métaphysique qui n'est pas moins évident que les plus incontestables de tous les axiomes.

Mon père s'est attaché à réfuter cette objection contre
la simplicité de l'âme, qu'elle peut percevoir en même
temps plusieurs phénomènes qui affectent des parties différentes du système nerveux ; il voit là au contraire une
preuve de cette simplicité, puisque l'âme peut être ainsi
présente en plusieurs lieux à la fois.

Mon père ne concevait pas l'âme comme résidant dans

telle partie de l'organisation, dans la glande pinéale, comme le voulait Descartes, mais comme agissant sur les organes sans être proprement dans les organes. Il a écrit ceci : « Nous concevons les objets placés autour de nos organes, et le moi[1] au milieu d'eux, quoiqu'il se pourrait bien que celui-ci ne fût pas même de nature à pouvoir occuper un lieu dans ce que nous appelons espace. »

Quand on a une telle notion de l'âme, qu'on la conçoit à ce point indépendante des organes, il ne répugne point de la croire immatérielle et immortelle.

La meilleure preuve d'une vie à venir est encore la vieille preuve tirée de la justice divine, ce que mon père appelait « la justice apodictique évidente, et nécessaire, impossible sans une destination extra-terrestre. » On remarquera dans les développements de cette preuve un argument que je crois neuf, et où l'on retrouve le respect, à la fois, de la vérité et de l'humanité, double sentiment si puissant sur l'âme de mon père.

« Comment ne serait-on pas frappé d'une idée qui m'a toujours fait une vive impression? Tant de millions d'hommes qui ont passé sur la terre ont occupé tous les instants de leur vie à des travaux qui pouvaient seuls leur procurer le moyen de soutenir leur pénible existence; tous ceux qui ont vécu dans des pays où la civilisation est éteinte ou n'a reçu presque aucun développement, possédaient les mêmes facultés que ceux qui se sont le plus élevés dans la connaissance de l'univers, d'eux-mêmes et de leur Créateur; ces facultés, ne les auraient-ils donc possédées que pour qu'elles ne se développassent jamais? Cette supposition est trop injurieuse à l'intelligence infinie! »

---

[1] Ici évidemment le *moi* objectif, l'âme substance.

Mon père disait : « Il y a dans l'homme des facultés inutiles, qui sont nuisibles à sa conservation individuelle, mais
qui le rendent propre à l'autre vie. »

Il voulait parler sans doute de cet enthousiasme de la vérité, de cette ardeur de l'âme et de la pensée, qui l'a usé
et dévoré lui-même avant le temps, comme d'autres nobles
natures tout aussi admirables, qui, en effet, semblent
douées de ces facultés en vue d'un autre ordre d'existence
dont elles paraissent faire partie.

Le métaphysicien pressentait les joies de l'intelligence
dans une autre vie et la nature de ces joies : « Dans l'autre
monde, disait-il, nous n'aurons des idées complexes que
par synthèse. » Sa certitude scientifique était aussi grande
dans l'existence future que dans les vérités astronomiques
les mieux établies.

Voici de belles pensées tirées d'un de ses anciens écrits :

« Les sensations se flétrissent, parce qu'elles ne sont pas
notre fin ; les idées individuelles aussi, quoiqu'elles s'en
rapprochent davantage ; les abstractions (les idées de rapports et de substance, dans son langage d'alors) restent,
c'est donc là notre fin. C'est ainsi que le monde expéri-
mental sert de patron au monde rationnel et nous garantit
d'être anéantis par la mort, après nous avoir fait entrevoir
le rationnel, qui reste seul. Ainsi tout périt dans l'animal. »

THÉODICÉE

Mon père a vécu et est mort dans la foi catholique. C'est à dire que les dogmes du catholicisme ne pouvaient être pour lui un sujet de discussion ; mais il croyait, comme l'ont cru d'autres grands génies, que la raison humaine, qui ne discute pas les dogmes, peut concourir à les prouver. Il a appliqué les notions de sa philosophie à exprimer dans toute leur rigueur plusieurs des enseignements les plus mystérieux du Christianisme ; car les mystères ne sont pas des impossibilités. Jamais l'Église ne l'a prétendu ; elle les présente comme des vérités que la foi enseigne à la raison, que la raison ne saurait comprendre, qui sont au-dessus d'elle, mais ne lui sont pas contraires. Mon père n'était pas de ces nouveaux docteurs catholiques qui croient que la raison est radicalement impuissante, parce qu'elle a des bornes, et qui trouvent plus commode de la repousser que de s'en servir. Mais il était de cette famille de penseurs chrétiens qui ont vu dans la philosophie, non l'ennemie, mais l'auxiliaire de la

Religion; noble et nombreuse famille, qui commence à saint Justin et à Clément d'Alexandrie, ces platoniciens du Christianisme, embrasse tous les docteurs du moyen âge, qui en furent les péripatéticiens, ayant à leur tête saint Thomas, qui en fut l'Aristote, comprend Fénelon, Bossuet, Arnauld, Pascal lui-même, qui, tout en foulant aux pieds la raison dans sa mélancolie superbe, travaille toute sa vie à une démonstration de la Religion chrétienne; cette famille, qui compte aujourd'hui encore dans son sein quelques esprits élevés en Italie, en Allemagne, même en France, et qui vient de perdre une de ses plus chères espérances dans Ozanam, ami trop tôt enlevé, et dont j'aime à associer le nom à celui de mon père.

Mon père avait la foi, la foi qui est un don. Son éducation dans la retraite, au milieu d'une famille pieuse, l'y avait prédisposé; et puis, il y était porté naturellement par ce besoin impérieux de croire qu'il portait en toutes choses; il avait à un haut degré cette faculté qui incline les hommes à croire et qu'il appelait la crédibilité.

Il a remarqué que l'excès même de cette disposition vaut mieux que la disposition contraire. C'est elle qui le prévenait favorablement pour une vue, une théorie nouvelle dans les sciences, sauf à la rejeter, si l'examen des faits lui était contraire. Mais avant même cet examen, bien des savants sont disposés à rejeter ce qui leur est nouveau. Mon père avait une tendance exactement contraire; sa sympathie pour les travaux d'autrui était pour quelque chose dans cette généreuse tendance; elle ne l'empêchait pas d'y reconnaître l'erreur; mais il cherchait d'abord à y trouver la vérité. Avec une telle nature d'esprit, on peut penser que le doute lui était insupportable : « Le doute, a-t-il dit, est l'état le plus pénible pour l'intelligence, parce que Dieu a voulu que l'homme souffrît quand il s'écarte de la vérité, comme quand il s'écarte du devoir. » Selon lui, douter, c'était être en désaccord avec ce qu'il appelait la vérité objective; il disait :

« Ce qui est probable ou douteux, pour nous, êtres bornés, est vrai ou faux réellement..... Ce qui n'est que probable pour une intelligence finie est vrai ou faux........ ....… D'où il suit que tant que nous restons dans le doute, nous sommes sûrs de nous tromper ; car il y a erreur toutes les fois que ce que nous jugeons n'est pas tel que nous le jugeons ; et douter, c'est juger. »

Mon père croyait donc, d'abord, parce que Dieu l'avait voulu, puis parce que son éducation et la nature de son esprit le poussaient invinciblement vers la croyance. Il croyait, parce qu'il avait cette horreur du doute et cette soif de la certitude, qui lui a fait découvrir quelques-unes des lois de la nature et résoudre quelques-uns des plus grands problèmes de l'intelligence.

Je dois à sa mémoire de compléter ce que j'ai dit des applications qu'il a faites de ses idées métaphysiques à la morale et à la religion naturelle, par quelques mots sur l'emploi qu'il en faisait, non pour expliquer, mais pour exposer les mystères et fortifier la démonstration des dogmes, tels que les enseigne la théologie catholique.

Je me bornerai ici à transcrire exactement ce que j'ai sous les yeux et à citer fidèlement ce que je me rappelle de ses entretiens. Ce sujet, auguste en lui-même, m'est doublement sacré ; car il s'agit de la foi de mon père. Je dois m'effacer complétement et plus que jamais ; c'est mon père qu'on va entendre parler.

Tout, selon lui, aboutissait à la révélation ; j'ai transcrit quelque part cette phrase sublime : « A quoi sert le monde?

A donner des idées aux esprits. » Et ailleurs, car il aimait à revenir sur cette grande pensée : « Conclusion : la matière pour donner des pensées aux esprits, comme les esprits pour lui donner le mouvement. » J'ai trouvé aussi celle-ci : « Matière créée pour donner les idées nécessaires à l'intelligence de la révélation. » La première de ces phrases est la profession de foi du philosophe ; la seconde est la profession de foi du chrétien.

Il a dit encore : « Les pensées utiles sont celles qui peignent les attributs de Dieu ; elles restent, tandis que la douleur et le plaisir physique passent. L'utilité de ces derniers est de conduire l'attention sur les premiers, dont le but est de rendre la révélation intelligible. »

La philosophie, qui suffisait à ses yeux pour démontrer la certitude d'une autre vie, avec l'identité du moi et le souvenir, lui ouvrait des jours sur la condition des hommes dans le monde futur, conçu d'après les enseignements de la religion. Ainsi, il a écrit cette note : « Nécessité de la résurrection des corps pour donner de nouvelles idées. » Il a établi que le sentiment du moi, bien que, dans notre existence actuelle, il soit le produit de l'action de l'âme sur le cerveau, pouvait persister même en l'absence du cerveau. Mais dans sa théorie, on conçoit difficilement comment l'âme, si elle n'agissait sur rien, pourrait avoir le sentiment qui naît de son activité et la lui révèle. Le dogme chrétien de la résurrection des corps le tirait à cet égard de tout embarras, et je lui ai entendu citer à ce sujet le mot de saint Paul « sur les corps glorieux que doivent revêtir les élus. » Non-seulement le moi de l'homme après la mort avait attiré son attention ; mais elle s'était portée jusque sur le moi des anges, comme le prouve cette ligne écrite, je crois, à l'occasion d'un verset de l'Apocalypse : « L'ange regardant le soleil, c'est l'ange modifié à la fois en moi et en représentation du soleil. »

A propos des bienheureux, je trouve ces paroles : « Le mouvement n'est pas dans l'espace, mais dans **le change- ment** de la pensée; le repos est dans la même pensée, fixée sur les bienheureux. »

Dante, le grand poëte catholique, a bien osé exprimer dans sa sublime poésie les plus hauts mystères. Le grand philosophe catholique dont j'expose les pensées, avait aussi le droit de chercher à les traduire dans son langage, non pour que leur champ cessât d'être insondable et incompré- hensible, mais pour rendre leur énonciation plus intelli- gible et plus précise; ce qui a toujours été permis et prati- qué dans l'Église.

Ainsi, le mystère de la Trinité divine ne cessera pas d'être un mystère, parce que le langage philosophique achèvera de rendre impossible qu'on prenne un mystère pour une absurdité, et qu'on dise que la théologie, quand elle s'exprime ainsi : « Une substance unique en trois per- sonnes, » dit que un égale trois, comme si une substance était la même chose qu'une personne. Tous les théologiens ont indiqué la différence; mais elle ne peut être nulle part plus marquée qu'en parlant du système métaphysique de mon père. Or, la substance de l'âme et sa personnalité, notre propre personne, ces deux choses si souvent confon- dues par les plus grands philosophes, sont ici énergique- ment distinguées. Le mystère consiste en ce qu'une seule substance s'aperçoive et se manifeste dans trois person- nes; c'était un mystère sans doute pour mon père; mais, moins pour lui que pour personne, ce mystère était une contradiction.

Il en est de même de l'unité de personne dans le Christ

avec deux natures et deux volontés; tout ce qui est incompréhensible n'est point contradictoire, surtout quand on a, comme l'avait fait mon père, séparé le sentiment du moi, qui est la personne, de ce qui n'est pas elle, comme la nature et même la volonté.

Cette même distinction entre la substance de l'âme et le moi subjectif, qui n'est que le sentiment qu'elle a de sa personnalité, rend moins incompréhensible l'opération de la grâce. Le moi subjectif, l'émesthèse de mon père, est ce qui, pour lui, peut se sentir libre et phénoménalement être libre; la substance de l'âme peut être soumise à son insu à une action de la puissance divine.

« Le moi est libre, absolu psychologique; ce qui n'empêche pas qu'il n'y ait opération objective de Dieu sur la substance de l'âme à notre insu, comme on le conçoit dans le baptême, souillure non sue, effacée par cette opération, sans qu'on le sache. »

On voit par ces exemples comment mon père, dont la philosophie ne fit jamais usage que de l'observation et du raisonnement, après en avoir établi l'ensemble sur une base positive et rationnelle, sans aucune intervention de quelque chose qui ne fût pas la libre recherche du vrai, conciliait cette philosophie, où régnait une entière indépendance de pensée, et ses convictions religieuses, qui n'en étaient point la base ni une condition essentielle, mais qui en formaient le couronnement.

La probabilité, dont Pascal fit un si singulier et si téméraire usage, le jour où il voulut forcer l'incrédule à croire, en lui disant qu'il avait ainsi tout à gagner, comme si la foi devait être le coup de dé d'un joueur désespéré, la probabilité fut employée par mon père pour démontrer les preuves des témoignages sur lesquels s'appuie le Christianisme. A ceux qui voulaient juger de la vraisemblance de son origine miraculeuse par les conditions ordinaires de la probabilité, mon père opposait cette réserve que j'ai indiquée contre les résultats du jugement de probabilité, et qui naît de l'intervention de la liberté divine.

Hors de l'intuition des rapports évidents et nécessaires, mon père ne voyait que des probabilités. Tout ce qu'il admettait en philosophie avec la conviction la plus assurée, l'existence du corps, de l'âme, du temps et de l'espace réels, de Dieu, le mouvement des astres dans les orbites, selon les lois de Képler et le principe de Newton, tout cela reposait pour lui sur une probabilité, la probabilité d'une hypothèse justifiée par les faits. Cette probabilité était une certitude, la seule certitude, dans tout ce qui n'est pas d'intuition immédiate, qu'il fût, selon lui, possible à l'homme d'acquérir; il disait qu'une probabilité infinie était la certitude pour des êtres finis, et que la certitude n'est pas une chose infinie.

C'était ainsi que, mettant toujours de côté ce quelque chose d'insondable qui est la foi, sa croyance religieuse, fondée elle-même sur des témoignages qui lui donnaient une probabilité infinie, équivalant à une certitude, reposait sur les bases qui étaient à ses yeux les bases de toute certitude scientifique et philosophique; ce qui était beaucoup; car les sciences et la philosophie comme manifestation de la vérité, étaient pour lui, à un moindre degré sans doute que le Christianisme, mais beaucoup plus réellement que pour la plupart des hommes, une véritable religion. Se mettant en esprit à la place de ceux qui n'admettent pas une origine surhumaine des conceptions religieuses, il écrivait ces remarquables paroles, les dernières que je citerai :

« Pour celui même qui en rejette l'origine céleste, c'est la plus sublime hypothèse, la seule qui rende raison des phénomènes naturels et miraculeux que nous atteste l'histoire, et des phénomènes moraux de la grandeur et de la bassesse de l'homme. La création considérée comme l'origine du monde est aussi une hypothèse, formée par le transport de l'idée de faire, des accidents aux substances. Cette hypothèse est seule possible. »

Je terminerai ce qui concerne les croyances religieuses de mon père par cette préface, déjà très-ancienne, d'un ouvrage que malheureusement il n'a pas écrit :

« Si l'homme accoutumé, par l'étude des sciences abstraites, au sentiment de l'évidence vient à replier son intelligence sur elle-même, il voit s'évanouir toutes ses opinions, tous les motifs de ses actions, et cherchant en vain, dans cet océan de doutes, la démonstration de tout ce qu'il a cru et voulu jusqu'alors, il tombe dans un état trop pénible pour pouvoir durer. Il faut qu'il prenne un parti, qu'il forme un système, qu'il devienne dogmatique, pyrrhonien, religieux ou athée ; il n'importe à son esprit. Il s'enorgueillit de s'être fait, sur tout ce qui se rapporte à la méthode, des idées bien éloignées de celles du vulgaire ; mais en sont-elles plus justes ? L'amour-propre l'empêche d'en douter ; mais l'amour-propre n'est pas un juge infaillible. J'ose croire, au contraire, que plus il a de diversité avec le vulgaire, moins il a de vérité. Nous sommes organisés de manière que nos sensations et les jugements que nous portons sur elles, nous donnent, d'une vraie manière,

toutes les notions métaphysiques et mathématiques nécessaires à la conservation personnelle et à celle de l'espèce.
Elles sont vraies ; mais c'est un instinct irréfléchi qui
nous y conduit ; dès que le raisonneur l'a perdu, il voit
tout s'évanouir, et il faut le chef-d'œuvre de la raison
pour y revenir. »

PHILOSOPHIE

DE

ANDRÉ-MARIE AMPÈRE

LE PHYSICIEN

—

LETTRES A M. DE BIRAN — FRAGMENTS

LETTRES A M. DE BIRAN

LETTRE A M. DE BIRAN

SUR LE SENTIMENT DU MOI

Poleymieux, près de Lyon, le 14 octobre 1805.

MONSIEUR,

Depuis près d'un mois que je passe mon temps en partie ici, et en partie à Lyon, plus occupé de mathématiques et d'affaires particulières que de toute autre chose, je me proposais tous les jours de vous écrire, et je n'exécutais pas cette résolution, faute de temps et de résultats métaphysiques dont j'eusse à vous faire part. J'attendais toujours d'en avoir quelques-uns qui valussent la peine de vous être communiqués ; je me détermine enfin à vous écrire ; sans cela, un plus long silence me pèse trop. Je voudrais d'abord savoir de vos nouvelles, où vous en êtes de votre ouvrage, et quels changements ont été produits dans votre théorie par les réflexions qui ont dû suivre la conviction où

13

je vous ai laissé qu'un certain nombre d'impressions distinctes et associées, et la connaissance que l'homme a de ses membres et de leur mobilité, devaient nécessairement précéder la volonté de mouvoir, et par conséquent la naissance de ce que vous nommez le sentiment du Moi. Je m'en suis beaucoup occupé, et j'ai discuté cette question avec deux Lyonnais, qui se sont aussi beaucoup occupés de métaphysique. Chacun de nous voyait d'abord la chose sous un point de vue différent; mais la discussion a produit des idées si précises que nous avons fini par être tous d'accord :

1° Que la distinction et l'association des impressions par juxtaposition, résultat immédiat de l'organisation étendue de l'œil et de l'organe du tact, étaient absolument indépendantes du mouvement volontaire, et devaient nécessairement le précéder, puisque la volonté même ne peut naître que de cette connaissance;

2° Que l'impression faite sur le cerveau lorsque l'âme imprime aux nerfs la détermination nécessaire pour le mouvement volontaire, se plaçait hors de ces impressions, par la même raison qui les avait déjà placées les unes hors des autres;

3° Que cette dernière impression, bien distincte de celle de la contraction musculaire apportée par les nerfs du membre et dont elle est la cause, se retrouvant dans toutes nos actions qu'on nous apprend à exprimer par des phrases qui commencent par Je ou Moi, s'associe nécessairement à ce mot, et constitue ainsi un Moi qu'on peut appeler phénoménal, hors duquel se trouvent, d'après sa génération même, nos diverses impressions;

4° Mais de même que nous ne connaissons que par nos impressions le monde phénoménal où les couleurs sont sur les objets, où le soleil a un pied de diamètre, où la terre est

plate et immobile, où les planètes rétrogradent, etc., les
physiciens et les astronomes conçoivent un monde nouménal hypothétique, où les couleurs sont des sensations excitées dans l'être sentant par certains rayons et qui n'existent qu'en cet être ; où le soleil a 307,000 lieues de
diamètre; où la terre est un sphéroïde aplati qui tourne
autour de lui; où les planètes se meuvent toujours dans le
même sens, etc. De même, les métaphysiciens conçoivent
un Moi nouménal, dont le Moi phénoménal n'est, ainsi que
toutes nos impressions ou idées, qu'une simple modification, en sorte que le vulgaire et les Cartésiens ont également raison de placer les uns les couleurs hors du Moi,
les autres au-dedans, parce qu'ils parlent de deux choses
différentes qu'ils nomment également Moi : les Cartésiens,
du Moi nouménal, où les couleurs sont réellement; le vulgaire du Moi phénoménal, hors duquel elles sont précisément comme elles sont les unes hors des autres ;

5° Ce Moi nouménal ne peut être connu, comme le monde
des physiciens et des astronomes, que par les hypothèses
que nous faisons pour expliquer les phénomènes du monde
apparent et de notre propre pensée. Mais son existence est
par là même prouvée de la même manière que celle des
autres substances; et c'est cette existence, base de l'espérance de l'autre vie, qu'il faut chercher à mettre hors de
doute; car pour le sentiment que je viens d'appeler Moi
phénoménal, il n'a lieu que lors d'une action sur un terme
organique; il disparaît dans le sommeil et ne peut par
conséquent conduire à aucune conséquence utile à la
morale.

J'ai fait aussi de nouvelles réflexions sur ce vice de raisonnement dans lequel les métaphysiciens sont si sujets à
tomber, lorsqu'une sensation est liée avec une idée abs-

traite. Depuis les époques de notre enfance dont·nous ne nous ressouvenons plus, on est porté à attribuer faussement cette idée abstraite à cette sensation. Ainsi l'idée du déplacement d'un membre est liée à la sensation musculaire, dont M. de Tracy a tant parlé ; mais si l'on n'avait pas perçu ce déplacement dans l'étendue perçue par un autre organe, on aurait eu beau sentir et produire à volonté cette sensation, on n'en aurait jamais tiré l'idée de déplacement, qui n'y est associée que par une longue habitude de les percevoir ensemble. De même, la véritable idée de résistance est celle d'une cause qui s'oppose au mouvement ; elle suppose la connaissance de l'étendue et du déplacement, et qu'on ait vu que ce déplacement continuerait si le mobile ne rencontrait pas un autre corps. On a pris l'idée de cause en soi pour l'associer dans ce cas ; et d'après cette hypothèse, on a dit qu'il résistait. Cette idée de la résistance s'est unie par une longue habitude à la sensation de pression que nous éprouvons, en appuyant sur les corps qui résistent à nos mouvements. Mais, dans cette dernière sensation, il n'y a rien originellement qui ait le moindre rapport avec l'idée abstraite de résistance ; la liaison entre cette sensation et cette idée vient uniquement de ce que les mêmes corps qui empêchaient le déplacement de nos membres, nous faisaient éprouver la première.

J'espérais vous écrire plus au long ; mais je suis forcé de vous quitter. J'attends de vos nouvelles avec une vive impatience, et je vous prie d'agréer l'hommage de ma haute estime et de ma vive amitié.

A. AMPÈRE.

Lyon, le 2 novembre 1805.

Vous avez sans doute été surpris, monsieur et cher ami, de n'avoir point encore reçu de réponse à la lettre que vous m'avez fait l'honneur de m'écrire. Un petit voyage que j'ai fait dans.le Forez, le jour même où je l'avais reçue, et dont je ne suis revenu que ce matin, en est la cause.

Je l'ai lue deux fois avec la plus grande attention ; j'ai discuté une partie des réflexions qui y sont contenues avéc deux hommes que je regarde comme assez forts en métaphysique. L'un d'eux, génevois et grand partisan de Kant, qu'il ne suit pas pourtant en tout (Roux), est celui dont les idées se rapprochent le plus des vôtres ; et d'après cette discussion et ce que vous me dites dans votre lettre, je vois qu'il n'y a plus entre nous que des questions de mots. Nous sommes d'accord, à ce qu'il me semble :

1° Que divers mouvements, tels que ceux qui ont lieu lors de la sensation, pourraient s'exécuter dans les organes sensitifs ou le cerveau, sans que l'âme en fût nullement modifiée ; mais alors, ce serait pour elle absolument comme s'ils n'avaient pas lieu ;

2° Que l'âme sans avoir agi, ni avoir, par conséquent, en aucune sorte, le sentiment du Moi, est modifiée par ces mouvements, en affections et en images distinctes et coordonnées ;

3° Que ces affections, et plus encore les images, sont l'occasion pour l'âme d'agir volontairement, et de sentir ce que j'appelle le Moi phénoménal. C'est là une impression bien différente de toutes les autres, en ce qu'elle est la seule immédiatement produite par la volonté. Cette impression se place hors des images déjà existantes, comme celles-ci se sont placées les unes hors des autres; et ce n'est qu'en considérant les choses de cette manière que l'on peut expliquer comment, toutes nos impressions existant réellement dans le Moi nouménal, ou dans l'âme qui n'est connue que par une hypothèse explicative, il arrive que toutes nos impressions sont placées hors du Moi phénoménal. Il me paraît que vous aviez d'abord confondu les deux premiers des trois états que je viens de décrire, et que c'est pour cela qu'il vous arrive encore souvent de faire abstraction du second, celui où l'âme éprouve des affections et des images sans sentir d'effort, parce qu'elle n'en exerce pas encore.

Or, il me semble évident qu'il est contradictoire que l'âme arrive au troisième état sans passer par le second, qui est composé des circonstances intellectuelles préalablement nécessaires à l'exercice de la volonté, et par conséquent à la conscience. Je crois donc que vous devez mettre tous vos soins à signaler ce second état, qui est celui de l'entendement des animaux, et à le distinguer avec autant de soin du premier état que du troisième.

N'est-ce pas maintenant une question de mots de savoir si l'on doit appeler connaissance ce second état, le premier où l'âme soit modifiée? Cela ne dépend-il pas uniquement de la définition qu'on donnera de ce mot connaissance?

M. Roux, ce génevois dont je viens de vous parler, est à cet égard de votre avis; il dit qu'il se passe un si grand changement dans l'âme à l'instant de la naissance du Moi phénoménal, et que cela l'élève tant dans l'échelle de l'intelligence, que l'on doit n'appeler nos modifications connaissances qu'à dater de cette époque. Mais il pense comme moi qu'il est indispensable de fixer avec le plus grand soin les circonstances intellectuelles qui la précèdent; ces circonstances sont aussi importantes au moins, et aussi nécessaires pour la production du sentiment d'effort, que les circonstances organiques, les seules que vous eussiez d'abord considérées.

La nécessité où vous êtes, si vous voulez ne pas continuer à faire sortir ce sentiment de pures circonstances organiques qui sont évidemment insuffisantes, de parler de l'état de l'âme où, avant le Moi, elle se trouve identifiée avec des affections ou des images, exige que vous disiez que, dans ce cas, ces images sont aperçues par l'âme, quoique, n'ayant pas de Moi, elle ne sache pas elle-même qu'elle les aperçoit. Sans cela, vous confondrez cet état avec celui où l'âme ne serait nullement modifiée par les mouvements cérébraux, et vous retomberiez dans le cercle vicieux où vous vous étiez placé dans votre premier mémoire.

M. Roux, qui admet comme vous qu'avant le Moi, les images ne sont pas des connaissances, n'a pas voulu me croire quand je lui ai dit que vous répugniez à dire que ces images étaient, avant le Moi, aperçues par l'âme. Tous ceux que j'ai consultés à cet égard, comme si c'était moi qui avais là-dessus quelques difficultés, ont tous pensé que dans le sens donné universellement au mot Apercevoir, l'âme aperçoit les images qui lui sont présentes, avant qu'elle aperçoive en outre son Moi. Il y a donc des choses aperçues par l'âme sans l'être par le Moi. Il est évident que, dans le même cas, on doit dire que l'âme exerce la faculté de sentir, quoiqu'elle ne puisse pas savoir qu'elle l'exerce, parce que le Moi ne peut naître que par l'exercice d'une autre de ses facultés, celle de vouloir.

Vous me dites que l'idée du Moi ne diffère pas de celle de causalité. N'auriez-vous pas confondu ces deux mots cause et causalité? Le Moi est senti comme cause; la causalité n'est que le rapport de dépendance aperçu entre les deux termes auxquels nous donnons, en vertu de cette dépendance, les noms de cause et d'effet; l'effort est donc la cause, et non la causalité.

La permanence du Moi n'exige pas un effort permanent senti; il suffirait que cette impression laissât un souvenir, que l'habitude de l'éprouver souvent rendrait extrêmement familier. Cela m'expliquerait comment il arrive que je perds le Moi toutes les fois que je dors.

A. AMPÈRE.

LETTRE A M. MAINE DE BIRAN

SUR LE PHÉNOMÈNE DE L'EFFORT

De la même époque probablement.

. . . .

Il n'y a donc plus qu'un point où nous différons essentiellement en métaphysique, et le voici.

Vous confondez le sentiment de l'effort et la sensation

musculaire; pour moi, ce sont deux choses absolument différentes. Quand je meus mon bras, je rapporte la sensation musculaire au bras, comme une douleur de dents à la mâchoire; je sens l'effort dans le cerveau, et je le rapporte, comme les hommes qui ne savent pas ce que c'est que le cerveau, à l'intérieur de la tête. C'est cette impression toute intérieure et purement cérébrale, ou si vous voulez réfléchie, produite par le mouvement excité dans le fluide nerveux par la force hyper-organique[1] et non par le nerf brachial, qui constitue le Moi. Qui jamais s'est avisé de placer son Moi, son être voulant dans le membre qu'il meut actuellement, et auquel il rapporte la sensation musculaire? Cette impression produite sur le cerveau par l'action immédiate de l'âme, permanente pour nous dans l'état de veille, devient si familière qu'on l'aperçoit à peine quand on y fait peu d'attention. Mais au moindre retour sur moi-même, je la sens très-distincte de toutes les impressions qui viennent, de même que la sensation musculaire, des organes par l'entremise des nerfs. Au lieu d'être, comme elle, excitée par la force interne agissant sur le cerveau, la sensation musculaire, qui vient au cerveau par le nerf brachial, est à cet égard dans le même cas que toutes les autres. Comme elle est nécessairement rapportée hors de l'effort, par cela même qu'elle vient par un nerf et qu'elle est, par ce nerf, transmise d'un autre organe au cerveau, cette sensation musculaire serait éprouvée sans le Moi, par un enfant dont on secouerait le bras avant qu'il eût agi. En quoi la sensation musculaire est-elle donc remarquable? En ce que, lorsqu'ensuite on vient à agir volontairement, on sent à la fois l'impression

---

[1] La force supérieure aux organes, l'âme.

d'effort qu'on excite immédiatement dans le cerveau, et cette sensation hors de l'effort, et qu'en même temps que ces deux impressions sont présentes l'une hors de l'autre, on aperçoit entr'elles le rapport de causalité, qui constitue le premier terme, l'impression d'effort, cause, et le second terme, l'impression musculaire, reportée par le nerf brachial au cerveau, effet. De là notre idée qu'une chose est cause d'une autre. La causalité est ce rapport aperçu entre les deux termes que nous nommons cause et effet; et un rapport ne peut être aperçu qu'entre deux termes présents, l'un hors de l'autre, à l'entendement.

Quand l'effort a pour but d'augmenter un mouvement cérébral, ce qui est le cas de ce qu'on nomme attention, il n'est plus hors de son effet; car ce sont deux impressions sur le même point du cerveau, l'une venant par le nerf, l'autre produite par la force hyper-organique.

Suivant la loi générale, ces deux impressions doivent se confondre en une seule. C'est ce qui m'arrive constamment; je ne sens pas plus mon Moi distinct, quand je fixe mon attention sur une conception quelconque, que dans les autres efforts que j'exerce sur le système musculaire. Plus je concentre ainsi mon attention, plus je perds mon *Moi*; c'est là un fait que j'ai vérifié nombre de fois depuis vous. Il faut l'expliquer dans toute autre théorie; mais dans la mienne, c'est une conséquence nécessaire de la loi universelle de la distinction des impressions faites sur des points différents du cerveau, tellement que, s'il n'en était pas ainsi, ce serait cette unique exception qui me paraîtrait bien difficile à expliquer.

Vous ne pouvez plus dès lors me demander si, quand un autre homme contrarie mon effort, j'ai la perception immédiate d'une force étrangère à la mienne. C'est me demander si, outre la sensation musculaire qui résulte du mouvement qu'il imprime à mon bras, je sens, hors de cette sensation, l'impression de son âme sur son cerveau, impression que lui seul peut percevoir. Mais comme, quand je me donne des sensations musculaires, je sens, hors de ces sensations et dans mon cerveau, un effort que je reconnais pour la cause de ces sensations, et que je ne sens rien de pareil quand un autre homme, que d'ailleurs je ne vois ni ne touche de l'autre main, meut un de mes membres, je suis porté naturellement à hypothétiser à la fois, et un effort analogue au mien, hors du mien, et des sensations musculaires que cet homme me fait éprouver, et un rapport de causalité entre cet effort hypothétique et ces sensations musculaires.

Vous voyez aussi d'après cela que je rejette d'avance toute la théorie de M. Engel, sans l'avoir lue. Je vois par ce que vous m'en dites qu'il prend l'idée de cause dans la sensation musculaire portée au cerveau par les nerfs, et non dans cette autre perception, ou, si vous voulez, aperception, de l'action immédiate de l'âme sur le cerveau, et de la modification ou mouvement qu'elle y produit.

Si celle-ci n'est éprouvée d'abord que quand il y a mouvement volontaire, c'est que l'enfant n'agit jamais sur son cerveau, simplement pour agir sur lui, mais toujours pour transmettre cette action au membre qu'il veut mouvoir. Actuellement nous exerçons et sentons cet effort, même dans le repos, pourvu que nous soyions éveillés.

Voilà, mon cher ami, des idées que je vous soumets, quoique mes réflexions à cet égard ne me laissent plus de doute. Ayez bien soin de votre santé ; cherchez des distractions à vos peines dans la métaphysique ; rien n'est plus nuisible que de s'abandonner à sa douleur, et je

crois éprouver d'ici toute celle que vous devez ressentir.
Je vous embrasse de toute mon âme, et ferai vos commissions pour nos amis les métaphysiciens, dès que je pourrai sortir. J'attends la lettre que vous me promettez avec la plus vive impatience.

A. AMPÈRE.

SUR LA SENSATION ET LE MOI COMBINÉS

Revenons maintenant à notre science chérie. C'est le défaut de langage qui la tue; je n'insisterai plus sur certains mots; qu'importe cela à la vérité? Mais je vous ferai cependant observer que je n'avais cité le dictionnaire de l'Académie, au sujet du mot spontané, que pour confirmer le seul emploi de ce mot qui soit conforme à l'étymologie. Il est bien singulier qu'on l'ait violé au point de faire de ce mot un usage qui lui est directement opposé. Spontané en latin veut dire librement, volontairement, *spontaneus*, volontaire, etc.

J'ai beau relire votre grande lettre, j'y vois toujours que vous nommez perception l'union de l'autopsie [1] avec l'in-

---

[1] L'*autopsie* est le sentiment du moi, que mon père nomma depuis *émesthèse*.

tuition ; que, dans ce phénomène composé, l'intuition qui
en fait partie est nécessairement telle qu'elle était avant le
Moi ; qu'ainsi, dans la perception d'une couleur, par exemple, il y a la couleur telle qu'elle aurait été perçue avant le
Moi ; plus, l'autopsie de ce Moi lui-même ; qu'il y a telle
intuition qu'on ne peut avoir qu'après le Moi, et qui n'est
pas pour cela d'une nature différente que celles qu'on peut
avoir auparavant. Dès lors, je reste dans l'ignorance de la
distinction que vous voulez conserver dans le langage. Je
dirai toujours : Tout mouvement excité dans les organes et
senti par l'être sentant produit une intuition ou sensation,
comme vous voudrez, soit que ce mouvement soit excité
avant et indépendamment de l'action hyper-organique[1], soit
que cette action y concoure.

Dans le premier cas, il n'y a que cette intuition ; dans le
second, il a en outre autopsie. L'union de cette autopsie
avec l'intuition est pour l'autopsie ce qu'est la contuition
pour des intuitions simultanées. Cette union de l'autopsie
avec une sensation ou intuition, de même qu'avec tout autre
phénomène, car l'autopsie s'unit à tous, est ce que je
nomme cognition ; voyez si ce mot ne peut pas vous suffire,
au lieu de perception.

Je dirai : cognition d'intuition, cognition d'affection,
cognition d'image, etc., pour désigner cette union, toujours
la même au fond, de l'autopsie avec une intuition, une

---

[1] L'action hyper-organique, c'est le mouvement imprimé par l'âme à l'organisation, d'où résulte pour elle le sentiment de la personnalité du moi.
L'intuition ou sensation précède cette action ; et alors elle est seule, ou elle
la suit ; alors il y a l'autopsie (vue du moi) et la sensation, et de plus, l'union
de l'autopsie et de la sensation. Ceci est ce que mon père nomme cognition.
C'est par cette union du sentiment du moi avec une intuition, une affection
ou une image, que nous savons que nous avons actuellement telle intuition
ou telle affection, telle image ; alors seulement nous avons conscience de ce
que nous sentons.

affection, une image, etc., par laquelle nous savons, nous
apercevons que nous avons actuellement telle intuition,
telle affection, telle image, etc. Ceci me paraît tout semblable à ce que vous me proposiez dans une de vos précédentes lettres, de distinguer des perceptions d'intuition,
des perceptions d'affection, etc. Ce ne sera que le mot de
perception changé en celui de cognition; et il en résultera
cet avantage, outre la définition plus exacte du sens attaché
à ce mot, que le mot perception ayant été tellement employé
en divers sens, et spécialement dans un assez grand nombre
d'ouvrages pour désigner la sensation non affective, il y
aurait toujours eu à craindre que le lecteur s'y trompât, au
lieu que le mot Cognition, encore vierge, si l'on peut dire
ainsi, n'est pas exposé au même inconvénient.

Lorsque l'autopsie s'est jointe ainsi à une autre modification, la trace qui reste après elle, et qui est la vue de
notre Moi passé, comme l'autopsie est la vue de notre Moi
actuel, et que je nomme comme tout le monde réminiscence [1], se reproduit en union avec la trace de cette autre
modification. Ce n'est que par cette union que nous pouvons dire : « J'ai éprouvé cette modification, » comme ce
n'est que par l'union de l'autopsie avec la modification
actuelle que nous pouvons dire que nous l'éprouvons. Cette
union constitue ce que je nomme un souvenir, phénomène
qui reste après la cognition comme sa trace....

A. AMPÈRE.

[1] La réminiscence est la trace que laisse l'autopsie (vue du moi actuel); elle
est la vue de notre passé se reproduisant en nous avec une modification sensitive; elle produit le souvenir de cette modification.

SYSTÈME ACTIF ET SYSTÈME SENSITIF

Tout ce que vous me dites de la génération du Moi et des circonstances qui l'accompagnent est tellement conforme à ma manière de voir actuelle, que je vous dois[1], qu'il n'y a pas une syllabe que j'en voulusse retrancher; nous voilà sur ce point parfaitement et entièrement d'accord[2]. Le système sensitif, tant qu'il n'y a pas eu d'effort, ne peut donner que des sensations ou intuitions, et les images qu'elles laissent après elles pour éléments uniques de tout ce qu'il y a de représentatif dans ce système. Ces images sont des modifications actuelles sans réminiscence, sans succession, comme pour l'animal, qui les éprouve successivement, chaque instant étant anéanti pour lui par l'instant suivant. Lorsqu'il y a effort, la conscience de l'effort ou l'autopsie, c'est pour moi la même chose, fournit un nouvel élément absolument différent de tous les autres, qui s'aperçoit distinctement d'eux, mais en combinaison avec eux[3]. Tous les autres éléments se coordonnent autour de ce centre commun ; les effets produits par l'effort se coordonnent avec

---

[1] Il faudrait examiner si cela porte sur le fond de la doctrine du moi; je ne le pense pas.

[2] Avant que le moi se soit manifesté dans l'effort, il n'y a que des sensations et des images, modification alors purement passive; il ne peut y avoir réminiscence, parce qu'il n'y a pas encore d'activité.

[3] L'autopsie (vue de soi-même) est l'acte par lequel on découvre l'émesthèse, le moi subjectif, le moi phénoménal entièrement distinct du moi objectif, du moi substance, c'est-à-dire de l'âme, qui est à l'émesthèse ce que la matière est à la sensation. Mon père assimile ailleurs l'autopsie à la réflexion de Locke.

lui par causalité ; les affections simultanées, par attribution
personnelle ou subjective [1]. Les intuitions sont en même
temps attribuées à des causes extérieures. De plus, cette
conscience de l'effort ou autopsie laisse une trace, l'idée du
passé ou réminiscence, qui seule peut établir la notion de
succession aperçue et reconnue par l'être modifié. Chaque
image d'une modification précédente, lorsque celle-ci a été
unie à l'autopsie, se trouve unie à la réminiscence, suivant
-la règle générale que deux phénomènes qui ont été coordonnés entre eux, laissent des traces coordonnées entre
elles. C'est cette union d'une image ou idée quelconque
avec la réminiscence qui constitue un souvenir.

A l'exception de la coordination par juxtaposition super-
ficielle [2], qui a eu lieu dans le système sensitif, pour les impressions du tact, de la vue et peut-être du goût dans certains cas, toutes les coordinations de causalité, de succession,
d'attribution, de lieu dans l'espace à trois dimensions, etc.,
sont uniquement dues à l'autopsie. Mais pour se faire ensuite une idée à part de ces diverses relations, raisonner
sur elles, etc., il faut des actes de synthétopsie, apparte-
nant au quatrième et dernier système de l'entendement.
Dans toutes ces coordinations avant la synthétopsie, qui
met à part le Moi et la causalité, il y a Moi distinct, causalité distincte. Mais tout cela combiné avec d'autres éléments, comme, pour me servir d'une comparaison sensible
quoique peu exacte, chaque couleur est distincte dans le
spectre coloré, quoique coordonnée avec les autres de manière à former un seul tout.

---

[1] Tableau des phénomènes que produit en se développant l'activité du moi.

[2] C'est la juxtaposition dans laquelle nous sont données les impressions
produites en nous par la résistance des objets matériels existant hors de
nous.

« J'ai levé le bras[1], » c'est aussi, avant la synthétopsie
dont nous parlions tout à l'heure, un seul tout composé : de
la conscience ou autopsie de l'effort; de la sensation ou intuition, de la contraction musculaire dans le bras, de la vue
de son déplacement, etc., et du rapport de causalité perçu
entre l'effort et l'intuition musculaire et hypothétisée, entre
cette intuition ou sensation et le déplacement extérieur du
bras. Tous ces éléments sont distincts, sans quoi on ne
pourrait pas dire : « J'ai levé le bras; » mais ils sont coordonnés en un groupe, dont ils ne peuvent être abstraits que
par un acte synthétoptique.

Je ne sais si vous concevrez tout cet amas indigeste que
j'ai écrit, à diverses reprises, avec une rage de dents.

Venez, venez donc à Paris avant que j'en parte pour ma
tournée, sans quoi je ne pourrai connaître votre manuscrit
ni vous faire aucune observation avant l'impression.

Quant à l'état de mon âme, il est à peu près le même,
mais moins insupportable : j'ai éprouvé quelque satisfaction
à des recherches de psychologie et de mathématiques; mais
le fond de mon existence n'a pas changé[2].

---

[1] Quand je lève le bras, j'éprouve dans ce bras une sensation d'un genre
particulier, la sensation musculaire, qui, à la différence des autres sensations
n'est point produite par des sensations extérieures, mais par l'effort que j'ai
la conscience d'avoir produit. C'est cet effet dont j'ai conscience comme produisant la sensation musculaire qui me donne le sentiment de ma personnalité, se manifestant à elle-même dans l'effort qu'elle déploie. C'est le rapport de cet effet produit par moi, et dont j'ai la conscience qui me donne
l'idée de la causalité, c'est-à-dire d'un rapport de cause à effet, qui ne peut
venir du dehors; car au dehors il n'y a que des phénomènes qui se succèdent
et non qui se produisent les uns les autres, avant que j'aie transporté au
dehors et établi entre les phénomènes extérieurs ce rapport de cause à effet,
aperçu d'abord dans ma conscience, entre l'effort que je produis et la sensation
musculaire qui en résulte.

[2] Ce passage peut servir à dater approximativement cette lettre. Il semble
qu'elle répond à une époque où M. Ampère, répétiteur d'analyse à l'École polytechnique depuis vendémiaire 1805, était encore dans la douleur profonde que
lui avait causée, deux ans auparavant, la mort de sa femme. (*Note de l'éditeur.*)

14

Adieu, mon cher ami, l'amitié que vous me témoignez
est peut-être le plus grand consolateur de ma vie ; si vous
étiez ici, je vous verrais sans cesse et nous élèverions enfin
l'édifice de la science, dont nous avons reconnu les mêmes
bases.

Je vous embrasse de tout mon cœur.

A. AMPÈRE.

LETTRE A M. DE BIRAN

11 novembre 1807.

PREMIER SYSTÈME

. . . .
Phénomènes produits indépendamment du Moi par des
impressions sur les organes externes ou internes ; car je
ne crois pas qu'avant le Moi il y ait aucune distinction à
faire entre ces deux sortes de modifications. Qu'importe
alors qu'elles soient produites par des rayons introduits
dans l'œil, par la faim ou par la colique?

Prenons l'œil pour exemple. Des rayons verts, jaunes et
rouges tombent sur des points différents de la rétine, placés
dans cet ordre. Il y a :

1° Trois intuitions distinctes, dans lesquelles l'existence

absolue est confondue, bien loin qu'elle puisse être mise
au dehors; il y a vert, jaune, rouge dans le cerveau, voilà
tout. J'entends par existence absolue celle que nous admettons, par hypothèse explicative, dans le cerveau, l'âme, les
organes, avant qu'elle soit connue de l'être pensant, tandis
qu'il n'existe que comme substance qui saura un jour
qu'elle existe, mais qui ne le sait point encore.

2° Un ordre entre ces intuitions que j'appelle contuition,
du latin *contuitus*, et qui est tellement un phénomène à
part, faisant partie de la modification qui résulte de l'admission de ces rayons colorés dans l'œil, que, si le rouge
tombait entre le jaune et le vert, cette modification totale
serait différente, quoique composée des trois mêmes intuitions.

3° Un autre phénomène, provenant également de cette
admission des rayons dans l'œil, est le plaisir ou la douleur
qui en résulte; c'est ce que j'appelle affection.

4° Les affections ne sont point, comme les intuitions, susceptibles de se coordonner en groupes d'affections distinctes et simultanées; au contraire, c'est ce groupe d'intuitions qui ordinairement est agréable ou pénible, ou une
seule des intuitions. Mais de même que l'état de l'organisation, à l'instant des intuitions, détermine leur contuition,
l'affection détermine un autre phénomène, la réaction, ou
effort instinctif.

J'efface cette seconde dénomination, parce que je répugne
à employer le mot Effort. Dans ce cas, l'attention donnée
instinctivement aux impressions plus vives ou plus agréables est une réaction; d'autres réactions se propagent dans
le système musculaire en cris, en mouvements instinctifs.

Voici donc les quatre phénomènes de mon premier système, qui peuvent tous se trouver dans une seule modifica-

tion, comme une seule émission de voix présente une voix, une articulation, un ton, un timbre, etc. Vous devez vous rappeler cette vieille comparaison.

Intuition, contuition, affection, réaction ; une modification d'impression peut les présenter toutes quatre, ou seulement deux ou trois. Il n'y a point de contuition, si elle ne donne qu'une intuition unique, comme un seul rayon entrant dans l'œil, ou plusieurs tombant sur le même point de la rétine, il n'y a point d'affection, si l'impression est indifférente, etc.

DEUXIÈME SYSTÈME

Les causes modifiantes venant à cesser, le cerveau, en vertu des déterminations qu'il en a reçues, conserve ou reproduit des phénomènes analogues qui composent ce système, savoir :

1° Les images des intuitions, simples intuitions plus faibles, et différant des premières, comme la pensée du rouge de la sensation du rouge, sans réminiscence, ni attribution à un objet absent ; car il n'y a point d'idée de temps d'existence extérieure avant le moi.

2° Ces images reparaissent comme les intuitions qu'elles retracent. Cette sorte de coordination des images est un phénomène général et très-remarquable de notre mode d'existence. Sans lui, nous ne nous retracerions aucun groupe tel que nous l'avons reçu ; je le nomme commémoration, dénomination dont je vous ferai voir tout à l'heure la convenance, et qui n'est que le latin *commemoratio.*

3° L'image d'une intuition ou d'un groupe d'intuitions qui ont été accompagnées d'une affection agréable ou pénible, se trouve accompagnée d'un attrait ou répugnance

qui nous porte vers elle ou nous en repousse, qui est à
l'égard de l'affection ce que l'image elle-même est par rapport à l'intuition, une sorte de trace. Ce n'est encore ni
désir, ni espérance, ni crainte, puisque l'avenir ni le passé
n'existent pas encore. Je vous prie de choisir entre ces
deux dénominations : tendance, inclination, et de me faire
part de votre choix. Vous verrez bientôt que ce phénomène
est aussi par rapport aux déterminations nommées désirs,
craintes, espérances, ce que les images sont aux croyances
par lesquelles nous les attribuons à tels ou tels êtres, et à
telles ou telles époques.

4° Enfin le cerveau, se remettant dans un état analogue à
celui où il était dans la réaction, après la cessation des
causes qui ont déterminé cette réaction, donne naissance à
ces mouvements, soit extérieurs, soit bornés à l'intérieur
du cerveau, où la force hyper-organique prend part de plus
en plus et finit par produire seule. Cet état précède le Moi ;
mais c'est de peu d'instants, puisqu'il est l'occasion prochaine de sa naissance. C'est pour cela que je le retiens
encore, dans le système dont nous parlons actuellement, et
qu'il le termine, en annonçant, en quelque sorte, ceux qui
vont le suivre, et qui tous supposent le Moi formé. C'est là
l'effort proprement dit, spontané, qui ne cesse plus dans
l'état de veille, et qui est l'objet continuel de l'aperception
qui nous constitue Moi.

Voilà donc mon second système :

Image, commémoration, tendance, effort.

Du 13 novembre 1807.

Je n'eus pas un moment hier. N'ayant point encore été à
Auteuil depuis mon retour à Paris, et voyant que ma tante
allait un peu mieux, j'y suis allé ce matin ; je suis resté une
heure et demie avec M. de Tracy, qui est bien triste de la
maladie à peu près désespérée de madame de La Fayette, la
mère, et de l'état alarmant de Cabanis [1], qui conserve bien
sa tête, mais paraît toujours très-fatigué de la moinde application; on craint de nouveaux accidents, il est à une dou-
zaine de lieues de Paris, près de Meulan. La famille de
Tracy est d'ailleurs en bonne santé ; il m'a beaucoup parlé
de vous. J'ai fait votre commission pour lui ; il m'a chargé
de lui écrire ce que je pourrais savoir de l'époque où le
prix pour lequel vous avez concouru à Berlin sera décerné [2].
M. de Gérando m'a dit aujourd'hui qu'il ne l'était point encore, et qu'on ne savait point quand il le serait ; je lui ferai
part de cette réponse ; car il me paraît y prendre un vif intérêt. M. de Gérando m'a aussi beaucoup parlé de vous; il
est désolé que ses occupations, dont il est véritablement ac-
cablé, ne lui aient pas laissé un moment pour vous écrire; il
m'a chargé de ses excuses, et des témoignages de sa vive et
tendre amitié pour vous. Il m'a donné, en même temps, un
petit travail extrêmement pressé relatif au compte qu'il doit
rendre pour l'Institut des progrès de la philosophie depuis
1789. Je ne sais quand je pourrai finir cette lettre.

[1] Cabanis est mort le 5 mai 1808 à l'âge de cinquante-deux ans. Cette
lettre doit donc être bien datée de 1807. (*Note de l'éditeur.*)

[2] Ce prix a été décerné en 1807, et M. de Biran eut l'accessit. Voir M. Cousin,
page viii de la préface aux Nouvelles Considérations sur les rapports du physique et du moral. (*Note de l'éditeur.*)

Du 14 novembre

Mon cher ami, je me décide à remettre la fin pour un
autre jour. Ma tante a eu une crise affreuse cette nuit; ma-
man est tremblante et désolée; cependant le médecin juge
cet accident très-favorable; l'accès a été suivi d'une rémis-
sion presque complète. Je n'ai pas même le temps de
penser au travail que m'a donné notre ami; vous n'auriez
de mes nouvelles que huit jours peut-être plus tard, et j'ai
tant d'envie d'avoir des vôtres! Écrivez-moi, je vous en
conjure, le plus tôt que vous pourrez. Dès que j'aurai le
temps, je vous enverrai le reste de ma classification.

Je vous embrasse mille fois de toute mon âme. Adieu,
mon ami.

A. AMPÈRE.

Rue Cassette, 22, en face de la rue Mézières.

P. S. J'oubliais de vous observer que, si vous trouvez
que j'admets trop de phénomènes avant le Moi, il y a une
raison qui y porte puissamment. Pour pouvoir n'en point
admettre dans les bêtes, il faut bien en rendre indépendants
les phénomènes sans lesquels leurs actions seraient tout à
fait inexplicables. D'ailleurs, tous les phénomènes de ces
deux premiers systèmes ne présentent rien de trop relevé
pour n'être pas attribuables à la simple sensibilité.

LE SYSTÈME SENSITIF ET LE SYSTÈME ACTIF

PARTAGÉS EN DEUX SYSTÈMES [1]

J'observe que plusieurs phénomènes bien distincts et *sui generis* précèdent la naissance du Moi; qu'en admettant avec vous, comme je le ferai dorénavant, d'après votre lettre, que la force hyper-organique ne concourt pas, ou du moins pas essentiellement aux mouvements instinctifs, qu'il ne naît qu'après que le centre cérébral meut spontanément, en vertu des déterminations qu'il avait contractées pendant ces mouvements, pour me servir de vos expressions; en admettant, dis-je, cette manière de voir qui me paraît être très-plausible, il y a deux époques, et par conséquent deux systèmes, avant la naissance du Moi, qui, avec les deux qui la suivent, en font quatre:

Première époque. — Impressions sur les sens; les phénomènes qui en résultent forment un premier système.

[1] Date 1807 ou 1808.

A cette époque, mon père allait dans quatre jours remplacer M. Labbey, professeur à l'École polytechnique; il était répétiteur. Ma grand'-mère vivait encore, mais était très-malade.

Je rappelle les expressions très-touchantes de mon père occupé à consoler sa mère, et cette phrase qui m'émeut profondément au moment où je la transcris : ... « Je sens trop que de la manière dont je m'en acquitterai (le cours dont il était chargé) dépend en grande partie le sort de ma vie, et la tranquillité de ce que j'ai de plus cher au monde. Que deviendraient ma mère et mon enfant, si je perdais l'espoir d'être professeur moi-même un jour? »

M. Ampère a été nommé professeur en 1809.

Deuxième époque. — Les causes de ces impressions cessent ; mais tout n'est pas anéanti ; les phénomènes qui restent sont comme les traces de ceux qui avaient eu lieu pendant l'existence de ces causes ; ils appartiennent au deuxième système.

Troisième époque. — Naissance du Moi et de son correctif le Non-moi ; le Moi s'empare, en quelque sorte, de tout ce qui meuble déjà son cerveau ; il le perçoit, et s'en attribue une partie ; une autre, aux êtres hors de lui. De là, naissent d'autres phénomènes dont se compose le troisième système.

Quatrième époque. — Ces phénomènes supposent et une action particulière du Moi, et souvent le concours de circonstances extérieures. Cette action peut cesser pour passer à un autre objet ; ces circonstances extérieures peuvent disparaître ; mais tout n'est pas anéanti pour cela ; il y a de nouveaux phénomènes conservés de ceux du troisième système, comme ceux du deuxième, de ceux du premier.

J'en forme un quatrième système. Maintenant je reconnais quatre phénomènes *sui generis* dans chaque système. On peut les ranger dans l'ordre qu'on veut, parce qu'ils naissent simultanément, et s'influencent mutuellement, comme vous me l'avez observé, dans une lettre précédente, au sujet du jugement et de l'émotion que vous m'avez montrés s'influençant réciproquement, au sujet d'un rêve où l'émotion produisait le jugement, tandis qu'ordinairement c'est le jugement qui détermine l'émotion. C'était un jugement faux ; mais ce n'en était pas moins un jugement, puisque vous croyiez à l'existence des êtres chimériques que vous offrait alors votre imagination.

QUESTIONS SUR LE MOI

1° Y a-t-il ou n'y a-t-il pas dans l'idée d'une substance un élément de plus que dans celle d'une cause durant indéfiniment, avant, pendant et après l'effet qu'elle produit, douée d'une manière permanente de la faculté de le produire transitoirement, etc.; en un mot, un élément qui ne se trouve pas parmi ceux que l'observation intérieure nous révèle à l'égard du moi phénoménique?

2° Les sensations sont-elles données hors du moi, comme des choses phénoméniques, objets de son attention et non comme des attributs de ce Moi, indépendamment de toute idée des causes extérieures de ces sensations?

3° Si ce fait de conscience est reconnu pour vrai, ne s'en suit-il pas nécessairement, ou que les sensations sont des choses hors de l'âme, comme le dit Malebranche, si le Moi est toute l'âme s'apercevant elle-même, conformément à l'opinion de M. de Gérando, ou que le Moi n'est qu'un des attributs, une des modifications de l'âme?

4° Les expériences par lesquelles on prouve l'action de l'âme sur le cerveau laissent-elles lieu à quelque objection? Ou sont-elles entièrement concluantes?

5° Cette action est-elle accompagnée dans la conscience d'un sentiment particulier, toujours le même, et qui ne peut cesser que par le sommeil ou le délire?

6° Ce sentiment est-il autre chose que le Moi lui-même?

7° A mesure que le mouvement produit dans le cerveau par cette action de l'âme, se propage jusqu'à un muscle et le fait contracter, la sensation qui résulte de cette contraction n'est-elle pas hors du Moi comme toutes les autres, mais cependant liée intimement avec lui par la relation de causalité, en sorte que le sentiment permanent et toujours le même dont nous venons de parler, est la cause, et les diverses sensations musculaires produites transitoirement, les effets de cette cause?

8° Les preuves par lesquelles on démontre la diversité de ces sensations musculaires, tandis que le Moi reste le même, sont-elles irréfragables?

9° Pour se borner à ce qui se passe dans la conscience, pendant que tout ce que nous venons de décrire a lieu, est-il vrai, de vérité intime, que le phénomène de l'effort se compose de deux termes : l'un permanent et toujours le même, l'autre transitoire et variable, existant à la vérité et nécessairement ensemble, mais distincts, hors l'un de l'autre, et dont le second est perçu immédiatement comme produit par le premier?

10° Peut-on admettre deux *substratum*, l'un pour le Moi avec ses volontés, etc.; l'autre pour les sensations, affections, etc.?

A M. MAINE DE BIRAN

1807.

Mon cher ami,

Je n'ai point reçu de vos nouvelles depuis la lettre où
je vous annonçais le cours, moitié mathématique, moitié
métaphysique, que je me proposais de faire à l'Athénée de
Paris, et où je vous envoyais le programme de ce cours.
J'en ai déjà fait cinq leçons, dont la dernière a roulé uniquement
ment sur la psychologie, c'est-à-dire, suivant la définition
que j'en ai donnée, sur la science où l'on se propose d'examiner
miner et de classer les phénomènes que présente l'intelligence
gence humaine, comme le naturaliste se propose d'examiner
et de classer les objets extérieurs.

Voici le précis de cette leçon, sur lequel je vous prie de
me dire votre avis, quoique je sache bien qu'il ne sera
point conforme en tous points à votre manière de voir, surtout
tout relativement aux dénominations que j'emploie. La plupart
part semblent souvent peu convenables pour désigner exactement
tement ce que je leur fais signifier; mais comme le grand
nombre de ces phénomènes exige une méthode de classification
cation complète et précise, où l'on puisse assigner le caractère
tère distinctif de chaque genre et de chaque espèce de
phénomènes, et une langue où chacun d'eux soit représenté
par une dénomination particulière, on est entre ces deux
écueils, d'inventer des mots nouveaux auxquels personne
ne pourrait s'accoutumer, ou de tâcher de profiter, le
moins mal qu'il est possible, des mots déjà usités. En

prenant ce dernier parti, le seul qu'on puisse adopter si l'on veut être entendu, il faut bien se résoudre à modifier un peu le sens ordinaire des mots.

L'homme agit et connaît. De là, deux classes de phénomènes, ceux qu'il présente comme être agissant, et ceux qu'il offre comme connaissant. Ces deux classes de phénomènes ne se développent que l'une par l'autre. Comment agirait-on sans connaître? Et quelles seraient les connaissances dans un être qui ne réagirait point sur les impressions qu'il recevrait?

C'est précisément parce que ces deux classes de phénomènes dépendent mutuellement l'une de l'autre et ne peuvent se développer que simultanément, qu'il me paraît impossible, sans cette première distinction, d'embrasser, dans une classification conforme à la nature, les phénomènes que nous observons dans l'être qu'elles nous offrent sous deux points de vue si différents.

Je vous prie de relire, sur ce sujet, un excellent passage de M. de Tracy, pages 9 et 10 de sa *Logique*.

On ne saurait concevoir qu'un être pût commencer à agir si tout lui était indifférent. Le premier point de vue offre donc deux ordres de phénomènes : 1° Ce qui constitue en lui attrait ou répugnance pour quelque chose que ce soit; je nommerai en général Déterminations les phénomènes de cet ordre; 2° Toutes les actions, c'est-à-dire toutes les modifications qu'il produit lui-même dans ses manières d'être, indépendamment du changement des circonstances où il se trouve. Ce qu'on nomme attention est une action, d'après cette définition, soit qu'elle se borne à modifier l'état du système nerveux, soit qu'elle change, par des mouvements imprimés aux organes sensitifs, l'état où se trouvent ces organes.

Sous le second point de vue, l'homme présente : 1° Des idées, mot que je définirai comme M. de Gérando dans l'ouvrage couronné par l'Académie de Berlin, page 109 : ce que nous apercevons, ce que nous voyons, ce que nous connaissons, ce que nous savons; en un mot cet ordre de phénomènes comprend toutes les idées que la présence des objets nous donne de ces objets. Il a restreint, à la vérité, l'emploi de ce mot aux souvenirs, images, etc., que nous conservons en l'absence de ces objets; mais il y était forcé par la question même proposée par l'Institut, qui eût été absurde sans cela.

Loke et Condillac ont souvent donné la même généralité au mot Idées.

2° Des coordinations entre ces idées, par lesquelles elles se réunissent pour former ces groupes qu'on nomme idées complexes.

Voilà les quatre ordres de phénomènes auxquels j'ai cru devoir rapporter tous ceux que présente l'homme considéré psychologiquement : Déterminations, actions, idées, coordinations. Il me reste à vous faire voir, en les subdivisant en genres et en espèces, qu'il n'en est, en effet, aucun qui n'y soit compris.

Ils correspondent à la division des diverses applications de la psychologie en quatre sciences : la morale, qui étudie nos déterminations et rectifie celles qui doivent l'être; l'économie, qui nous enseigne à diriger nos actions de la manière la plus convenable, vers le but que nous nous proposons; l'idéologie, où nous examinons nos idées et la manière dont nous les acquérons; la logique, qui s'occupe des moyens de rendre les diverses coordinations de ces idées conformes à la vérité.

Pour subdiviser ces quatre ordres en genres, j'appellerai

les déterminations Affections, tant qu'elles rendent heureux ou malheureux l'être qui les présente ; ainsi, le plaisir, la douleur, le regret, la joie, le désir, l'impatience d'un événement désiré, la colère, l'admiration, la crainte, l'espérance, etc., seront des affections. J'aurai soin de distinguer par des épithètes les diverses espèces d'affections.

Il y a deux cas où nos déterminations cessent de nous rendre heureux ou malheureux : lorsqu'elles se rapportent à une chose qui ne dépend que de nous, ou à une conception à la réalité de laquelle nous ne pensons point ; dans le premier cas, ce sont des volontés ; dans le second, je les nommerai des inclinations.

La preuve que nous avons encore attrait ou répugnance pour les choses mêmes que nous regardons comme impossibles, c'est que, si nous venions à changer d'opinion à cet égard, nous serions sur le champ agités de désirs ou de crainte. De même quand nous avons l'idée abstraite d'une mauvaise action ou d'une action héroïque, nous avons de la répugnance pour la première et de l'attrait pour la seconde, puisque, dès que nous leur attribuons l'existence, nous souffrons ou nous jouissons ; ce qui n'a pas lieu, lorsque nous y pensons d'une manière purement abstraite. Cela vous fait assez comprendre ce que j'entends par inclinations.

Nos actions présentent une différence bien essentielle, suivant qu'elles sont déterminées immédiatement par nos affections, sans que nous pensions à les faire ou que nous les voulions. Telles sont celles qu'on nomme instinctives, et les contractions musculaires, la pâleur, etc., qui décèlent souvent malgré nous ces affections. Parfois, nous ne les faisons qu'avec la connaissance de ce qui en résultera. Faute de mots français pour exprimer cette différence, je n'ai employé que le nom générique Actions pour les diverses espèces de phénomènes qui appartiennent à cet ordre, en joignant seulement l'épithète de Spontanée aux actions déterminées immédiatement par nos affections, et me servant du seul mot Action, pour les vraies actions accompagnées de la connaissance de ce qu'on fait et de ce qui en résultéra. Je distingue trois genres de coordinations. Les unes ne dé-pendent nullement de nous; elles constituent pour nous des vérités, des faits, où en changeant seulement l'ordre des idées qu'elles associent, il en résulterait des faussetés. Ces sortes de coordinations sont des jugements. Nous coordonnons à volonté les idées que nous avons des actions que nous nous proposons de faire; ce sont là des coordinations faites d'avance que je nomme préordinations. Nous coordonnons également à volonté les idées auxquelles nous n'attribuons aucune existence; ces coordinations prendront le nom de combinaisons. Ainsi l'ordre des couleurs, du spectre coloré, rouge, orangé, etc., est pour moi un jugement; mais lorsque je combine différents moyens d'atteindre un but que je me propose, ou lorsque je combine de pures conceptions en m'abandonnant à mes rêveries, je ne fais que des combinaisons.

Vous voyez, mon cher ami, que ma définition du jugement diffère beaucoup des définitions ordinaires. Voici mes raisons :

1° On a dit que le jugement résultait de la comparaison de deux idées, mais M. de Gérando a fait voir [1] qu'il y avait des jugements sans comparaison, par simple association, c'est-à-dire précisément par ce que je nomme coordination. De plus, la comparaison est une action consistant dans une

[1] *Des Signes et de l'Art de penser*, t. I.

double attention pour découvrir un rapport ; dès qu'on le découvre, ce rapport est une perception, et il n'y a jugement que parce que cette idée de rapport aperçue s'associe à l'un des termes ou à tous deux, comme une autre perception s'associerait de même, d'après les lois de notre nature. Ainsi, qu'en comparant le cuivre au fer j'aperçoive ce rapport, qu'il est plus lourd, cette idée d'être plus lourd grossit le groupe de l'idée complexe des propriétés du cuivre, comme l'idée de l'odeur particulière de ce métal grossit le même groupe, quand je viens à m'en apercevoir. Il y a également dans ces deux cas une nouvelle idée perçue, et une coordination de cette idée, qui constitue un jugement. Dans les deux cas, ces deux actes sont inséparables, d'après les lois et l'état actuel de notre organisation.

2° On a dit que le jugement consistait à voir dans une idée complexe une des idées partielles dont elle était composée ; je dis que le jugement consiste à ce qu'elle y soit ; si on ne l'y voyait pas, elle n'y serait pas explicitement ; elle n'y serait pas du tout ; car il n'y a réellement dans l'idée complexe que j'ai actuellement que ce que j'y vois actuellement.

Cette définition serait donc à peu près la même que la mienne, si l'on ne parlait que de coordinations qui ne dépendent pas de nous, les seules que j'appelle jugements ; car dès qu'elles dépendent de nous, il en est tout autrement. Ainsi, quand j'imagine un palais pavé de diamants, soutenu par des colonnes de cristal, je vois l'idée de ces colonnes dans l'idée complexe de tout le palais ; mais ce n'est pas là un jugement, puisque ce n'est pas une vérité, un fait, et que je puis y substituer alternativement des colonnes de rubis, de saphir, sans qu'il en résulte une fausseté.

La subdivision des idées tient à une autre considération :

celle des sortes d'existence qu'elles nous présentent ; bien entendu que nous n'acquérons l'idée de ces diverses sortes d'existence, et même de l'existence en général, qu'en comparant des groupes d'idées qui en étaient revêtus, par opposition à des groupes qui ne nous offraient pas la même sorte d'existence.

Il s'ensuit qu'il faut admettre comme fait primitif que tantôt nos idées s'offrent à nous comme nous donnant la connaissance du présent, qui se trouve dans la sphère de notre sensibilité actuelle, tantôt la connaissance de notre sensibilité passée, tantôt celle de l'avenir qui ne dépend que de notre volonté, tantôt l'image de ce qui existe au delà de ce passé, de ce présent, de cet avenir, qui sont en quelque sorte à nous. C'est par là que nous franchissons en quelque sorte aussi les limites de notre être, pour nous emparer du reste de l'univers. Tantôt enfin, nos idées nous donnent la pure conception d'un avenir intellectuel, auquel nous n'attribuons aucune existence hors de notre pensée.

Dans le premier cas, nous nous trouvons dans les circonstances propres à acquérir l'idée; et tant que durent ces circonstances, je la nomme perception. A moins d'admettre la chimère des idées implicitement innées [1], il faut reconnaître que nous n'avons aucune idée qui n'ait été perception, c'est-à-dire que nous n'ayons reçue dans des circonstances propres à ce que nous puissions l'acquérir. Tant que

---

[1] Je dis implicitement innées, parce que quelques auteurs, Leibniz entre autres, si je ne me trompe, appellent idées innées la simple propension ou disposition à acquérir telles ou telles idées. Ce n'est plus alors telles ou telles idées; ce n'est plus alors une fausseté manifeste, mais une hypothèse qui, bien analysée, ne signifie rien; car on ne peut contester cette disposition, non plus que la propriété qu'a l'oxygène de se combiner avec certains corps avant qu'il ne les ait rencontrés. Mais que tirer de cette considération?

durent ces circonstances où nous pourrions l'acquérir, si nous ne l'avions déjà, elle se nommera ainsi. Ces circonstances sont, pour les idées, des impressions faites sur nos organes extérieurs ou internes, la présence de la cause de l'impression, comme l'admission dans l'œil de certains rayons pour la perception du rouge. Pour nos idées de rapports, c'est la présence simultanée à l'entendement des idées entre lesquelles nous pouvons apercevoir ces rapports. Ainsi, tant que nous avons présente la démonstration de l'égalité du carré de l'hypoténuse et de la somme des carrés des deux côtés, ce rapport d'égalité est une perception. Il n'est plus qu'un souvenir, espèce particulière de représentation, quand je me rappelle avoir compris cette démonstration, sans qu'elle me soit encore présente; il n'est plus qu'une conception, quand je me fais l'idée d'un homme grand comme les tours de Notre-Dame, idée que je ne peux me former que par la présence de deux choses réellement égales ou du moins crues telles, ce qui m'a donné l'idée du rapport d'égalité, et que j'en fais une combinaison arbitraire avec celle que j'ai d'un homme et de la hauteur de ces tours.

Après que les circonstances propres à ce que nous ayons la perception d'une idée n'existent plus, elle n'est pas anéantie pour cela. Des causes capables de la réveiller, sans pouvoir en aucune sorte nous la donner, en occasionnent le réveil; elle est alors accompagnée d'une conscience que nous l'avons éprouvée, et elle prend en conséquence le nom de souvenir. On a dit que, dans le souvenir, il y avait l'image de ce que nous avions éprouvé, jointe au jugement que nous l'avions éprouvé. Je rejette absolument cette manière de voir, qui supposerait que nos idées se présentaient d'abord à nous comme de pures conceptions, tandis que leur première forme, dès qu'elles ne sont plus perceptions, est d'être souvenirs, et de passer ensuite par d'autres formes dont je vais parler, sous les noms d'actions et de représentations, longtemps avant qu'elles puissent s'offrir à nous comme de simples conceptions. Je crois même pouvoir prouver, comme vous le verrez tout à l'heure, que les signes du langage et la communication de pensée qu'il établit entre nous et les autres hommes, peuvent seuls donner naissance à ce dernier phénomène.

D'ailleurs, si les traces de nos perceptions se réveillaient en nous sans cette conscience que nous les avons éprouvées, comment pourrions-nous même le soupçonner? N'ayant nulle autre connaissance du passé, nous ne pourrions savoir que nous avons déjà existé. Nous aurions une idée actuelle, voilà tout. Dira-t-on que nous la comparerions avec la perception qui l'aurait précédée? Mais cette perception n'existant plus pour nous que dans l'image qui nous la retrace, ce serait dire que nous comparons cette image à elle-même; ou plutôt ce serait ne rien dire du tout.

Je pense donc que ce que l'on a nommé acte de réminiscence est un sentiment inhérent au souvenir, qui en est une condition intégrante, et le constitue tel. Un souvenir est alors une modification particulière de l'être pensant, aussi différente de ce que je vais nommer options, représentations et conceptions, que de la perception, et que ces diverses sortes d'idées le sont entr'elles. Le souvenir nous rend le passé qui nous a appartenu; l'option nous donne l'avenir qui dépend de nous; j'appelle ainsi une idée qui s'offre à nous avec la conscience qu'il dépend de nous de la réaliser. Je vous indiquerai une autre fois comment j'explique la formation de telles idées, qu'il est d'au-

tant plus important de considérer que ce sont elles qui
donnent naissance à la connaissance de notre propre puissance, et par conséquent à l'idée du moi.

L'option a pour caractère distinctif ce sentiment qu'il dépend de nous de faire ou de ne pas faire ce qu'elle représente, de même que le souvenir est caractérisé par le sentiment que nous l'avons éprouvé. Le psychologiste doit
examiner ces formes de nos idées, et comment elles les ac-
quièrent ; mais il doit d'abord les considérer comme des
faits. C'est un fait incontestable que les idées de ce que je
peux sont accompagnées en moi de cette conscience de
puissance qui leur est inhérente, aussi, invinciblement
qu'un souvenir est accompagné de la conscience que j'ai
éprouvé ce qu'il retrace à ma pensée. La représentation est
une quatrième forme sous laquelle s'offrent nos idées,
comme nous représentant quelque chose d'existant indépendamment de nous, hors des limites de notre sensibilité
actuelle ou passée. Je regarde encore le caractère propre à
cette sorte d'idées comme une sorte de sentiment que la
chose existe. Ce sentiment n'est pas un jugement ; c'est souvent la suite d'un jugement. Ainsi, Copernic a transformé,
dans son esprit, en représentation, le mouvement de la
terre autour du soleil, par un jugement né de l'association
aux termes comparés, des rapports par lesquels il a vu que
ce mouvement produirait, s'il existait, les apparences de rétrogradation qu'offrent les planètes et qu'il voulait expliquer. Mais, ce jugement une fois porté, cette pensée que la
terre tourne autour du soleil continuait pour lui d'être
une représentation. Maintenant, je crois devoir d'autant
plus distinguer cet effet du jugement, la propriété représentative de ce qu'on pense, du jugement lui-même, qu'elle a
lieu dans l'enfant, avant qu'elle puisse être fondée sur un

jugement. Il commence à concevoir tout ce qu'il conçoit comme existant, c'est-à-dire que toutes ses pensées sont accompagnées de ce sentiment que ce qu'il pense existe, que ce sont des représentations. Pour avoir la notion ou la croyance explicite d'existence, il faut avoir celle de son existence et de la simple possibilité ; il faut connaître le vrai ; il faut avoir la conception de ce qui est vrai ou faux. Il arrive une époque à laquelle il découvre qu'une pensée peut n'avoir point de réalité. Je crois que cela vient de l'usage du langage qui lui fait concevoir ce que d'autres croient, lorsqu'il fait le contraire. De là, une cinquième sorte d'idées que j'appelle conception, et qui le portent au delà de tout ce qui existe, comme les représentations l'ont porté au delà du domaine de sa propre sensibilité et de son activité.

Cette distinction des cinq formes des idées est d'autant plus remarquable qu'elle fait changer de nature à tous les autres phénomènes. Ainsi, avec une perception, la détermination est plaisir ou douleur, affection immédiate. L'action déterminée par cette sorte d'affection est l'action spontanée immédiate ; la coordination déterminée entre la perception et d'autres perceptions simultanées, ou même d'autres idées quelconques, est le jugement immédiat. Quatre phénomènes composent un premier système, le système immédiat. Nous allons reconnaître successivement quatre autres systèmes.

Je voudrais pouvoir vous écrire tout ce que j'ai dit sur ce phénomène si remarquable de notre faculté d'apercevoir que les mêmes circonstances qui nous procurent des perceptions, en déterminent la coordination à l'instant où nous les avons. Mais cette lettre n'est déjà que trop longue ; je me hâte de la finir.

Les souvenirs sont aussi accompagnés d'affections. Ces affections déterminent aussi des actions spontanées, parmi lesquelles est celle qui produit le rappel des idées par les signes, rappel sur lequel je me suis fait une théorie particulière, dont je suis plus content peut-être qu'elle ne le mérite, mais que je ne puis vous expliquer ici. Les souvenirs se retracent coordonnés comme les perceptions qu'ils retracent ; ces coordinations sont une nouvelle sorte de jugements.

La même théorie m'a rendu raison de la manière dont l'homme découvre sa propre puissance. Cette découverte lui offre certaines idées comme pouvant être réalisées ou non à son choix ; ce sont des options. Les déterminations qui les accompagnent cessent d'être des affections et deviennent des volontés ; les actions faites alors avec la connaissance de ce qui en résultera, cessent d'être spontanées et deviennent volontaires. Enfin, les coordinations ne sont plus des jugements, et deviennent ce que j'ai nommé préordinations.

C'est par ce système que nous acquérons et notre Moi et l'idée de cause. C'est celle-ci qui étend notre pensée au delà des limites qui semblaient d'abord devoir la circonscrire ; car je ne conçois pas qu'on pense à rien hors de ces limites, si ce n'est comme cause de ce qui y est déjà : nos perceptions et nos souvenirs, ou comme autres effets de ces causes. Ici se présentent les idées que j'ai nommées représentations et une foule de nouvelles affections : d'abord, celles qui se rapportent à la partie de notre avenir qui ne dépend pas de nous, les désirs, craintes, espérances, etc.; puis, celles qui viennent de la connaissance que nous donnent nos représentations qu'il y a d'autres êtres ; de là, toutes les affections sympathiques.

Ces affections produisent encore des actions spontanées et des coordinations entre les représentations, qui sont une nouvelle espèce de jugements. Ce sont des affections, actions spontanées et jugements de croyance.

Enfin, la connaissance qu'il existe d'autres êtres, et le langage qui nous rend participants à leurs pensées, nous conduisent à concevoir des choses comme n'existant pas. Alors nos déterminations deviennent des inclinations; nos actions se réduisent à ces actions intellectuelles par lesquelles nous combinons nos pensées dépouillées de réalité; les idées prennent le nom de conceptions, et nos coordinations ne sont plus que des combinaisons.

De tout cela, résulte le tableau suivant où sont réunis ces phénomènes.

PREMIÈRE CLASSE			DEUXIÈME CLASSE	
SYSTÈME INTUITIF OU ACTUEL.	Affections d'intuition.	Actions spontanées d'intuition.	PERCEPTIONS.	Jugements d'intuition ou d'évidence.
SYSTÈME COMMÉMORATIF.	Affections de commémoration.	Actions spontanées de commémoration.	SOUVENIRS.	Jugements de commémoration.
SYSTÈME VOLONTAIRE.	Volontés.	Actions volontaires.	OPTIONS.	Préordinations.
SYSTÈME CRÉDITIF	Affections de croyances.	Actions spontanées de croyances.	REPRÉSENTATIONS.	Jugements de croyance.
SYSTÈME INTELLECTUEL.	Inclinations.	Actions intellectuelles.	CONCEPTIONS.	Combinaisons.

Voilà ce tableau tel que je l'ai donné dans la leçon dont je vous ai parlé en commençant cette lettre. Quoique je l'aie longtemps médité, je n'en suis pas encore tout à fait content. M. de Gérando, qui a eu la complaisance de venir à cette leçon, m'a fait de si fortes objections que je ne vous enverrais pas cette lettre, si je ne craignais pas qu'un plus long silence de ma part ne vous étonnât, et si je ne désirais pas savoir si vos objections seront les mêmes que les siennes. J'en attends donc beaucoup de vous, et je vous prie de me donner les premiers moments dont vous pourrez disposer ; car, vous savez tout le plaisir que j'aurai à recevoir de vos nouvelles. Au reste, ce que je viens de vous dire ne ressemble à ma leçon que pour le fond des choses et non pour la forme ; car j'ai commencé à parler de chaque système, comme naissant successivement les uns des autres ; et ce n'est qu'après avoir écrit le tableau sur la planche qui sert aux démonstrations, que je l'ai repris pour en déduire les points de vue généraux par lesquels j'ai commencé avec vous. On n'aurait su autrement ce que je voulais dire. Mais nous avons assez causé de tout cela pour que vous compreniez mes idées exposées dans un ordre plus abstrait mais plus régulier.

. Il est bien temps, mon cher ami, de finir ce fratras, qui ne me laisse plus de place pour les épanchements de l'amitié, qui, sans doute, vaudraient beaucoup mieux. Au risque de le grossir encore, j'y joins un autre tableau que j'ai donné dans la première séance[1] ; c'est une classification de toutes les sciences, où elles forment une suite non inter-

---

[1] Ici est intercallé le tableau d'une classification des connaissances humaines, sujet qui occupait mon père dès cette époque, et qu'il est intéressant de comparer à la classification définitive qu'il en a donnée vingt ans plus tard, suivie d'objections de M. Maine de Biran. Enfin, il y avait un curieux papier intitulé : Indication des découvertes du 24 septembre 1807. Il se rapporte à une époque où le système de mon père n'était pas encore formé.

rompue, comme les plantes dans la méthode naturelle de
Jussieu, et où le caractère classique est pris de l'espèce
de rapport qui lie les idées dont chaque science se compose. Je ne connais que trois sortes de rapports : la ressemblance, la causalité et la dépendance nécessaire entre
certaines idées abstraites. Mais cela fait quatre classes,
parce que le rapport de causalité en donne deux, étant
considéré sous deux points de vue, d'après les deux usages
très-différents qu'on en fait dans les sciences [1]..

Je vous embrasse de toute mon âme, et j'attends de vos
nouvelles avec impatience.

Votre ami,

A. AMPÈRE.

Toute ma famille me charge de vous offrir ses empressés
compliments.

———————

OBSERVATIONS DE M. MAINE DE BIRAN

Cette division des sciences n'est pas déduite exactement
de toutes les espèces de rapports qui devraient lui servir de
fondement dans le système de l'auteur.

La métaphysique, la théologie et la jurisprudence ne

___

[1] Il semble que cette longue et importante lettre est aussi de l'année 1807. (*Note de l'éditeur.*)

peuvent être comprises dans une même classe avec l'histoire, l'archéologie, etc., qu'autant que l'on considérerait ces quatre sciences comme l'histoire même des doctrines et des sectes. Mais en ayant égard à l'application du rapport de causalité comme base d'une division, et en distinguant avec l'auteur deux modes d'application de ce rapport, avec celle qui fixe la valeur des causes premières et établit la nécessité de leur existence et celle qui s'attache à la succession des phénomènes, on établit l'ordre de leur enchaînement ou de leur dérivation réciproque. Il y avait lieu de ranger la métaphysique, la théologie et la cosmologie dans une classe; la physiologie, l'astronomie, la physique, etc., dans une autre.

Les sciences de descriptions fondées sur la ressemblance composeraient une autre classe, et celles qui sont fondées sur le rapport de dépendance nécessaire, encore une division bien distincte.....

FRAGMENT D'UNE LETTRE A M. MAINE DE BIRAN

SUR LES SENSATIONS

1809.

Avant l'apparition du Moi (subjectif), il n'y a que des sensations qui se composent de phénomènes; affection (plaisir ou douleur), intuition (partie représentative de la sensation, couleur, son, etc.), et contuition [1]. Ce sont là tout autant de phénomènes qui peuvent entrer unis ou séparés dans le fait de sensation.

Toutes les modifications produites par les impressions sur les organes, avant et indépendamment de l'autopsie, sont au fond de la même nature ; mais elles présentent une suite de différences successives suivant qu'elles sont plus ou moins affectives. Je ne crois pas qu'il faille regarder l'affection et l'intuition comme deux phénomènes liés par la nature de l'organe, ou comme vous dites si bien : *in concreto*, en sorte que je regarderais ce qu'on nomme sensation comme étant en général la réunion des trois phénomènes : affection, intuition, contuition ; ou de deux de ces phénomènes, ou même, quoique rarement, d'un seul.

D'abord, il est bien évident que le plus grand nombre de nos sensations sont dans ce cas.

Les premières sensations sont plus affectives que les autres, c'est-à-dire plus mêlées de l'impression de plaisir et de douleur.

Secondement, les sensations visuelles ou tactiles, qui semblent les moins affectives, le sont certainement beaucoup, avant que l'habitude les ait émoussées. Voyez comme les enfants suivent la lumière ; comme les couleurs semblent les charmer ou les repousser ; comme certaines couleurs déplaisent même aux animaux, qu'elles vont jusqu'à mettre en fureur. Et à l'égard des sensations tactiles, qui peut douter de celles des enfants, dont la peau est si délicate ?

---

[1] Le mot Contuition est pris ailleurs pour une aperception de rapport, à une époque beaucoup plus avancée du développement intellectuel. Ne pas confondre ces deux emplois du même mot.

3° S'il n'y a que les sensations dont l'habitude a flétri partie affective, qui soient représentatives, il n'y a de purement affectives que celles dont la vivacité de l'affection couvre et dérobe la partie représentative ; et, à mesure que l'habitude en affaiblit l'affection, elles se rapprochent des sensations plus représentatives. C'est ainsi qu'un aveugle, placé dans la boutique d'un pharmacien, parviendrait à reconnaître aussi sûrement les médicaments à l'odeur, que nous à la couleur.

Ce fait est une preuve sans réplique qu'il y a dans les odeurs une partie intuitive, si vous faites attention qu'on ne peut reconnaître une sensation qu'en la comparant à l'image d'une sensation antérieure, et qu'il n'y a que la partie intuitive d'une sensation qui puisse laisser une image. Il y a d'ailleurs, dans certaines maladies causées par des dérangements des organes internes, des affections qui sont absolument privées d'intuition, et qui nous montrent qu'alors, il est non-seulement impossible de les reconnaître, mais même de savoir qu'on les a quand on les a, comme un mélancolique, persuadé que sa tristesse vient des contrariétés qu'il éprouve, tandis qu'elle vient d'une affection sans intuition qui, par là, se dérobe entièrement à sa connaissance [1].

---

[1] Toute cette analyse de la partie représentative et de la partie affective de nos sensations me semble pleine de finesse et d'originalité.

LETTRE A M. MAINE DE BIRAN

DÉPUTÉ AU CORPS LÉGISLATIF

AUPARAVANT SOUS-PRÉFET DE BERGERAC [1]

1809?

Abrégé de l'histoire de l'activité intellectuelle, depuis le simple sentiment du Moi jusqu'à la formation des idées générales et l'aperception des rapports qui existent entre les êtres, indépendemment de la manière dont ils nous affectent.

Il m'est assez indifférent que vous vous écartiez de ma nomenclature, pourvu que vous en admettiez les bases, sans lesquelles je ne vois pas qu'on puisse systématiser les faits psychologiques, ni en démontrer l'origine.

Ces bases sont la distinction du système sensitif et du système actif, qui se divise naturellement en phénomènes résultant : 1° immédiatement de l'activité, tels que le moi, la réminiscence, l'attribution des sensations à des causes extérieures, etc.

2° De la faculté d'apercevoir les rapports de ressemblance et d'opposition, qui se trouvent entre les diverses manières dont nous sommes modifiés. Telles sont la formation des idées générales et du langage, avec tout ce qui en dépend, les classifications, les combinaisons de l'imagination, etc.

3° De la faculté d'apercevoir les rapports ou relations, qui dépend uniquement du mode de composition ou de coordination des éléments, et non de la nature de ces élé-

---

[1] Cette lettre est sans doute de 1809 ou de 1810. (*Note de l'éditeur.*)

ments, ni de la manière agréable ou pénible dont ils nous modifient.

Dans mon dernier tableau, je vous proposais de nommer contuition l'acte par lequel nous apercevions ces relations. Depuis j'ai adopté pour cela le mot synthétopsie. J'aime bien à établir, même dans le mot, de l'analogie entre ce phénomène et l'autopsie; car il est en quelque sorte le complément de l'autopsie; comme la comparaison est celui de la sensation. En effet, j'ai reconnu la vérité d'une chose que vous me disiez à votre dernier voyage, et que je combattis alors : les idées psychologiques telles que celles du jugement, de la causalité, de la volonté, en un mot toutes celles qu'expriment les mots de mon tableau des phénomènes actifs, sont des idées synthétoptiques, comme je les nomme à présent. Vous les trouverez indiquées dans le tableau sous le nom de notions. En effet, un jugement n'est pas un groupe d'idées qui se ressemblent, comme le voulait Condillac; mais c'est une idée simple. Le rapport numérique entre cinq étoiles et cinq hommes ne se compose pas de cinq parties. C'est un rapport simple, et le jugement qui le découvre est simple aussi. Nos divers jugements ne sont pas une classe de phénomènes qui se ressemblent; c'est un seul et même mode de coordination, toujours identique à lui-même, et dont l'idée est une idée simple et individuelle, de même qu'entre cinq hommes et cinq étoiles il n'y a pas une ressemblance qui nous laisse l'idée du nombre cinq, mais un mode de coordination, identique à lui-même sous le point de vue du nombre[1]. Je distingue donc soigneusement la

---

[1] La comparaison des phénomènes est un acte intellectuel dont la trace dans l'âme sont les idées générales; par exemple, je compare plusieurs sensations douces; il en résulte pour moi l'idée de douceur. La vue d'ensemble par la-

comparaison qui laisse les idées générales et les modes de
coordination auxquels elle donne lieu, savoir : les jugements proprement dits, ou de comparaison, soit simples,
soit collectifs, et les combinaisons formées dans l'entendement à l'aide des idées générales ; je distingue tout cela,
dis-je, de la synthétopsie, qui lie les idées synthétoptiques
ou notions, et par laquelle on aperçoit les relations qui
constituent un mode de coordination ou qui en découlent,
des déductions, soit immédiates comme les axiomes de la
psychologie et des mathématiques, soit progressives comme
les démonstrations des théorèmes ; et enfin je distingue tout
cela des assentiments.

Je voudrais vous faire sentir combien il y a de différence entre ces deux systèmes, quoique ce soit ceux qui se
ressemblent le plus, dans le point commun des rapports ou
relations qu'ils créent pour nous.

 Ces relations, que la synthétopsie nous découvre, existaient dans le groupe du moment où il était formé ; mais
nous n'en avions pas la notion à part ; la synthétopsie nous
la donne. Ainsi dès qu'on a vu ou touché des particules matérielles placées en ligne droite, il y a eu la relation de rectitude entre les sensations excitées par ces particules, et associées organiquement par l'œil ou le tact.
Mais pour avoir à part la notion de cette rectitude, idée
synthétoptique individuelle, il faut une synthétopsie. . .

.   .   .   .

quelle on saisit la relation qui existe entre plusieurs idées, laisse empreintes
dans l'âme les notions des rapports de ces idées, soit en tant qu'elles sont
coordonnées entre elles, soit en tant que l'existence des unes découle de
l'existence des autres. On peut citer pour exemples les axiomes et déductions
mathématiques. Les rapports nous sont donnés avec les groupes d'idées ou de
sensations entre lesquelles ils existent ; mais ils n'existent réellement pour
notre esprit que quand il les a dégagés de ce groupe, et s'en est formé u e
notion distincte.

FRAGMENT D'UNE LETTRE A M. MAINE DE BIRAN

SUR LES ASSOCIATIONS DE SENSATIONS

1809?

Je ne trouve dans votre système sensitif que deux
sortes d'associations ainsi indiquées :

Association $\left\{ \begin{array}{l} \text{fortuite} \\ \text{organique} \end{array} \right\}$ Fantômes ou visions.

Or, outre l'association organique [1] par laquelle les sensations de l'œil passif et du tact passif se rangent dans un
certain ordre en surface colorée ou chaude et froide, etc., il
y a dans ce système deux autres modes d'association bien
distincts. L'un, que j'appelle association fortuite, a lieu
entre des sensations simultanées de divers sens, qui, sans
former par leur union un seul tout, s'unissent néanmoins en
cela que, si l'une est reproduite, elle fait renaître l'image

---

[1] Distinction entre plusieurs modes d'associations des sensations :

1° Les sensations, reçues passivement par l'œil ou par le tact, se coordonnent dans une juxtaposition continue, de manière à nous donner l'impression
d'une surface colorée, ou chaude et froide, etc.

2° Association fortuite entre des sensations simultanées, donnée par des
sens différents qui s'unisssnt de telle sorte que, si l'une se reproduit, elle fait
naître l'image de l'autre. Ainsi le chien voit son maître prendre son chapeau,
et l'idée de son maître sortant pour la promenade lui apparaît. On croit qu'il
se souvient; mais il n'y a pas mémoire véritable. Dans la mémoire véritable,
l'homme se souvient ; ce *se* est un *je* à la troisième personne. Il n'y a pas
de véritable mémoire sans personnalité.

3° Une agrégation, non pas de sensations, mais d'images de sensations, qui
s'associent fortuitement dans la rêverie et le rêve, états passifs dont le second ne diffère du premier qu'en ce que, dans le second, le *Moi* subjectif
est entièrement absent.

16

de l'autre. Ce phénomène est d'autant plus important
à noter qu'il a lieu sans cesse dans les animaux, et donne
lieu à tout ce qu'on prend en eux pour de la mémoire.
L'autre est entre des images s'unissant spontanément dans
les rêves et les rêveries. Ce mode d'association diffère du
précédent en ce que les images s'unissent en un seul tout,
qu'on appelle communément image complexe. Il diffère
des deux autres en ce qu'au lieu d'avoir lieu à l'instant
des sensations, il n'a lieu que postérieurement entre leurs
traces et les images ; et en ce qu'il n'est point déterminé, comme l'association organique, par la nature de l'organe et la disposition actuelle des points impressionnés.

SUR LES RAPPORTS.

Paris, 18 septembre 1810.

Je ne suis arrivé qu'hier à Paris, mon cher ami, et j'allais
vous écrire pour vous exprimer toute la joie dont j'ai été
comblé en apprenant votre nomination au Corps législatif;
je conçois l'espoir de vous voir bientôt à Paris. En attendant que mes vœux à cet égard soient comblés, je ne sais
si je dois vous entretenir de la question que nous traitons
actuellement, parce que je crois un quart d'heure de con-
versation plus propre que vingt lettres à nous mettre d'accord. Il ne s'agit que de vous placer dans le point de vue

où je vous suppose malgré moi quand je vous écris, parce
que j'y suis moi-même, et où je vois, par vos réponses, que
vous ne vous placez que très-difficilement, pour que vous
vous aperceviez vous-même :

1° Qu'on ne peut nier qu'il y ait des rapports indépendants de la nature des modifications entre lesquelles nous
les avons aperçus, sans tomber dans le Kantisme le plus
complet et sans ébranler vos propres théories ;

2° Que les exemples que vous m'offrez, comme des objections contre ma manière de voir à ce sujet, semblent
avoir été choisis exprès pour la confirmer. Et d'abord, ma
première proposition étant seulement qu'il n'y a pas, à
appliquer les idées de nombres, par exemple, aux noumènes indépendamment de nous, la même absurdité qu'il
y aurait à leur attribuer les sensations des couleurs ou des
odeurs, telles qu'elles sont en nous, vous ne pouvez nier
cette proposition qu'en disant : « Il est également absurde
de dire que des noumènes sont au nombre de deux, tel que
nous concevons ce nombre, que de dire qu'ils sont rouges
ou puants, en ce sens qu'ils contiendraient en eux-mêmes
notre sensation de rougeur et de puanteur. » De même
qu'on doit dire seulement qu'il y a dans les noumènes des
causes inconnues qui nous modifient en rouge et en mauvaise odeur, il faudrait alors que vous dissiez qu'il y a dans
la nouménalité extérieure une cause inconnue qui excite en
nous la notion de deux, sans qu'il soit même possible qu'il
y ait réellement deux noumènes, de même qu'il est absurde et impossible que notre sensation de rouge soit réellement dans l'écarlate.

Observez que je vous fais dire « : Dans la nouménalité
extérieure », et non dans les noumènes, parce que cette dernière expression suppose qu'il peut y avoir un nombre de

noumènes, et que par conséquent elle me donnerait gain
de cause en appliquant les idées de nombre aux noumènes eux-mêmes. Vous ne pouvez continuer à nier la possibilité de cette application qu'en soutenant qu'il est également absurde de supposer que la nouménalité extérieure
est une, ou de la regarder comme multiple, puisque l'idée
de l'unité comme celle de la pluralité sont des idées numériques, et que vous voulez que ces idées ne soient pas
applicables aux noumènes en eux-mêmes. Une fois votre
opinion admise, il s'ensuit qu'il est absurde de dire que
le noumène du loup est, en lui-même et indépendamment
de nous, autre que le noumène de l'agneau qu'il dévore ;
car cela ferait deux noumènes en eux-mêmes au nombre
de deux ; ce qui vous semble absurde. Vous ne pouvez
échapper à cette conclusion, qui est d'un Kantisme ou si
vous voulez d'un Spinosisme renforcé, à moins que vous
n'admettiez ma distinction entre les rapports dépendants
de la nature des termes comparés, qu'il est absurde d'attribuer aux noumènes indépendamment de nous, et les
rapports indépendants de la nature des termes comparés,
qu'il n'est plus absurde de supposer entre les noumènes en
eux-mêmes, quoique nous ne puissions ni les voir en eux-
mêmes ni par conséquent les comparer.

Je dis qu'en rejetant cette distinction, vous ébranlez tout
le reste de vos opinions ; car il n'y a qu'à faire un pas de
plus et dire : « M. de Biran soutient que les idées de nombres ne sont qu'en nous, et qu'il est complétement absurde
de supposer qu'un nombre, deux, par exemple, soit réellement et indépendamment de nous, dans le loup et l'a-
gneau. » Que ne fait-il un pas de plus et que ne dit-il :

« L'idée de l'existence est aussi une idée qui n'est et ne
peut être qu'en nous ; il est également absurde d'attribuer

l'existence aux noumènes réellement et indépendamment
de nous?» Ne vaut-il pas mieux dire : «Il n'y a point de rouge
hors de nous, mais seulement une cause inconnue en nous
ou hors de nous qui donne naissance en nous à l'image du
rouge? Il n'y a pas de nombres hors de nous, mais seulement une cause inconnue soit en nous, soit hors de nous,
qui nous donne des idées de nombre ; de même, point
d'existence hors de nous, mais seulement une cause en
nous, si l'on veut, qui nous donne cette idée d'existence? »

Il me reste à vous faire voir que la principale objection
de votre dernière lettre est une grande preuve en ma faveur. Vous supposez un être où la force hyper-organique,
agissant sur des organes non affectibles, n'aurait d'éléments
de connaissances que l'autopsie et la résistance, qui s'élève-
rait néanmoins aux idées numériques, en comparant les
modes successifs de son existence purement intellectuelle ;
et vous demandez s'il pourrait appliquer ces idées numériques aux noumènes considérés en eux-mêmes. Ne voyez-
vous pas que c'est précisément parce qu'il le pourrait également qu'il est encore mieux prouvé, par cet exemple,
que les idées de nombres sont absolument indépendantes
de la nature des termes dont nous faisons la comparaison, en sorte qu'elles sont identiquement les mêmes,
soit qu'elles soient déduites de la comparaison des modifications sensitives, ou de celle des actes de la force hyper-organique? C'est précisément parce que ces sortes
de rapports sont ainsi absolument indépendants de la
nature des termes entre lesquels ils existent, qu'on peut
supposer, sans absurdité, sauf à le vérifier ensuite par
la manière dont cette supposition explique l'ordre des
phénomènes du monde apparent, qu'on peut, dis-je,
supposer sans absurdité qu'ils existent entre les nou-

mènes, dont la nature nous est absolument inconnue.
L'exemple que vous avez choisi dans ce passage semble
indiquer que vous regardez les noumènes comme se rapprochant plus de la nature de nos modifications sensitives
que de celle de nos actes intellectuels. Je ne comprends
pas pourquoi un noumène est une chose dont l'essence est
entièrement hors de toute conception, et je ne vois nulle
ressemblance possible, sous aucun point de vue, entre la
nature de ces causes inconnues, et la nature des modifications sensitives qu'elles excitent en nous, modifications
qui ne sont qu'en nous, qui ne peuvent ressembler en
rien à leurs causes hors de nous. Il y a le même transport à faire passer les idées de rapports du monde apparent au monde nouménal hors de nous, que de les faire
passer dans ce dernier, en les tirant de l'autopsie elle-même.

J'aurais tant d'autres choses à vous dire ! Je les laisse
pour une autre fois, d'autant plus volontiers que je pourrai
peut-être vous les expliquer bientôt de vive voix. Quel bonheur ce serait pour moi ! En attendant, je vous prie de bien
faire attention que ce n'est point moi qui ai imaginé que
les idées de nombres, de formes, d'existence, de durée, etc., pouvaient, comme celle de causalité, être affir-
mées des noumènes en eux-mêmes et indépendamment
de nous, tandis qu'à l'égard des idées sensibles, on ne
pouvait les en affirmer sans absurdité, mais seulement
leurs causes, causes qui ne ressemblent en rien à ces idées
sensibles ou images. Cette opinion a été celle des Locke,
des Malebranche, des Leibniz ; elle a été l'origine de la
distinction des qualités primaires, qui étaient dans les corps
eux-mêmes (les nombres, formes, mouvements,) et les
qualités secondaires, dont il n'y avait en eux que les causes
inconnues (les modifications que nous en recevons).

Cette distinction admise par tous les vrais métaphysiciens, j'ai cherché seulement à l'expliquer, à la développer,
à faire comprendre comment et par quelle route on peut
arriver à ces connaissances, en examinant comment les
hommes y arrivent en effet, en cherchant un critérium
pour distinguer les notions dépendantes de la nature de
nos organes, qui ne peuvent sans absurdité être appliquées
aux noumènes indépendamment de nous, et celles qui,
étant absolument indépendantes de la nature de nos organes, pouvaient au contraire être attribuées aux noumènes
eux-mêmes, non-seulement sans absurdité, mais avec un
tel degré de probabilité qu'il devient pour nous un assentiment complet, sans laisser encore lieu au doute. Sans cette
théorie, la psychologie devient l'ennemie des sciences et de
toutes les idées consolantes qui appuient la morale et la
vertu; elle apprend à dire : « Il est absurde que la terre soit
en elle-même et indépendamment de nous aplatie aux
pôles et se meuve dans une ellipse ; mais une cause inconnue
nous porte à le croire. Il est absurde de dire que la cause
première est immense, éternelle, prévoyante, puissante et
libre ; mais une cause inconnue nous fait croire à ces attributs dans la Divinité. Il est impossible d'avoir aucun motif
plausible de croire que la pensée survit à la mort ; car si
les déductions mathématiques ne sont que subjectives et
inapplicables aux existences hors de nous, les déductions
morales ne peuvent être aussi que subjectives, dépendantes
de notre mode actuel d'existence et inapplicables au mode
d'existence qui doit le suivre. »

Je vous demande en grâce, mon cher ami, de réfléchir
un peu sur cette partie de la psychologie, qui peut seule
la mettre en harmonie avec le sens commun des Écossais,
les résultats de toutes les sciences, la métaphysique, la

morale, etc. Sans elle, la psychologie sera toujours une science isolée, infiniment curieuse, mais sans application possible, sans liaison quelconque avec les autres sciences, et au moins dangereuse pour la morale, dont elle doit être, au contraire, le plus ferme appui.

Adieu, mon cher ami, je vous embrasse mille fois de toute mon âme. Marquez-moi, je vous en prie, à quelle époque je puis espérer que vos nouvelles fonctions vous appelleront à Paris [1].

DES RAPPORTS

FRAGMENTS D'UNE LETTRE A M. MAINE DE BIRAN

Le nouvel élément introduit dans la formation des idées peut être indépendant de la nature des modifications, et dépendre seulement de leur mode de coordination. Ainsi, en voyant une suite de points, on voit, outre tout ce que chacun offrirait s'ils étaient vus séparément, s'ils sont dans une même direction, ou si cette direction varie, quel en est le nombre, etc. Pour s'apercevoir de ces circonstances dépendantes seulement et uniquement du mode de coordination, il ne faut plus rapprocher les éléments, les comparer, mais au contraire les voir simplement ensemble dans l'ordre où ils sont. Ce n'est plus une comparaison dans le

---

[1] Ce ne fut qu'en 1812 que, M. Maine de Biran vint se fixer définitivement à Paris. (*Note de l'éditeur.*)

sens usuel de ce mot. Et n'est-ce pas là ce qu'on doit nommer Contuition ? Vous savez que je l'appelais autrefois Intuition ; mais ce nom, dont vous ne voulez pas dans ce sens, en a déjà tant reçu de divers auteurs, que c'est un mot à rejeter d'une langue psychologique précise [1]. Si les comparaisons laissent après elles des idées ; les contuitions laisseront des notions ; ainsi je dirai la notion et non pas l'idée de la rectitude d'une ligne ; la notion du nombre 5 ou 7, par exemple ; la notion de la somme, de la différence, etc.

En voyant, dans la contuition de la ligne [2] droite, cette autre contuition qu'elle est la plus courte, on a une liaison nécessaire entre ces deux contuitions, par laquelle l'une entraîne l'autre. Je l'appelle dans mon tableau : déduction immédiate. Je la nommais jugement catégorique dans le tableau que vous avez emporté. Cela ne signifiait pas grand'chose, et vous l'avez blâmé avec raison.

Une suite de déductions immédiates forme la déduction progressive, que je nommais déduction directe dans le tableau que vous avez emporté ; cela ne valait rien. Quand on raisonne sur une hypothèse sans y croire, on fait de ces déductions. Quand l'accord des résultats déduits avec les faits observés convainc à force de probabilité, il y a assentiment. L'assentiment laisse une opinion ; l'opinion diffère de la croyance, parce qu'il y a des motifs raisonnés de penser ainsi.

J'ai mis, derrière le tableau que je vous envoie, une courte explication, ou un exemple particulier, de chaque phénomène générateur. Ces exemples sont pris au hasard entre

---

[1] Les comparaisons laissent après elles des Idées ; les contuitions laissent après elles des Notions.

[2] De la vue du rapport nécessaire qui lie deux contuitions naît la déduction immédiate.

mille ; il faudra que vous en imaginiez vingt autres, tous différant pour chaque phénomène.

Il me restait à vous parler de la manière dont je conçois l'autopsie [1] formant un groupe avec les autres modifications, et distincte au milieu d'elles, comme le vert au milieu des autres couleurs, sans être encore séparée et isolée comme elle l'est dans le philosophe. Je vois par votre lettre que vous répondez à une autre hypothèse qui n'est nullement la mienne ; je ne pourrais examiner cette question sans retarder encore cette lettre ; aussi je la réserve pour la suivante. J'ai remis votre reconnaissance à M. Aubiet ; rien d'ailleurs de nouveau.

Adieu, mon cher ami, je vous embrasse de toute mon âme.

. . . .

Les rapports [2] qui tiennent aux ressemblances des phénomènes peuvent varier par des changements dans leur organisation ; c'est le cas des idées générales proprement dites, mais non des idées de relation, celle de nombre par exemple, qu'il faut ou ne point avoir du tout, ou avoir telles qu'elles sont essentiellement et indépendamment de la nature des modifications entre lesquelles ces relations existent. Je le répète : c'est à cause de cela qu'il n'est pas absurde de supposer qu'elles existent entre les noumènes.

Cela m'étonne toujours de plus en plus que cette différence si essentielle, si évidente, vous paraisse délicate. Qui est-ce qui ne voit pas que cinq modifications, quelles

---

[1] L'autopsie (vue du moi) forme un groupe avec les autres modifications de l'âme (sensations, intuitions, images) ; elle en est distincte, mais d'abord pas séparée. C'est l'analyse philosophique qui la sépare de cet ensemble de phénomènes dont elle fait partie, pour la considérer isolément.

[2] Idées générales et vue des rapports qui existent entre les êtres, rapports aperçus d'abord entre les phénomènes.

qu'elles soient, donnent une même et identique idée de ce nombre, tandis que, suivant leurs diverses natures, elles fournissent des idées générales différentes ?

Vous concevez donc que les idées de rapports qui dépendent de la nature des termes comparés ne peuvent être regardées comme pouvant exister entre les noumènes, dont la nature nous est inconnue, sans une absurdité manifeste, évidente, tandis que les relations qui restent identiquement les mêmes, quelle que soit la nature des termes comparés, les nombres par exemple, peuvent sans absurdité être supposés exister entre le noumènes. En quoi, par exemple, est-il absurde de supposer des noumènes au nombre de cinq, en eux-mêmes et indépendamment de nous? Et quoique l'idée d'être sonore, par exemple, soit une idée très-générale, n'est-il pas évidemment absurde de supposer qu'il y a des sons dans les corps en eux-mêmes et indépendamment de nous, puisqu'un son [1] est une sorte de sensation qui ne peut exister que dans l'être sentant, et non dans l'être qui est la cause du son?

La cause du son, ce n'est pas le son; cela n'y ressemble en rien. Au contraire, on ne peut pas dire qu'il y ait dans la main, considérée comme un être simple et indivisible, une cause inconnue qui nous modifie en cinq; il est infiniment probable que les cinq doigts sont cinq noumènes différents. Donc les idées de nombre peuvent s'affirmer des noumènes en eux-mêmes et indépendamment de nous.

Je répète toujours les mêmes choses [2], parce que des notions si évidentes ne peuvent se faire comprendre qu'en les répétant.

---

[1] Le son est en nous ; la cause du son, hors de nous.

[2] Les rapports aperçus entre les phénomènes existent probablement entre les substances.

Je viens à une troisième observation. Vous me rappelez cette bêtise de quelques idéologues, que les sensations sont des comparaisons. Comment m'avez-vous soupçonné d'une telle sottise [1]? Quand je mets ma main très-froide dans une eau de température ordinaire, et qu'elle me fait éprouver une impression de grande chaleur, j'ai une sensation de cette chaleur, voilà tout, comme si, ma main étant à une température ordinaire, je l'avais mise dans de l'eau très-chaude. Qu'est-ce que cela fait à ce dont nous parlons? J'ai dit, et je le répète, que le rapport de ressemblance entre tous les rouges, rapport dont la perception laisse une trace qui est notre idée générale de rouge, est différent du rapport de ressemblance entre tous les jaunes, rapport dont la trace est notre idée générale de jaune.

Puisque ces deux idées générales de jaune et de rouge sont différentes l'une de l'autre, il s'ensuit que nos idées générales proprement dites dépendent de la nature de nos organes, tandis que celles des relations, par exemple des relations de nombre, n'en dépendent nullement.

Vous prétendez que celles des relations d'étendue dépendent de la nature des organes, parce que, sans le tact et la vue, nous n'aurions aucune idée de ce genre. Bien loin que cette objection fasse contre ce que j'avais dit, elle en résultait nécessairement; car j'avais dit que ces idées supposaient qu'on pût coordonner par juxtaposition; et je vous ai expliqué mille fois pourquoi ces deux sens sont les seuls où cette sorte de coordination fût possible [2].

---

[1] La sensation, qui est passive, ne peut être une comparaison; la comparaison suppose l'emploi de notre activité.

[2] La vue et le toucher sont les seuls, parmi nos sens, qui puissent nous donner l'idée de la juxtaposition et de la coordination des points de l'étendue sensible.

Ainsi, suivant que les sens peuvent ou non donner lieu
à ce mode de coordination, on a, ou l'on n'a pas, les idées
des relations d'étendue. Mais ces relations sont indépendantes de la nature particulière des impressions reçues
par les organes, au sens que je donne à ce mot Indépendantes, dans tout ce que je vous écris ; car j'ai déjà observé
qu'on les trouve identiquement les mêmes, soit par le tact,
soit par la vue. En un mot, pour avoir l'idée d'une relation, il faut la percevoir entre des modifications de notre
sensibilité, entre lesquelles cette relation existe. Une fois
qu'on a ainsi acquis l'idée de cette relation, il faut examiner s'il reste dans cette idée quelque chose des modifications comparées ; c'est le cas des idées générales de rouge,
de plaisir, etc., ou s'il n'y reste rien du tout de la nature
particulière de ces modifications, comme il arrive pour les
relations de formes, de nombres, etc. Dans le premier
cas, il est évidemment absurde d'attribuer le rapport observé tel que nous en avons l'idée, aux noumènes ; on ne
peut leur attribuer qu'une propriété inconnue, cause de
ce rapport. Dans le second cas, au contraire, il n'y a nulle
absurdité à leur attribuer la relation elle-même, telle que
nous la concevons, par exemple, à supposer que le nombre
de certains noumènes est 2, 3, 4, 5, etc. Seulement cette
attribution est une hypothèse qu'il faut ensuite rendre
extrêmement probable, en comparant ce qui en doit résulter avec ce que nous observons réellement.

Vous me dites que vous en êtes à concevoir comment
j'ai dénaturé le sens des mots Subjectif et Objectif. C'est
vous qui changez entièrement le sens que leur a donné
Kant ; ce n'est pas le moi qu'il appelle sujet, c'est tout
l'homme, tant son intelligence que ses organes. Pour
prouver qu'il y a quelque chose de subjectif dans toutes

nos perceptions ou représentations, il prend le cas où voyant tout dans un miroir rouge nous jugerions tout rouge. . . . .

. . . .

Vous jugerez vous-même à la vue du tableau que je joins à cette lettre, combien la réunion des deux premiers modes de coordination de chaque système sous une même dénomination, et la séparation du troisième, conservent mieux toutes les analogies, et combien les mots se rapprochent par là de leur signification ordinaire.

Vous trouverez dans ce nouveau tableau une opposition entre les deux mots Permutation et Combinaison. Je pense que vous trouvez comme moi que le premier n'exprime que le changement d'ordre, sans aucune idée de la cause de ce changement, tandis que Combinaison suppose un agent qui combine. Aussi, ce que j'appelle permutation se fait-il entre des images, le plus souvent spontanément, en prenant ce mot dans votre sens, tandis que ce que je nomme combinaison se fait activement et entre des idées.

Il me reste à vous expliquer que n'ayant plus besoin du mot Contuition pour désigner l'association organique des sensations visuelles et tactiles par juxtaposition, je pouvais, en cas d'une indispensable nécessité, employer ce mot tiré du latin, où il signifie regarder plusieurs choses avec une forte attention ; car, *contuitus* vient de *contueri,* contempler, surveiller, défendre contre les dangers, dans le sens figuré ; l'employer, dis-je, dans une signification toute nouvelle, et où il conserve l'idée d'activité qu'il a en latin. Faisons-nous d'abord une idée bien nette des phénomènes qu'il s'agit d'énumérer.

Dans mon ancien langage, je disais qu'il y avait perception de rapport toutes les fois que deux ou plusieurs modifications étant présentes à la fois à l'entendement[1], on apercevait, outre tout ce qui se trouve dans chacune d'elles, considérée séparement, un nouvel élément qui ne peut venir d'aucune d'elles tant qu'elle est seule, mais seulement de leur concours.

Or, cela arrive de deux manières :

1° Le nouvel élément est une ressemblance ou un contraste entre les modifications en question, et il dépend par conséquent de leur nature, comme en présence de deux nuances de rouge et d'une nuance de bleu, on perçoit entre les deux premières une ressemblance qu'elles n'ont pas avec la troisième. Dans ce cas, pour apercevoir cette ressemblance, il faut en quelque sorte rapprocher, identifier jusqu'à un certain point, les deux choses entre lesquelles elles existent. C'est ce qu'exprime proprement le mot Comparaison ; cet acte par lequel on l'aperçoit laisse pour trace l'idée ; dans cet exemple, c'est l'idée du rouge, bien différente des images de divers rouges.

Observez que ce n'est pas une partie commune de ces diverses images, qui n'en ont point, comme traces de sensations simples avant la comparaison.

---

[1] Ceci se rapporte à la théorie des rapports; mon père y distingue : 1° La comparaison par laquelle on constate une ressemblance ou un contraste entre deux modifications de l'âme ; la trace que laisse dans l'âme cette comparaison est une idée générale; par exemple, l'idée générale de rouge obtenue en comparant des nuances qui ont cela de commun d'être rouges ; 2° La contuition, par laquelle on découvre entre deux modifications de l'âme un rapport indépendant de la nature de ces modifications, et qui dépend seulement de leur mode de coordination; par exemple, en voyant une suite de points, on aperçoit s'ils sont dans une même direction, si cette direction varie, quel en est le nombre, etc.

AUTRE FRAGMENT SUR LES RAPPORTS

Comparant entre elles trois différentes espèces de rapports entre nos sensations, dont nous venons d'observer en nous la conception, nous remarquerons que les premiers, les rapports de ressemblance, dépendent de la nature des sensations entre lesquelles nous les avons aperçus, en sorte que, si les sensations venaient à changer, ces rapports changeraient. Par exemple, j'ai conçu un rapport de ressemblance entre deux feuilles d'oranger. Si à l'une de ces deux feuilles je substitue une fleur, le rapport entre la couleur de la feuille et celle de la fleur ne sera plus le même qu'entre les deux feuilles précédemment comparées. Il n'en est pas ainsi des rapports de position et de nombre. Si après avoir conçu qu'une branche est située entre deux autres branches, je remplace les trois branches ou l'une d'elles ou deux d'entre elles par des feuilles ou des fruits, j'aurai en considérant ces nouvelles sensations la vue d'un rapport de nombre, de position ou de forme, indépendant de leur nature.

LETTRE A M. DE BIRAN

TOUS LES FAITS DE L'INTELLIGENCE RAMENÉS A QUATRE SYSTÈMES

1812.

Une autre considération qui m'engage à borner à *quatre systèmes* [1], correspondants, comme je vous l'ai expliqué autrefois, aux quatre catégories de Kant [2], ceux que l'on doit admettre dans l'analyse de notre intelligence, c'est de voir d'abord deux primitifs indépendants l'un de l'autre : le *sensitif* et l'*actif*, dont le premier nous révèle ce que nous sommes relativement à d'autres êtres, en nous apprenant comment nous sommes modifiés par eux ; et le second, ce que nous sommes en nous-mêmes et indépendamment de tout le reste. C'est de voir ensuite deux autres systèmes, en quelque sorte supplémentaires, qui ne sont plus immédiatement destinés à savoir ce que nous sommes, mais ce qu'est un objet quelconque dont nous étudions les propriétés, en examinant, comme lorsqu'il s'agissait de nous-mêmes dans les deux premiers *systèmes*, ou ce qu'il est par rapport aux autres objets d'études auxquels alors nous le comparons, c'est le troisième *système* ; ou ce qu'il est en lui-même, c'est le quatrième *système*. Par un objet d'études, j'entends non pas un être hors de nous exclusive-

---

[1] Ces quatre systèmes sont les bases de tous les tableaux de l'intelligence humaine, que mon père a si souvent modifiés dans les détails.

[2] Hommage rendu à Kant. Cet accord, qui paraît l'effet d'un pur hasard, vient plutôt de ce qu'il a pris plusieurs des bases de son système dans l'observation malgré lui.

17

ment, mais tout ce que nous pouvons étudier : une de nos *sensations*, un groupe d'*idées*, une *conception*, un être hors de nous, etc., quoi que ce soit enfin.

DE LA COORDINATION

PREMIER SYSTÈME — SENSATIONS OU IMPRESSIONS

Celles du tact ou de la vue se coordonnent nécessairement, à l'instant où on les reçoit sur des points de l'organe, avec celles qu'on reçoit en même temps sur d'autres points du même organe; premier mode de coordination : *contùition*. Celles de tous les sens contractent, par la répétition simultanée, un autre genre d'union, en vertu de laquelle elles rappellent les traces ou images les unes des autres; deuxième mode : *association*.

Enfin, dans les rêves, rêveries et bien d'autres circonstances, ces mêmes images se groupent spontanément et presque arbitrairement pour représenter ce qu'on n'a jamais perçu; troisième mode : *agrégation*.

C'est la distinction du moi d'avec les objets, qui deviennent par là hors du moi. Ce système résulte immédiatement du déploiement de l'activité; il donne en outre du moi et du non-moi, la durée, la causalité, etc. L'élément constitutif de ce système est l'*autopsie* (vue de l'être). Cette sorte d'élément s'unit nécessairement en nous avec tout ce que nous éprouvons, avec les phénomènes du premier système, et en même temps au dehors avec les résistances éprouvées; c'est là le premier mode de coordination de ce système : *Cognition*. Nous attribuons aux mêmes existences extérieures toutes les sensations qui viennent et s'en vont avec la résistance, la seule chose que nous en sachions par cognition. Voilà le deuxième mode : *attribution*.

DEUXIÈME SYSTÈME

Enfin, nous admettons des existences extérieures dont nous n'avons jamais éprouvé de résistance, sous les groupes d'images formés dans notre entendement, soit par contuition, soit par association, souvent même par simple agrégation, comme dans les rêves. C'est là le troisième mode d'union entre les éléments de ce système et ceux du précédent : *Induction*. Nous devons à ce phénomène tout ce qu'on doit nommer *croyances*, vraies ou fausses ; elles ne sont et ne peuvent être que des traces d'*induction*.

TROISIÈME SYSTÈME — COMPARATIF

L'élément constitutif de ce système est l'acte par lequel nous apercevons, soit des rapports, soit des relations entre nos modifications, tant entre celles que nous ne rapportons qu'à nous-mêmes, qu'entre celles que nous attribuons aux existences extérieures. C'est cet acte que j'appelle *perception des rapports*. On ne peut apercevoir un rapport sans qu'il s'unisse nécessairement et immédiatement aux termes comparés.

Premier mode de coordination des rapports ou relations : *jugement*. La plupart des rapports sont établis par nous, en vertu d'enchaînements d'idées, entre des termes que nous n'avons point ou ne pouvons pas comparer immédiatement. Deuxième mode : *déduction*.

Enfin, les idées de rapports, de relations ; toutes les

idées générales qui sont les traces des rapports de res--
semblance aperçus, se groupent encore mieux que les
images pour former à volonté ou autrement des idées de
choses inconnues. Troisième mode : *combinaison.*

Voilà douze phénomènes bien distincts. La nature même
de notre intelligence ne permet pas de penser qu'il y ait
d'autres phénomènes intellectuels, essentiellement différents de ceux-là.

AUTRE LETTRE CONTENANT UNE ANALYSE DES QUATRE SYSTÈMES

11 janvier.

Votre lettre m'a fait un grand plaisir, mon cher ami, et
j'attends votre tableau avec la plus vive impatience. Je vais
en attendant vous faire quelques observations sur ce que
vous m'en dites.

1° Vous pensez que je classe les phénomènes d'après
leurs ressemblances, à la manière des physiciens et des
naturalistes ; et vous aimez mieux les ranger d'après les
facultés qui les produisent. Je crois qu'à cet égard j'ai fait
précisément comme vous. J'ai distingué mon premier système (le système sensitif) par le seul caractère de ne contenir que des phénomènes dont on peut concevoir l'existence sans le déploiement de l'activité. Les divers phénomènes que je réunis dans ce système n'ont que cette seule
ressemblance. Ce sont la sensation, l'association, l'agréga-

-tion (comme dans les rêves et les vagues rêveries), l'affection, le mouvement instinctif ou Protocinèse, l'agitation
causée par l'espèce d'affection que Condillac nomme in-
quiétude, et les traces que ces phénomènes laissent après
eux. Je nomme ce système sensitif, parce que tous ces phénomènes sont produits par les mouvements excités dans
les organes des sens externes ou internes. Dans mon second système, j'ai mis tous les phénomènes dont la cause
est dans le fait primitif de la distinction entre notre propre
existence et celle d'autres êtres, fait primitif dû au premier
déploiement, tel qu'il a lieu dans l'enfant d'un à deux ans.
L'action se porte généralement au dehors, s'exerce à mouvoir les membres, etc. Il y a un moi distinct, mais uni aux
modifications simultanées, cause de nos mouvements, sans
que l'idée de causalité soit réfléchie et mise à part. Ce système est celui de l'enfance de l'intelligence humaine,
comme le précédent est celui de l'huître. Comment vous
étonnez-vous d'y voir les croyances et les émotions? Ne
sommes-nous pas convenus que dans l'être purement passif
il ne peut y avoir ni durée, ni succession, ni passé, ni
avenir, ni rien de relatif à quelque chose d'absent; par
conséquent ni crainte, ni désir, ni croyance, tous phénomènes dont la cause est dans la distinction de notre existence d'avec les objets extérieurs? C'est donc moi qui range
les phénomènes d'après leur cause, quand je place ceux-ci
dans le second système.

Vous trouvez quelque chose de sensitif dans les émotions
(désirs, craintes, terreurs, etc.). Serait-ce que par hasard
vous auriez lié au mot sensitif l'idée de plaisir ou douleur?
Moi, je n'y joins que l'idée d'être causé par un mouvement
des organes des sens. Être agréable ou pénible est une
ressemblance à la manière des physiciens et des natura-

listes ; ce n'est point d'un tel caractère que je tiendrai jamais compte. Je range tous les phénomènes d'après leurs
causes, qui sont nos facultés. On vient de lire à un criminel
sa sentence ; il n'y a là de sensitif que les sons qui ont
frappé son oreille, et qui sensitivement ne l'affecteraient
nullement ; mais la croyance que cette sentence sera
exécutée le lendemain, la connaissance du temps futur,
celle de la puissance des autres hommes qu'il n'a connue
que par la sienne propre, voilà ce qui produit en lui cette
épouvantable émotion, dont tous les éléments, toutes les
causes sont dans le système actif primitif.

Je sais comme vous que l'émotion produit souvent la
croyance ; mais plus souvent encore, comme dans le cas
de ce criminel, et mille autres, c'est la croyance qui produit l'émotion. J'ai mis l'émotion à la suite de la croyance,
comme l'affection à la suite des phénomènes représentatifs
de la pure sensation, sans vouloir par là les regarder
comme postérieurs, mais parce que, mettant dans chaque
système des phénomènes représentatifs et d'autres affectifs,
il fallait bien pour l'uniformité placer les uns toujours les
premiers, et les autres après. Le choix à cet égard étant
arbitraire, je me suis conformé à l'ordre usité généralement, sans contredire pour cela la primauté, relativement
au temps, des affections par les sensations.

Observez bien que dans mon langage Sensation veut dire
la partie non affective des modifications produites par les
sens. Ce n'est qu'un abus de mots qui a fait attacher au mot
sensation des idées de peine ou de plaisir.

Je n'ai rien compris à ce que serait un système sensitif
composé, ni comment on y admettrait des phénomènes qui
supposeraient nécessairement un développement de l'activité, et ne seraient pas dus aux mouvements excités dans les

organes des sens. Je pense que vous y renoncerez, quand vous aurez réfléchi à ce que je viens de dire, à moins que vous ne vouliez renoncer à classer les phénomènes par leurs causes. Au reste, ce serait précisément mon second système, où je n'admets rien de véritablement réfléchi, tout ce qui l'est devant être réservé pour le quatrième système.

Je vous prie d'examiner de même mon troisième et mon quatrième système. Vous ne verrez dans l'un que les phénomènes dont la cause est dans la faculté d'apercevoir : 1° les ressemblances et dissemblances, qui nous fournissent les idées générales ; 2° les relations, qui nous donnent les notions. C'est pour cela que la combinaison est dans le troisième système ; car ce n'est qu'avec des idées générales qu'on peut former des conceptions de choses qu'on n'a pas vues ; le poëte, le romancier, l'artiste conçoivent ce qu'ils créent, avec des idées de cette classe, que je nomme simplement idées.

Je n'ai pas compris comment vous trouviez du vague dans les mots de combinaison et conception. Le mot Combinaison a un sens éminemment actif qu'il doit à sa racine, le verbe combiner ; tout le monde l'emploie précisément dans le sens que je lui donne, et je ne sache pas qu'on en ait jamais fait un autre usage. C'est proprement l'action de combiner que je prends par extension pour le résultat de cette action. Quant à la conception, n'est-ce pas proprement la représentation d'une chose qu'on n'a pas vue, mais qu'on a conçue d'après une combinaison ? Ainsi je conçois, j'ai la conception de la tour octogone de porcelaine qu'on dit être à Pékin ; mais je me souviens du Louvre ; c'est un souvenir, mot opposé en ce sens à conception.

Voici, mon cher ami, une phrase de votre lettre qui m'a

bien autrement surpris : « Comment confondre en effet ce qui est passif avec ce qui est actif, une sensation, par exemple, qui s'avive d'elle-même au point de devenir exclusive, avec un mode perçu qui s'éclaircit ou se distingue par un acte d'attention ? » Cela serait bon à dire à ceux qui peuvent dire une telle sottise. Mais comprenez-vous si mal mon tableau que vous n'ayez pas vu que le mouvement organique qui avive une sensation, est dans mon premier système parmi les protocinèses, que l'attention (mal à propos nommée dans le cas présent) donnée spontanément à l'objet qui nous effraye est une incitation, que l'attention volontaire, la seule qu'on dût nommer attention, est une volition, etc.?

Après le reproche de ne pas établir mes divisions sur les causes des phénomènes que je classe, et que vous voyez, par ce qui précède, venir surtout de ce que je ne vous ai pas exposé les raisons qui placent chaque phénomène dans sa classe, vous passez, mon cher ami, à l'objection de la symétrie qui règne dans mon tableau. N'avez-vous pas remarqué qu'elle est une suite nécessaire de la marche que m'a tracée cette idée sans laquelle je me serais infailliblement égaré dans ce labyrinthe? Tout phénomène laisse une trace de même nature que lui, qui doit par conséquent être placée à côté de lui dans le même système. Il ne peut y avoir dans un système que le phénomène primitif de ce système, la trace de ce phénomène, et les diverses coordinations soit entre ce phénomène, soit entre sa trace, et d'autres phénomènes du même système ou des systèmes précédents. Or, ces coordinations se forment ou à l'instant du phénomène, ou postérieurement entre sa trace et d'autres phénomènes. Ainsi, les sensations s'unissent par des associations; et leur trace (les images), par des agrégations.

L'autopsie donne naissance aux attributions, la comparaison aux jugements, et le phénomène premier du quatrième
système, ce que je voulais nommer synthétopsie, aux déductions. Ce n'est que postérieurement qu'ont lieu dans
le deuxième système les croyances, dans le troisième les
combinaisons, dans le quatrième les opinions, etc.

Mais ayant remarqué que les coordinations qui s'établissent dès l'instant où le phénomène naît, sont de deux
sortes, suivant qu'elles résultent immédiatement et nécessairement de la connaissance du phénomène, ou qu'elles
dépendent d'autres circonstances, telles que des phénomènes précédents, des habitudes acquises, etc., dès lors
j'ai dû subdiviser en deux par des épithètes, l'association,
l'attribution, le jugement et la déduction. Ce n'est donc
pas moi qui établis cette symétrie. Ce n'est pas non plus la
nature par une sorte de hasard. C'est une suite nécessaire
de ce que nous ne pouvons concevoir rien autre dans tout
ce qui est représentatif, que les éléments dont se composent
toutes nos représentations (dans le sens général que les
Allemands donnent à ce mot), et les divers modes de coordinations établis entre ces éléments, et qui ne peuvent être
qu'immédiats, ou médiats, ou postérieurs à la naissance du
phénomène.

Je m'exprime si mal que je crains bien de ne me pas
faire entendre. C'est cependant une idée bien simple.
Nous sommes d'accord qu'il n'y a que quatre sortes d'é-
léments dans tout ce que nous concevons : la sensation,
l'autopsie, la comparaison ou perception des rapports de
ressemblance, et enfin la perception des relations, que je
voulais nommer synthétopsie. Il ne peut donc y avoir que
quatre systèmes dans le tableau de l'entendement. Le premier doit comprendre les sensations, leurs traces, et les

diverses manières dont elles peuvent s'unir passivement ;
le second, l'autopsie et tout ce qu'elle produit, en s'unissant
aux phénomènes du premier système. Ce système, que je
nommais autopsique, appelons-le système mixte; et vous ne
serez plus surpris d'y voir tous les phénomènes comme la
croyance, l'émotion, etc., qui ne peuvent exister sans le
premier déploiement de l'activité qui constitue le moi se
sentant uni à ses modifications, en produisant de nouvelles, et donnant naissance aux idées de succession, de
passé, et d'avenir. Dans le troisième système, on doit mettre tous les résultats de la comparaison des phénomènes
des deux systèmes précédents, d'où les idées générales, tant
en elles-mêmes que comparées à leur tour entre elles et
aux sensations, et y joindre les produits de l'imagination
formés avec ces idées générales, produits que j'ai nommés
combinaisons. Le phénomène caractéristique du quatrième
système étant de voir, dans un groupe déjà formé, les relations qu'établit entre ses éléments le mode de coordination
de ces mêmes éléments, en vertu d'une attention essentiellement active fixée sur ce groupe, il faudra comprendre
dans ce système toutes nos idées de relations, les déductions ou raisonnements auxquels elles donnent naissance
exclusivement, et toutes les conséquences soit rigoureuses
soit probables que nous en déduisons.

D'après cette marche si lumineuse et si naturelle, à ce
qu'il me semble, jointe à ce qu'outre les quatre phénomènes élémentaires de chaque système et leurs traces, il
ne peut y avoir que des coordinations entre les uns et les
autres, et que ces coordinations ont lieu ou en même temps
que le phénomène et par les mêmes causes, ou en même
temps que lui par d'autres causes, telles que des phénomène précédents, des habitudes acquisés, etc., ou enfin

postérieurement au phénomène, entre sa trace et d'autres phénomènes ; d'après cette marche, dis-je, on ne peut être conduit qu'à mon tableau, sauf les mots que vous pouvez changer à votre gré.

Pour que je pusse abandonner ce tableau, où tous les phénomènes sont classés d'après leurs causes, et où le nombre de ces phénomènes est déterminé *a priori* par les premières lois de notre entendement, pour que je pusse lui en préférer un autre, il faudrait me faire voir : 1° que cet autre système n'est pas une classification arbitraire, mais un résultat immédiat des lois primitives de notre entendement ; 2° il faudrait me montrer *a priori* comment ces lois fixent le nombre des phénomènes, comme ils sont dans cet autre système ; 3° me faire voir que mon tableau contient des phénomènes qui peuvent être réduits à un moindre nombre ; ce qui ne se peut, puisqu'il n'y en a aucun qui ne diffère essentiellement de tous les autres ; 4° qu'il y a quelque chose dans l'entendement qui ne se trouve pas dans mon tableau. C'est ici la vraie pierre de touche de sa vérité. Je ne connais pas le vôtre qui est encore en route, et je suis prêt à parier qu'aucun des phénomènes que vous y avez indiqués ne rentrera dans un des miens, tandis que je suis presque sûr que vous en aurez oublié. Je vous dirai alors où est dans votre tableau la place de la démonstration du carré de l'hypoténuse, celle du syllogisme, celle du l'Iliade, celle de la croyance des mahométans sur la lune partagée en deux d'un coup de sabre, etc. ; tout cela a sa place marquée d'avance dans mon tableau ; tous ceux du vôtre s'y trouvent aussi d'avance ; je vous le montrerai dès que je l'aurai reçu.

L'idée de chaque phénomène de mon tableau est absolument indépendante du mot dont je me sers pour le repré-

senter. Je ne sais si vous avez le même avantage ; je lui
dois de pouvoir changer mes mots à volonté sans rien changer à mes idées. J'aime autant Intuition intellectuelle que
Synthétopsie, pourvu que vous n'appeliez plus Intuition
la partie représentative des sensations ; car ce sont là deux
phénomènes diamétralement opposés. Par synthétopsie,
j'ai entendu non pas la vue du groupé, comme vous semblez le supposer, mais la vue du mode d'union des éléments du groupe, par laquelle on met à part la notion de
ce mode d'union, comme la causalité, le nombre, la
forme, etc. Si vous appelez cet acte éminemment actif Intuition intellectuelle, ce n'est qu'en regardant le mot Intuition comme exprimant l'action de voir dans le groupe, de
la préposition *in* (dans) ; alors il faudrait nommer l'autopsie
Intuition primitive, vue en dedans du moi. J'aimerais mille
fois mieux cette expression que celle d'Aperception, mot
aussi vague qu'insignifiant, puisqu'on aperçoit aussi bien
les sensations et les rapports de ressemblance que le moi et
les relations.

J'aimais assez l'analogie grammaticale des mots Autopsie et Synthétopsie, les deux phénomènes qu'ils représen-
taient ayant une telle analogie que l'un est comme un progrès ultérieur de l'autre.

Comment pouvez-vous, mon cher ami, consentir à désigner un phénomène si simple et si primitif par cette longue
périphrase : Aperception immédiate interne?

Croyez-vous que l'analogie de mes quatre systèmes et
des quatre catégories de Kant, auxquelles je n'avais point
songé en le composant, soit l'effet du hasard? N'est-ce pas
plutôt un résultat des lois de notre entendement? Avez-
vous fait attention que le nouveau phénomène qui donne
naissance au système dont il forme le premier point, se

combine avec tous les phénomènes des systèmes précédents : 1° le moi enfantin du second système avec les phénomènes sensitifs; 2° la comparaison avec tous les phénomènes
des deux systèmes précédents, qu'elle nous conduit également à classer et à dénommer; 3° l'intuition intellectuelle
ou synthétopsie, avec toutes les coordinations fournies par
les trois autres systèmes, où elles découvrent dans celles du
premier les relations de nombre, de figure et d'étendue,
d'où naissent toutes les déductions mathématiques; dans
celles du deuxième système, les relations de causalité, de
succession, de substance et d'accident, d'existence, etc.,
d'où naissent toutes les déductions des sciences métaphysiques et morales *à priori;* enfin dans les classifications du
troisième système, les relations de compréhension, source
de toutes les déductions logiques, du syllogisme, etc. Ce
n'est qu'en partant de ce point de vue que j'ai pu me faire
une idée nette de ces trois sortes de déductions et des
nuances qui les caractérisent, sans empêcher qu'elles découlent toutes d'un principe unique, que je vous énoncerai
dans une prochaine lettre, et qui est le fondement de
toute connaissance nécessaire, comme la théorie des hypothèses explicatives est la base de toute connaissance
nouménale objective. Je suis convaincu, mon cher ami,
que vous ne connaissez bien encore ni les principes, ni la
marche nécessaire, ni les applications de ma théorie, ou
plutôt de celle de la nature même de mon entendement; je
le vois jusque dans votre dernière lettre. Je crois même
que sans cela vous ne me proposeriez pas de remplacer le
mot Autopsie par celui d'Aperception immédiate interne,
qui me semblerait plus propre à désigner l'application de
l'intuition intellectuelle au phénomène de l'autopsie, et à
la causalité qu'il contient, que ce phénomène lui-même.

Cette application est un acte de la raison réfléchie, qui ne peut appartenir qu'au quatrième système. Je ne puis vous en écrire davantage sans avoir vu votre tableau. S'il n'était pas encore parti, envoyez-le moi de grâce et sur-le-champ. Je meurs d'impatience de le voir. Répondez-moi aussi, je vous en conjure, sur tous les points que j'ai indiqués de mon mieux dans cette longue lettre. Y a-t-il des choses que vous n'admettiez pas?

Adieu, mon cher ami, je vous embrasse de toute mon âme.

————————

Lyon, le 12 juillet 1812.

« Je suis arrivé, mon cher ami, avant-hier, 10, dans cette ville. Hier, M. Ballanche m'a remis votre lettre. Je serai à Paris du 25 au 26 juillet, et j'ai bien peu de temps pour vous répondre ; car nous sommes tellement surchargés d'ouvrage que je ne sais comment nous en viendrons à bout. Cependant cette lettre m'a fait tant de plaisir en me donnant de vos nouvelles, dont j'étais privé depuis bien longtemps, que je commence à vous écrire un mot à la hâte sans savoir seulement si je pourrai achever ma lettre. En reconnaissant votre écriture sur l'adresse, j'éprouvai une bien vive satisfaction ; mais elle a été cruellement empoisonnée par ce que vous me dites de l'état de votre santé ; j'espère qu'elle continuera à s'améliorer, et que ce voyage aux eaux, qui me prive du plaisir de vous trouver à Paris, la rétablira complétement.

Je conviens avec vous, mon cher ami, qu'il m'est presque impossible de me faire entendre par lettres sur les points de ma théorie psychologique. L'explication de vive voix peut seule vous en donner une connaissance complète ; je veux seulement vous présenter ici un aperçu de ce que je pense sur les deux ou trois points où nous différons le plus, et d'abord au sujet de votre premier système.

Je l'admets bien comme vous pour système affectif pur et primitif ; mais vous êtes convenu mille fois avec moi qu'il y avait un système sensitif représentatif indépendant du Moi, qui a lieu chez les animaux, et qui, par conséquent, n'est pas du tout comme vous semblez l'indiquer dans votre lettre, une sorte de résultat du système affectif pur, qui n'y contribue en rien, et du système autoptique, qu'il précède nécessairement.

Le système affectif pur ne fournissant directement aucun élément à nos connaissances, c'est par le système sensitif représentatif qu'il faut commencer le tableau de tout ce qui entre dans ce qu'on nommait autrefois entendement. Ce système sensitif représentatif lui fournit immédiatement les images et les divers modes d'union entre les images. Il n'y a à y considérer, comme dans les autres systèmes, sous le point de vue de l'entendement, que des éléments représentatifs et des coordinations entre ces éléments, moyen d'analyse qui ne peut nullement s'appliquer au système affectif pur. Faites donc de ce dernier tout ce qu'il vous plaira, pourvu que vous en traitiez tout à fait à part et par une méthode qui lui soit particulière, en évitant de le présenter dans un même tableau avec les quatre autres systèmes de phénomènes relatifs à l'entendement, dont il détruirait toutes les analogies. Qu'il soit hors de rang, et je suis content, pourvu que le système sensitif représentatif qu'on trouve dans votre tableau, soit bien reconnu comme un système primitif et indépendant de tout autre. J'y ai beaucoup travaillé pendant cette tournée, et je suis persuadé que vous adopterez les résultats de cette recherche, qui me paraissent s'accorder très-bien avec l'ensemble de vos idées. Je vous les communiquerai quand vous serez à Paris.

Au sujet du mot Intuition que je veux ramener à sa signification primitive : regarder dedans, *in tueri*, je n'ai qu'un mot à vous dire.

1° Cette signification s'accorde parfaitement avec le sens dans lequel presque tous les métaphysiciens ont employé les mots : intuition, vérités intuitives, connaissance intuitive, pour toutes les vérités abstraites qu'on aperçoit immédiatement. Je vous ferais voir aisément que l'intuition de Pestallozzi en est un cas particulier, puisque c'est une méthode où, au lieu de trouver les règles de l'arithmétique par le raisonnement, on les voit immédiatement, précisément par ce que j'appelle l'intuition, dans un groupe formé de lignes, etc.

2° S'il était possible de trouver, de quelque manière que ce fût, un mot pour désigner cette vue immédiate des rapports nécessaires, qui est le premier phénomène du quatrième système, et qui en fournit tous les éléments, je n'insisterais pas sur cet emploi du mot intuition. Mais cela est tellement impossible que, depuis que nous écrivons là-dessus, vous n'avez pu vous-même en trouver un à me proposer ; car celui de réflexion, outre qu'il n'a dans son étymologie aucun rapport à ce dont il s'agit, que dans le sens où l'a pris M. de Gérando, il n'en est qu'un cas très-particulier, et que dans le sens ordinaire de la langue française il s'applique à tout emploi de nos facultés, quelles qu'elles soient, où l'on médite sur un objet quelconque. Réfléchissez, dit-on tous les jours, faites des réflexions profondes sur ce sujet important. Je crois absolument impossible, quelque précaution qu'on prenne, d'empêcher la masse des lecteurs d'entendre ce mot dans ce sens vulgaire par la force de l'habitude, et de s'exposer à être aussi mal compris que Locke l'a été pour s'être servi de ce mot. Vous savez que cela a été au point qu'on croit encore généralement, quoique bien à tort sans doute, qu'il est du nombre des philosophes qui n'ont vu partout que la sensation.

Vous ne voulez pas sans doute vous exposer à n'être nullement compris ; vous parviendrez à l'être en employant le mot Intuition comme moi, parce que ce mot n'étant pas vulgaire, on est encore à temps de lui fixer un sens, d'accord d'ailleurs avec son étymologie, et qui s'écarte à peine de la signification que lui ont donnée la plupart des métaphysiciens.

Enfin, ce qui me paraît devoir achever de vous décider, c'est que vous pouvez très-bien vous passer de ce mot dans l'exposition du système sensitif, où vous vouliez l'employer, puisque vous me dites vous-même que vous pouvez adopter à sa place le mot Impression. Faites-moi encore cette concession ; et nous pourrons, du moins dans les écrits que nous préparons, parler à peu près la même langue.

Je vous prie, mon cher ami, de me répondre là-dessus le plus tôt que vous pourrez.

Roanne, le 21 juillet.

Il ne m'a pas été possible, cher et excellent ami, d'ache-. ver cette lettre à Lyon ; je l'y avais écrite à plusieurs reprises, je viens...

Paris, le 26 juillet.

J'ai été interrompu en commençant à vous écrire, mon cher ami, par le directeur du collège de Roanne ; et, depuis toujours avec lui ou ses élèves, ou dans la voiture, je n'ai pu seulement entrevoir la possibilité de reprendre cette ettre. Il me reste à vous demander comment vous me dites que, d'après ma définition de l'Intuition, les notions qu'elle laisse seraient composées, parce qu'elle aurait lieu dans un groupe. Sans doute le groupe est composé ; mais les nouveaux rapports aperçus entre les parties de ce groupe, en sont-ils moins des éléments simples ? Il est bien clair que ces nouvelles relations sont ce qu'il y a de plus simple dans notre entendement, considérées, comme elles le sont dans ce système, en elles-mêmes et indépendamment des parties du groupe entre lesquelles elles existent.

Une ligne droite est comme une courbe, un groupe composé d'une infinité de points. La relation de rectitude entre ces points, que l'intuition nous révèle entre les points

de la droite et non entre ceux de la courbe, est une notion
simple. Je n'ai pas dit que le Moi fût donné par l'intuition,
mais bien la causalité distinguée du Moi, et considérée en
elle-même. Dès le second système, le Moi existe, mais
groupé en une seule complexion avec l'effet produit. L'intuition nous découvre entre ces deux parties du groupe,
savoir : le Moi et l'effet produit, la relation de causalité,
celle de liberté, etc., qui sont encore des notions simples.
Je n'ai pas compris du tout ce que vous m'avez dit sur la
ligne droite. Dans le sens que je donne au mot groupe,
elle est évidemment un groupe de points ; car j'entendais
par groupe, dans ma définition, tout ce qui est composé.
Mais ce n'est pas dans le groupe de la ligne droite seulement qu'on peut voir par intuition qu'elle est plus courte
qu'une courbe. Il faut pour cela que la droite se joigne à
leurs extrémités et ne forme qu'un seul groupe de points,
qui est le contour, en partie droit et en partie courbe, qui
renferme un espace de toutes parts. C'est entre les deux
parties, l'une droite et l'autre courbe de ce contour entier, qu'on aperçoit le rapport de plus grande longueur
dans la partie courbe, rapport précisément et uniquement
fondé sur l'union de ces deux parties en un seul contour
(groupe total) ; car lorsqu'une droite et une courbe ne sont
pas ainsi réunies en un seul contour, la droite peut être
de mille lieues et la courbe de quelques lignes, parce que
séparées l'une de l'autre ainsi,

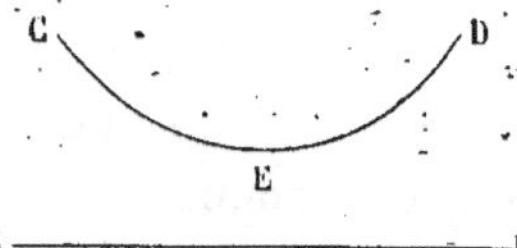

ce sont deux groupes de points indépendants l'un de l'autre, et qu'unis ainsi en un seul contour ce sont deux parties

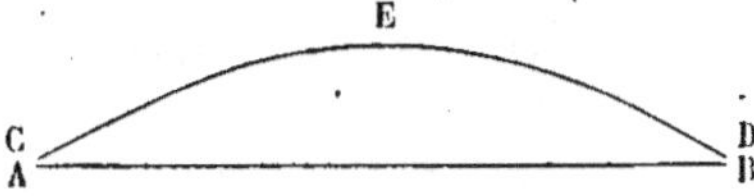

d'un même groupe dont l'existence entraîne nécessairement
la relation $AEB > AB$. Cette relation, comme toutes celles
qui sont connues par intuition, est indépendante de la nature des lignes, soit qu'elles soient vues ou touchées, ou
seulement conçues dans l'imagination.

C'est parce que les notions sont ainsi indépendantes de
la nature des éléments du groupe où on les aperçoit, qu'il
n'y a point de contradiction à les supposer exister dans les
noumènes. Il y aurait absurdité manifeste à y supposer
toute autre chose. C'est pourquoi le phénomène que j'ai
appelé déduction (le dernier du quatrième système), se
compose entièrement de notions fournies par des induc-
tions, mais transportées où elles n'ont ni été ni pu être
aperçues ; ce qui est en analogie parfaite avec la formation
du quatrième phénomène dans chacun des trois autres systèmes. Il n'est pas moins évident que le troisième phénomène du quatrième système (le raisonnement) n'est aussi
qu'une chaîne de jugements, dont chacun résulte immédiatement d'une intuition. L'analogie est encore ici complète
entre les quatre systèmes. Je n'ai pas compris du tout
comment elle vous avait échappé, et comment vous n'avez
pas vu que c'est précisément dans le quatrième système
que les trois modes d'union entre les éléments de ce système dérivent le plus immédiatement de ces éléments eux-
mêmes.

Vous me parlez du choix souvent si difficile des termes
intermédiaires. Sans doute qu'en passant par différents

termes intermédiaires, le raisonnement conduit à différents
résultats, et qu'il faut les choisir quand on veut arriver à
un résultat déterminé. Mais cela empêche-t-il que chaque
terme intermédiaire soit, dans le raisonnement, lié au
suivant par une relation intuitive? Et d'ailleurs le choix lui-
même des termes intermédiaires peut-il se faire autrement
que par un jugement, suite immédiate d'une autre intuition
par laquelle nous voyons que tel terme intermédiaire con-
duira à tel résultat?

Voici ce que je me charge de vous démontrer, dès que
nous nous reverrons :

1° La théorie de l'identité des idées sous des signes différents, regardée comme l'origine du jugement et du raisonnement, est ce que les hommes ont jamais inventé de
plus faux et de plus ridicule. Ou les idées sont réellement
identiques, et alors il n'y a qu'une chose à dire : c'est que
A est A, sans aucun progrès possible. Voyez le chapitre
de Locke sur la sottise des jugements identiques.

2° Il n'y a point de conclusion sans prémisses; il faut
un point de départ. Où le prendre dans ces jugements reconnus dans tous les siècles comme évidents, excepté par
quelques métaphysiciens systématiques, comme ceux-ci :
L'espace ne peut avoir ni plus ni moins de trois dimensions;
une droite, qui a deux points également distants d'une autre,
a tous ses autres points à la même distance de cette dernière;
c'est le fameux théorème qu'on n'a jamais pu démontrer;
rien ne peut commencer sans une cause qui détermine son
commencement à l'époque où il commence (*ex nihilo nihil*); la volonté de l'homme est la cause de ses actions, etc.
où prendre, dis-je, des prémisses? Ces prémisses ne
peuvent être des jugements antérieurs; que seront-elles?

J'ai le premier résolu cette question, dont Descartes avait

approché, et sur laquelle les autres métaphysiciens français
ont tant déraisonné avec leur identité. Ces prémisses sont
et ne peuvent être, pour ces jugements primitifs, que des
coordinations ou unions préétablies entre les éléments d'un
groupe, où l'on voit intuitivement une relation jusqu'alors
cachée dans ce groupe. Descartes disait : « On peut affirmer d'une chose tout ce qui est compris dans l'idée claire
et distincte de cette chose. » Comment quelque chose
pourrait-il être compris dans l'idée d'une chose, si cette
idée n'était pas complexe, n'était pas déjà un groupe?

Vous me proposez d'appeler mon intuition Analyse abstraite. Moi je vois deux sortes d'intuitions : l'intuition analytique qui nous fait retrouver dans un groupe ce que nous
y avons mis en le formant ; elle nous le fait mieux connaître
en prévenant les erreurs qui pourraient venir du défaut de
mémoire ; mais elle n'ajoute réellement rien à nos connaissances ; l'intuition synthétique, qui nous fait découvrir dans
un groupe ce que nous n'y avons point mis, mais qui résulte du mode même de coordination ou d'union entre les
éléments de ce groupe; mode déterminé par les lois primor-
diales de toute existence, et absolument indépendant, dans
les cas dont nous parlons, de la nature des éléments coordonnés. C'est ainsi que les figures tactiles de Sanderson lui
fournissaient les mêmes intuitions que les figures visibles
fournissent aux géomètres qui y voient. Pour parler comme
vous me le proposez dirais-je : Analyse analytique et analyse
synthétique? Ou cesserais-je de distinguer le raisonnement
analytique, où sans rien ajouter au groupe on le simplifie en
rejetant successivement ce qui est inutile au but qu'on se
propose, et le raisonnement synthétique, où le groupe devient au contraire de plus en plus compliqué par les nouveaux éléments que chaque intuition successive en fait sortir

et joint aux éléments précédents par autant de jugements ?
Faudrait-il enfin fonder sur un phénomène que je nommerai : Analyse abstraite, les jugements que les Allemands
ont nommés, à la vérité assez mal à propos, jugements
synthétiques *à priori*, et que je me suis attaché à expliquer en les ramenant à mon intuition ?

Vous me demandez des exemples d'axiomes, en voici :

1° Dans un contour en partie rectiligne et en partie curviligne, la partie rectiligne est plus courte que l'autre ; ce
qui ne peut se voir que dans le groupe total de tous les
points du contour.

2° L'espace a trois dimensions ; ce qui ne peut se voir
que dans une coordination d'éléments quelconques en espace ; ce qui est encore un groupe.

3° L'effort est la cause du mouvement produit dans le
bras, par exemple ; ce qui ne peut se voir que dans un
groupe où entrent comme éléments : l'effort, les impressions musculaires de l'intérieur du bras, et les impressions
extérieures qui nous apprennent que le bras s'est mu.

DES IDÉES, DES JUGEMENTS ET DES RAISONNEMENTS

Vous avez vu, mon cher ami, par la lettre commencée à
Lyon, que j'ai fait partir presque en arrivant ici, comment
il m'avait été impossible de vous répondre plus tôt ; ainsi
je ne m'excusai pas sur ce délai dont vous me faites des
reproches pleins d'amitié dans celle que je reçus hier de
vous, mais qui n'en ont pas moins été pénibles pour moi,
en me forçant à me faire à moi-même ou plutôt à des circonstances impérieuses, des reproches encore plus graves.

Nous voilà à présent bien d'accord sur le langage pour
le quatrième système. Reste à l'être sur la théorie de ce

système, théorie dont beaucoup de points nous sont communs, mais sur laquelle nous différons encore à quelques égards.

1° Vous voudriez définir l'intuition : La faculté d'apercevoir, dans les êtres simples, des relations qui dérivent immédiatement de leur existence, ou qui ne sont que leur essence même.

Or, il me semble évident que le plus souvent ce ne sont pas des êtres entre lesquels l'intuition découvre de nouvelles relations, mais des abstractions de notre esprit, comme les lignes, les surfaces et même les nombres, et la dépendance des espèces en général, relativement aux genres qui les comprennent. Voyez ce que j'en dirai tout à l'heure. Ce n'est que quand l'intuition de cause a lieu entre le moi ou l'effort et les sensations musculaires qu'il produit, qu'on pourrait se servir du mot Être ; encore les sensations ou impressions musculaires, qui font nécessairement partie du groupe, comme je disais autrefois ou de la coordination, comme je dis à présent, dans laquelle se fait l'intuition, ne sont pas des êtres.

Je ne saurais dire, ni que la ligne droite est un être, ni que ce soit quelque chose de simple. Chacun de ses points est un élément. La droite est la coordination de ces éléments. Je disais le Groupe, en prenant ce mot dans une signification que j'avoue à présent avoir été trop générale ; je n'emploierai plus ce mot, et je dirai : Coordination, pour toutes les manières possibles dont des éléments peuvent être réunis ensemble. Je n'admettrai jamais qu'il puisse y avoir entre des éléments d'autres relations que celles qu'établissent les divers modes de coordination ; car, si les êtres simples réellement élémentaires étaient absolument identiques, c'est comme s'il n'y en avait qu'un. Sinon, ils seront différents, et, n'ayant point de parties, ils ne pourront avoir d'identité partielle. Tout au plus pourraient-ils avoir des ressemblances ou différences ; mais cela ne donnerait lieu qu'aux phénomènes du troisième système.

Descartes disait que la base de toute vérité nécessaire était qu'on devait affirmer d'une chose tout ce qui était compris dans l'idée claire et distincte de cette chose. Il n'y a évidemment rien de compris dans un élément. On ne peut donc rien affirmer d'une idée ou notion simple tant qu'elle est isolée. Il faut que le moi ou l'effort soit joint à la sensation musculaire qu'il produit, en une coordination formée de ces deux éléments, pour qu'on puisse affirmer quelque chose ; par exemple, qu'il est la cause de cette sensation. Je vous ai expliqué, dans ma dernière lettre, qu'il n'y a point de relation de grandeur entre une droite et une courbe isolées l'une de l'autre, puisque voilà une droite A B plus longue que la courbe C E D, que j'ai pla-

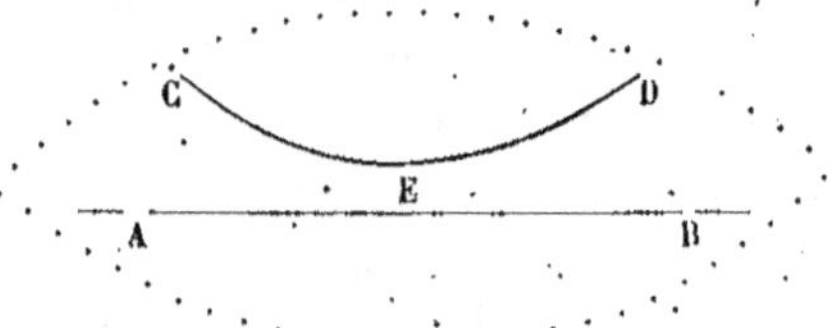

cée au-dessus. Ce n'est que quand elles sont réunies en une seule coordination, c'est-à-dire, en un seul contour

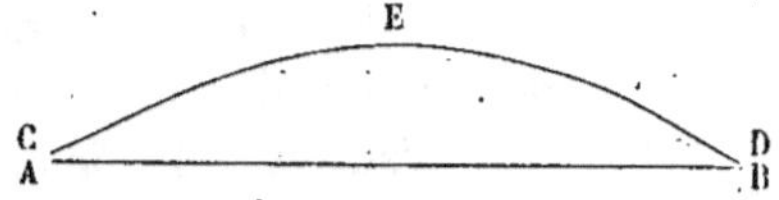

qui renferme un espace de toutes parts, ainsi que cette sorte de coordination entre tous les points de ces deux lignes, qu'a lieu la relation nécessaire $AB < ACEDB$.

Aux idées innées près, je crois que Descartes est un des métaphysiciens dont les idées se rapprochent le plus des miennes. Il y a un moyen bien simple de voir si nous nous entendons bien, c'est que vous lisiez attentivement le chapitre VIII du quatrième livre de Locke, dans le dernier tome de son *Essai sur l'entendement humain*. C'est précisément l'exposition de mes principes contre la ridicule théorie de Condillac. Je me charge en outre de vous prouver, quand vous voudrez, que rien n'est plus faux que de dire, que dans le raisonnement, les signes changent seuls, et que l'idée reste constamment la même sous des signes différents. Il est bien évident que, dans la démonstration de la fameuse propriété du triangle rectangle, l'idée complète qu'on a de ce triangle change à chaque opération ; en acquérant de nouveaux éléments, elle va toujours en se compliquant. Or, voici ce que je me suis dit : Il est incontestable qu'il y a des vérités nécessaires, évidentes par elles-mêmes, ou démontrées par des raisonnements dont chaque passage successif est évident par lui-même. Je suis parfaitement convaincu, par le chapitre de Locke cité tout à l'heure, et par mes propres réflexions, que cette évidence n'est point fondée sur la prétendue identité des mêmes idées sous des signes différents. Il y a donc un autre fondement de l'évidence; et ce fondement auquel personne que je sache n'avait encore pensé, j'ai eu le bonheur de le découvrir et de le mettre hors de doute : c'est que les divers modes de coordination établissent, entre les éléments coordonnés, des relations indépendantes de la nature de ces éléments. Ainsi Sanderson découvrait entre des points, des lignes et des surfaces tactiles, les mêmes relations que nous découvrons entre des points, des lignes et des surfaces visibles.

C'est là, ce que doit faire l'intuition que je définirai
ainsi :

L'acte[1] par lequel nous voyons, dans une coordination
préexistante, indépendamment de la nature des éléments
coordonnés, le mode même de la coordination et les relations qui en sont une suite nécessaire.

2° Vous me dites que vous ne distinguez pas l'intuition
du jugement intuitif, parce que l'un ne peut avoir lieu sans
l'autre.

Je pensais d'abord comme vous que l'un ne pouvait avoir
lieu sans l'autre ; et cependant, je plaçais dans mon tableau
l'intuition au rang des éléments, et le jugement intuitif au
rang des coordinations, pour coordination immédiate du
quatrième système. Ceci tient à un de mes premiers principes en psychologie auquel j'attache la plus grande importance ; le voici :

Les éléments de nos connaissances ou de nos représentations ne sont point reçus ou produits par nous, isolés
et ensuite coordonnés ; ils sont en général reçus ou produits en coordination avec d'autres, en sorte que, par une
même circonstance organique pour les éléments passifs, ou
par un même acte pour les éléments actifs, l'élément naît
et est coordonné à la fois. De là, les coordinations que j'appelle immédiates ; et il y en a une dans chaque système.
Je les nommais dans mes dernières lettres :

Pour le premier système : contuition sensitive ;
Pour le deuxième système : contuition autoptique ;
Pour le troisième système : jugement comparatif ;
Pour le quatrième système ; jugement intuitif.

[1] L'intuition est l'acte et non la faculté ; j'appelle réflexion la faculté de
voir par intuition, et mon quatrième système, système de la réflexion, aussi
bien que système intuitif.

La distinction de l'élément et de sa coordination immédiate est une abstraction ; car ce sont deux choses nécessairement simultanées. Mais sans cette distinction, on ne saurait rendre compte du phénomène qu'on analyse d'une manière claire et précise. Suivons cette analyse dans chaque système.

Dans le système sensitif, une vision complète, par exemple comme la vue du spectre coloré, est composée d'autant d'éléments qu'il y a de points visibles. Il est impossible de voir un seul de ces points ; on en voit une infinité à la fois, et par la même opération organique par laquelle l'œil nous les transmet. Elles se trouvent, par cela même qu'on les reçoit, coordonnées, par juxtaposition. Cette coordination est ma contuition sensitive.

Dans le système autoptique, par suite de la même manière d'analyser, j'ai vu de même que le Moi, ou la perception d'effort, ne pouvait naître seule et isolée, mais qu'elle était produite dans une coordination formée de cette perception du Moi et de la sensation musculaire qui est l'effet de l'effort.

Dans le troisième système, il est également impossible, absurde même, que le rapport aperçu reste isolé. Il n'est pas non plus perçu et ensuite coordonné ; mais il nous est donné en coordination avec les choses qu'on a comparées. Ainsi, l'acte par lequel on voit un chêne et un roseau sous le rapport de la grandeur, doit s'analyser en y distinguant la perception des rapports corrélatifs : être plus grand, être plus petit. C'est cette sorte de perception que je nomme comparaison, et l'union qui se fait du premier rapport avec les images ou idées déjà renfermées sous le mot Chêne, et l'union du deuxième rapport avec celles déjà renfermées sous le mot Roseau. La preuve qu'il est indispensable de compter cette sorte d'union, que je nommais jugement comparatif, au nombre des coordinations immédiates, c'est qu'après qu'elle a eu lieu, la somme des éléments compris sous le mot Chêne se trouve augmentée d'un nouvel élément : à savoir l'idée qu'il est plus grand que le roseau, idée qui fait dorénavant partie du groupe du chêne.

Or, comment méconnaître qu'il y a eu une nouvelle union, une nouvelle coordination, toutes les fois qu'une somme d'images ou d'idées est devenue plus complexe, s'est enrichie ou compliquée d'un nouvel élément? Suivant la même marche dans le quatrième système, j'ai cru longtemps que les intuitions s'unissaient ou se coordonnaient (car ces mots sont synonymes, dès qu'on prend le mot Coordination dans le sens le plus général que je lui donne toujours), dans tous les cas, avec les autres éléments, où la coordination et l'intuition avaient lieu ; ce qui ne m'empêchait pas pour la même raison, dans les autres systèmes, de distinguer par abstraction l'intuition qui consistait, par exemple, à voir entre la ligne droite et la courbe jointes par leurs extrémités en un seul contour, la relation d'être plus courte, et le jugement intuitif, qui consistait dans l'union de cette relation à ce qui était déjà compris dans la notion de la ligne droite.

Les réflexions que votre lettre m'a suggérées m'ont conduit à un résultat encore plus différent de votre opinion sur la confusion de l'intuition avec le jugement intuitif. C'est qu'il arrive quelquefois que l'intuition ne s'unit immédiatement à rien ; et alors, point de jugement intuitif. La notion de l'étendue, par exemple, vient de l'intuition par laquelle nous voyons la coordination des éléments juxtaposés, indépendamment de la nature de ces éléments.

Cette notion, loin de s'unir à eux, s'en sépare pour rester
à part. Aussi n'y a-t-il pas, dans ce cas, de jugement qui
en suive immédiatement et indépendamment de ces éléments ; ce qui serait nécessaire pour qu'il y eût jugement
intuitif. Il en est de même des intuitions auxquelles nous
devons les notions des divers nombres, etc.

Voici le vrai principe des jugements intuitifs. Comme
ils ne peuvent lier ensemble que des notions, il faut qu'il
puisse y avoir plus d'une intuition génératrice d'autant
de notions, savoir : l'intuition totale de toute la coordination, et les intuitions partielles de ses diverses parties.
Alors, le jugement intuitif unit soit l'intuition totale et une
partielle, soit deux intuitions partielles, d'après les relations qui existent entr'elles indépendamment des éléments
coordonnés. Le système comparatif se joint à l'intuitif
quand le jugement exige que les parties soient comparées,
comme dans le cas où, dans un contour en partie rectiligne et en partie curviligne, on a, outre l'intuition totale
de tout le contour, les intuitions partielles de la droite et
de la courbe. D'autres fois, le système comparatif n'y est
pour rien ; ainsi, dans le même groupe de cinq objets, si
l'on a, outre l'intuition totale du nombre cinq, les intuitions
partielles des nombres 2 et 3, qui y sont compris, il en résultera ce jugement intuitif $3 + 2 = 5$.

De même, l'intuition totale d'une portion de l'espace et les
intuitions partielles de sa longueur, de sa largeur et de sa
profondeur, conduisent à ce jugement intuitif si remarquable : L'espace a trois dimensions. Il en est de même encore,
pour vous donner un exemple, de l'application du quatrième
système au troisième, d'où résultent ces jugements intuitifs qui servent de base à la théorie du syllogisme ; car sur
quoi peuvent-elles reposer si ce n'est, comme toutes les

autres vérités nécessaires, sur une chaîne d'intuitions et
de jugements intuitifs? En considérant une coordination de
classification, on a les intuitions auxquelles nous devons
les notions de classe, de genre et d'espèce ; et nous voyons
entre ces notions, indépendamment de la nature des choses
classées, les relations exprimées par ces jugements intuitifs. L'espèce comprise dans un genre l'est nécessairement
dans la classe à laquelle appartient ce genre ; mais si l'on
sait seulement qu'elle est comprise dans la classe, elle
pourra être comprise dans le genre ou en être exclue, sans
qu'on puisse rien conclure à cet égard de ce qu'elle est
dans la classe. Au contraire, exclue de la classe, elle l'est
nécessairement du genre ; et exclue du genre, elle peut être
indifféremment exclue de la classe ou y être contenue. Dans
l'intuition totale d'une chose qui a commencé, se trouvent
les deux intuitions partielles du temps antérieur à cette
chose et du temps pendant lequel elle dure. De là, le jugement intuitif qu'elle a la raison de son commencement
dans ce temps antérieur, ou, si vous voulez, une cause nécessairement préexistante. *Ex nihilo nihil,* disaient, avec
cette pleine conviction de tout ce qui est vérité nécessaire,
les philosophes de l'antiquité.

3° Voici un passage de votre lettre, mon cher ami, auquel je n'aurai pas besoin de faire une si longue réponse.
J'avais dit que, dans un raisonnement, la dépendance
entre le principe et la conséquence était moins accessible
que dans un jugement intuitif. J'entendais tout bonne-
ment par moins accessible qu'elle exigeait, dans le premier cas, un travail de l'esprit dont l'autre cas n'avait pas
besoin. J'ajoutais qu'elle était moins accessible, parce
qu'on ne pouvait pas en avoir l'intuition en un seul acte.
Vous me demandez si l'on peut avoir une intuition en plu-

sieurs actes. C'est une absurdité. En un seul acte, était un pléonasme explicatif pour élucider, le sens des mots : En avoir l'intuition, comme si j'avais dit : Il n'est pas en notre pouvoir d'avoir l'intuition de cette dépendance, c'est-à-dire de l'apercevoir en un seul acte. Il me semble que le sens montrait assez qu'il fallait rétablir les mots sous-entendus, c'est-à-dire : De l'apercevoir.

Ce passsage, d'ailleurs, faisait allusion à l'idée, suivant moi très-juste, que Dieu voit intuitivement, c'est-à-dire en un seul acte, toutes les dépendances nécessaires, même celles qui exigent pour nous les plus longues déductions.

4° Voici où je ne vous comprends plus du tout. Soit une suite de vérités A, B, C, D, E..., dérivant toutes successivement et nécessairement de A. Vous dites que le premier passage de A à B est seul intuitif. Alors, comment faites-vous celui de B à C, celui de C à D, etc.? Après qu'on a rétabli dans le raisonnement les termes intermédiaires sous-entendus, dans le cas où il y en aurait, le passage de chaque affirmation à la suivante est évident par lui-même; car s'il fallait démontrer ce passage, ce serait au moyen d'autres termes intermédiaires; et c'est précisément ces termes que j'appelle termes intermédiaires sous-entendus, et que je suppose qu'on a rétablis. Or, un passage évident ne l'est, et ne peut l'être, que par un jugement intuitif. Ou bien admettez-vous un autre principe d'évidence? Si vous l'admettez, quel est-il? Je vous défie de le dire. Vous me dites textuellement :

« Pour apprécier la relation de D à E, il faut que j'aie présentes à l'esprit toutes celles qui ont précédé. » C'est ce qui est absolument faux. Prenez par exemple le raisonnement qui conduit à la solution générale des équations du troisième degré. Vous n'apercevez aucune relation im-

diate entre l'équation d'où vous partez : $x^3 + px - q$, et
celle où vous arrivez :

$$x = \sqrt{\tfrac{1}{2}q + \sqrt{\tfrac{1}{4}q^2 + \tfrac{1}{27}p^3}} + \sqrt{\tfrac{1}{2}q - \sqrt{\tfrac{1}{4}q^2 + \tfrac{1}{27}p^3}},$$

Mais rétablissez toutes les équations intermédiaires, et
vous verrez que le passage de chacune à la suivante est un
véritable jugement intuitif, absolument indépendant des
passages qui l'ont précédé. Ainsi, quand après avoir
fait $x = a + b$, on est arrivé à $a^3 + b^3 = q$, et que
de $a^3 + b^3 = q$, on conclut $a^3 - q = b^3$, ce passage n'a
que faire de tout ce qui précède. C'est un vrai jugement intuitif de dire : Quand $a^3 + b^3 = q$, il faut
que $a^3 = q - b^3$, jugement qui résulte des intuitions
mêmes, auxquelles nous devons les notions de somme et
de différence.

Ce n'est pas que je prétende que, dans chaque passage
d'une notion à une autre, il n'y ait jamais d'intuition
qu'entre le terme intermédiaire précédent et le suivant.
Une fois qu'il est bien reconnu que le principe fondamental de tout jugement intuitif, et par suite de toute vérité
nécessaire, à laquelle on ne peut arriver que par une chaîne
de ces sortes de jugements formant un raisonnement, est
qu'il ne peut y avoir de jugement intuitif que quand il y a
dans le même groupe, ou, puisque ce mot vous déplaît,
pris dans une signification aussi générale, dans la même
coordination, plusieurs intuitions, soit totales, soit partielles, une fois, dis-je, que ce principe est reconnu, il est
évident que, quand on a fait le passage de A à B, le groupe
ou la coordination A a été augmenté de nouveaux éléments; il est devenu une nouvelle coordination AB, qui,
dans sa totalité, comprend A et B, et la relation qui les lie.

C'est dans cette nouvelle coordination qu'on a l'intuition qui conduit à C. Souvent il n'y a pas besoin de cette totalité ; une partie de la coordination A B suffit pour passer à C, et il peut arriver que cette partie nécessaire pour passer à C ne soit que B ; ce qui est le cas particulier que j'ai d'abord examiné ; ou de B seul, on passe immédiatement à C. C'est celui de la solution des équations du troisième degré citée tout à l'heure, ét le plus ordinaire en algèbre. Mais en géométrie, il faut souvent la totalité AB, ou une partie de cette totalité différente de B seul ; cela ne fait rien, parce que AB est devenu une seule coordination de notions qu'on voit en masse, tout en en distinguant les diverses parties.

Suivez, par exemple, le raisonnement par lequel on démontre que, dans un triangle rectangle, le carré fait sur l'hypoténuse a une surface égale à la somme des surfaces des carrés des deux côtés. On part d'une coordination où se trouve une intuition totale du triangle et sept intuitions partielles, trois lignes droites, trois angles, et l'égalité d'un des angles et de son supplément, égalité qui est la définition de l'angle appelé droit. On commence à concevoir une perpendiculaire de l'angle droit sur l'hypoténuse. Voilà deux nouveaux triangles qui donnent chacun autant d'intuitions que le grand, d'où résulte un tout où il y a plus de vingt notions. Sans les avoir toutes présentes explicitement, on considère les angles d'un des petits triangles et du triangle total, et l'on voit que deux des angles de l'un sont égaux à deux des angles de l'autre.

Or, on a démontré précédemment que l'égalité de deux angles entraîne la proportionnalité des côtés. Si l'on voulait que la démonstration de la propriété du carré de l'hypoténuse fût une seule chaîne de jugements intuitifs, il faudrait rétablir ici tous les termes intermédiaires en faisant sur les deux triangles de la figure toute la démonstration de la proportionnalité des côtés, dans le cas de deux angles égaux. Mais si elle a été faite précédemment, on l'intercale implicitement dans la chaîne; et l'on conclut sur-le-champ que chaque côté est moyen proportionnel entre l'hypoténuse entière et le segment adjacent. Alors, dans le passage suivant, on opère non sur le triangle dont un angle est droit, mais sur le triangle dont chacun des deux plus petits côtés est moyen proportionnel entre le plus grand des trois côtés et le segment adjacent.

Le raisonnement se continue toujours de la même manière, soit en passant d'une notion à la suivante par un jugement intuitif, soit en intercalant une chaîne de jugements intuitifs, qui, si elle était rétablie dans toute son intégrité, ferait que tout le raisonnement ne serait qu'une seule chaîne de jugements intuitifs.

On voit qu'il y a deux manières de procéder dans le raisonnement : l'une est de rétablir tous les termes intermédiaires, en répétant, par exemple, sur le triangle total et un des triangles partiels dont je viens de parler, tout le raisonnement qui prouve que, deux angles étant égaux, tous les côtés sont proportionnels ; ou en se servant de ce que cela a été démontré précédemment, en faisant le passage sur-le-champ, d'après le souvenir que l'on a de la vérité de cette dépendance. C'est ce que j'ai appelé intercaler, ou sous-entendre une partie du raisonnement. Dans le premier cas, on rétablit au contraire tous les passages en détail; alors il n'y a plus dans le raisonnement qu'une chaîne de jugements tous intuitifs. Mais si l'on était toujours obligé de le faire, les sciences de dépendances nécessaires ne feraient aucun progrès, parce que les moindres démonstrations deviendraient tellement longues que notre intelligence n'y pourrait suffire.

Le syllogisme, suivant moi, bien loin d'être la source des vérités nécessaires, n'est qu'un moyen à la vérité très-utile d'abréger les raisonnements, en se servant de raisonnements une fois faits pour les intercaler dans la chaîne, sans se donner la peine de les répéter. Ainsi, pour ne pas sortir du même exemple, on est dispensé, dans la démonstration relative au carré de l'hypoténuse, de répéter le raisonnement sur la proportionnalité des côtés des triangles qui ont deux angles égaux, à l'aide de ce syllogisme : Deux triangles qui ont deux angles ont leurs côtés proportionnels.

Or, le triangle rectangle total et un des triangles partiels ont deux angles égaux; donc leurs côtés sont proportionnels.

Le syllogisme est bon et utile toutes les fois que la proposition générale qui en fait la majeure, a besoin d'être démontrée. Sans lui, il faudrait répéter toute cette démonstration sur l'objet particulier dont on s'occupe, et l'on n'en finirait pas. Au moyen du syllogisme, on applique cette proposition générale au cas particulier, sans avoir besoin d'en répéter la démonstration; mais c'est encore par un jugement intuitif qu'on voit que l'application est juste, c'est-à-dire que le syllogisme est bon.

Le syllogisme est au contraire inutile et même ridicule quand la majeure est évidente d'elle-même, et consiste dans un simple jugement intuitif, parce que la déduction est aussi évidente dans le cas particulier que dans le cas général. L'enthymème est alors la seule forme sous laquelle le passage d'une notion à l'autre doive être énoncé. Exemple :

On sait que B est à la fois plus grand que A et plus petit que C ; donc, dira-t-on par enthymême, A est plus petit que C. Voici comment le logicien aristotélique renforcé développerait cet enthymême en syllogisme :

Toutes les fois qu'une grandeur en général est plus grande qu'une autre et plus petite qu'une troisième, cette autre est plus petite que la troisième.

Or, dans le cas particulier que nous examinons, B est à la fois plus grand que A et plus petit que C.

Donc A est plus petit que C.

Qui ne voit que la proposition générale n'ajoute rien à l'évidence de la déduction vue intuitivement, et dans le cas particulier indépendamment du cas général, et dans le cas général indépendamment du cas particulier? Les uns ont dit que le cas général n'était vrai que parce que chacun de ses cas particuliers l'étaient; ce qui est absurde ; car on ne serait jamais sûr d'une vérité générale, parcequ'il serait impossible d'en épuiser, dans l'examen qu'on en ferait, tous les cas particuliers.

Les autres ont dit que le cas particulier n'était vrai qu'à cause que le cas général, dont il est une des applications, était vrai ; ce qui est également absurde, puisque, dans le progrès successif de notre intelligence, la vérité particulière a été reconnue dans chacun des cas où elle s'est offerte, avant qu'on songeât ou même qu'on pût s'élever à la vérité générale.

Moi je dis que, dans le cas général et dans le cas particulier, il y a, indépendamment l'un de l'autre, la même évidence, fruit d'une déduction également immédiate, due à une intuition de même nature dans les deux cas.

Je vous avais parlé d'une nouvelle logique, résultat de dix ans de méditations. En voilà quelques fragments.

Dites-moi, le plus tôt que vous pourrez, si nous nous entendons sur tout cela.

Adieu, mon cher ami, je vous aime et vous embrasse de toute mon âme.

LETTRE A M. MAINE DE BIRAN

SUR LES IDÉES ET LES JUGEMENTS

4 septembre 1812.

J'ai reçu, mon cher ami, votre dernière lettre avec d'autant plus de plaisir que je vois que nous sommes enfin presque absolument d'accord sur tous les points ; il n'y en a plus que deux où nous ne sommes pas d'accord ; et encore à l'égard de l'un d'eux, je crois que vous n'avez pas compris ce que je voulais dire. C'est par celui-là que je vais commencer, afin de réserver pour la fin la discussion la plus longue et la plus épineuse.

Suivant moi, il n'y a de jugement que lorsqu'une nouvelle idée ou une nouvelle notion augmente la somme d'éléments déjà réunis en s'y joignant, soit dans le jugement

comparatif, lorsque c'est une idée de rapport, de ressemblance ou de dissemblance, aperçue entre deux choses indépendantes l'une de l'autre, soit dans le jugement intuitif,
lorsque c'est une notion. La description, à l'aide des signes
institués, d'un groupe déjà tout formé dans l'esprit, que
tant d'auteurs ont pris pour un jugement, n'est qu'une
action volontaire, un emploi de notre faculté de vouloir;
ce n'est point dans les systèmes de l'entendement qu'elle
doit trouver place, puisqu'elle n'ajoute rien à ce que nous
pensions ou savions déjà.

Ainsi tout sera fixé par ces deux définitions :

1° Il n'y a jugement que quand un nouvel élément,
rapport ou relation, vient grossir le groupe en s'y joignant;

2° Si ce rapport dépend de la nature des choses comparées, le jugement est comparatif; si c'est une relation qui
ait lieu en vertu du mode de réunion ou de coordination
quelqu'il soit, indépendamment de la nature des choses
réunies ou coordonnées, c'est un jugement intuitif, puisqu'il repose sur la nature même de ce mode de coordination et non sur celle des éléments, et que les modes suivant lesquels nous pouvons coordonner, sont les vraies
lois de notre intelligence.

Parmi ces modes, se trouvent ceux de l'espace, de la causalité, de la durée, etc. Celui de la classification s'y trouve
également; il est aussi une loi de notre intelligence, qui,
pour se développer plus tard, ne lui est pas moins essentielle. Sans elle, que serions-nous? Or, pour savoir ce qui,
dans ce que nous savons relativement à ce mode, dépend
d'un jugement intuitif, il faut voir ce qui est nécessaire,
aussi nécessaire que les axiomes de la géométrie, ce qui est
évident dès qu'on l'examine un peu, ce qui est absolument

indépendant des choses coordonnées, et ce qui n'est vrai, par conséquent, que parce que ce mode d'union existe en nous de cette manière. Or, voici des axiomes logiques :

1° Ce qui est vrai du genre est vrai de l'espèce ; mais ce qui est faux du genre peut être ou n'être pas vrai de l'espèce ; et au contraire, ce qui est vrai de l'espèce peut être vrai ou faux du genre ; mais ce qui est faux de l'espèce est nécessairement faux du genre ;

2° Deux propositions négatives ne peuvent entraîner aucune conséquence ;

3° Deux propositions qui ont le même attribut ne peuvent conduire non plus à aucune conséquence, etc., etc.

Ces axiomes, et tant d'autres qui constituent la théorie d'Aristote, sont aussi nécessaires qu'aucune autre vérité intuitive et aussi indépendants de la nature des choses qu'on a disposées arbitrairement dans les cadres de genres et d'espèces, que les propriétés du triangle rectangle le sont de la nature des couleurs ou des sensations tactiles disposées dans cette forme. Vous me dites que je suis le premier qui ait assimilé ces choses-là. Tous les métaphysiciens un peu raisonnables l'ont fait. Vous trouverez partout, excepté dans Condillac et consorts, que les lois du jugement et du raisonnement sont de la même nature et du même genre d'évidence que les axiomes et les théorèmes de la géométrie et de la métaphysique.

Aussi Kant les admet-il parmi ses jugements synthétiques *a priori*. Réfléchissez un peu au passage suivant : « Tout le système des connaissances humaines peut être rendu par une expression plus abrégée et tout à fait identique : Les sensations sont des sensations. Si nous pouvions dans toutes les sciences suivre également la génération des idées et saisir le vrai système des choses, nous verrions d'une vérité naitre toutes les autres, et nous trouverions l'expression abrégée de tout ce que nous saurions dans cette proposition : Le même est le même. »(*Cours d'Études, art de penser*, page 123). Ce passage est cité au bas de la page 348 du tome 1ᵉʳ de l'*Histoire des systèmes de philosophie*, par M. de Gérando. Et dites-moi en quoi cette théorie de Condillac, que La Romiguière répète à toutes les pages de ses paradoxes, diffère de ce qu'à répété Locke dans le chapitre des propositions frivoles que je vous avais cité. On dirait que vous n'avez jamais lu ses admirables essais sur l'entendement humain, quand vous ne faites pas attention que c'est un ouvrage partout opposé aux sottises de Condillac, sur le temps, sur l'espace, sur la vue intérieure de soi-même, sur la nature du raisonnement, et surtout sur le peu d'influence que Locke donne aux signes. Comment pouvez-vous l'accuser de penser comme Condillac, en ne regardant les jugements comme quelque chose que quand ils sont énoncés, tandis que Locke, allant trop loin dans le sens inverse, n'accorde aux signes que l'avantage de fixer les idées, et de nous fournir le moyen de ne pas oublier des propositions auxquelles il pense qu'on parviendrait également, sans leur secours, par une vue immédiate de ce qu'il appelle la convenance et la disconvenance des idées? Il réunit sous cette expression la comparaison, l'intuition et le jugement d'extériorité. Voyez les différences qu'il fait des jugements, et ce qu'il dit des trois genres de connaissances : les intuitives, les démonstratives et les hypothétiques.

Mon ami, c'est ce livre de Locke et celui de Kant que vous auriez besoin de lire avant de mettre la dernière main à votre ouvrage. Vous n'avez aucune idée de Kant, que l'*Histoire des systèmes de philosophie* et l'ouvrage de

Villers n'ont songé qu'à défigurer par des motifs contraires. Il s'est trompé dans ses conséquences ; mais comme il a profondément marqué les faits primitifs, et les lois de l'intelligence humaine ! Vous vous en rapportez aveuglément à son égard, à ce qu'en ont dit MM. de Tracy et de Gérando, qui l'ont traité comme Condillac a fait à l'égard de Descartes et souvent de Locke : tordre ses expressions pour lui faire dire tout le contraire de ce qu'il a dit.

J'ai été bien plus surpris encore quand j'ai lu que vous croyez que les axiomes de la géométrie avaient quelque chose à démêler avec la ridicule identité. Nous les étudierons ensemble, et vous verrez que c'est là qu'elle est le moins applicable. Il y a quelques-uns de ces jugements intuitifs, comme celui des parallèles, que Kant a mis au rang de ses jugements synthétiques *a priori*, qu'on cherche depuis deux mille ans à démontrer, quoiqu'on en voie intuitivement la vérité ; de l'aveu de tous les géomètres, ces malheureuses tentatives n'ont jamais conduit qu'au cercle vicieux.

Vous me dites que vous voudriez distinguer deux sortes d'intuitions, l'une extérieure, l'autre intérieure ; la première, pour les vérités relatives à l'espace ; les autres, pour celles qui le sont à notre propre existence, à la causalité, à la durée. J'avais déjà remarqué cette distinction, en disant que l'intuition, consistant toujours à voir le mode d'union indépendamment des choses unies ou coordonnées, se subdivise en autant de sortes qu'il y a de systèmes. L'intuition, appliquée aux réunions du premier système, donne toutes les notions mathématiques de nombres, de formes, etc. C'est votre intuition extérieure.

L'intuition appliquée aux réunions du deuxième système

est votre intuition intérieure, que j'appelais, je crois, métaphysique. L'intuition appliquée aux réunions du troisième système, que j'appelais dans la même lettre intuition logique, n'est ni moins remarquable que les deux précédentes, ni moins différente que chacune d'elles, qu'elles le sont entre elles, outre toute cette théorie d'Aristote qui vient en partie de cette troisième sorte d'intuition et en partie de la quatrième, où l'intuition, phénomène fondamental du quatrième système, se replie sur ce système lui-même. L'intuition logique est la faculté par laquelle le langage a été inventé, comme je vous le montrerai plus en détail, quand vous serez ici, en vous faisant voir que le troisième système suffit seul dans l'enfant pour qu'il puisse recevoir de ses parents un langage tout fait, mais qu'un langage ne peut être inventé que par l'application du quatrième système au troisième. Ainsi, la principale différence qu'il y a entre nous sur ce point, consiste en ce que je pense que nous nous rendons compte par l'intuition de tous les modes d'union entre des éléments quelconques, quand nous voyons ces modes, indépendamment des éléments unis. Je distingue autant d'applications différentes de l'intuition qu'il y a de modes d'unions absolument différents, c'est-à-dire autant qu'il y a de systèmes. En conséquence la notion des genres et des espèces considérées indépendamment des choses classées est due à l'intuition, comme la notion de l'étendue et de la durée, indépendantes des choses coordonnées dans l'espace ou le temps. Enfin les axiomes de la logique d'Aristote, qui ont toute la nécessité et la généralité de la géométrie, et qui ne dépendent pas plus des choses rangées dans le cadre d'une classification, que celles de la géométrie ne dépendent des choses rangées dans le cadre de l'étendue, ont la même origine, l'intuition, et sont également des jugements intuitifs, qui, lorsqu'on passe des axiomes aux propositions qu'il faut démontrer, s'enchaînent également en raisonnements. Vous au contraire vous semblez n'admettre l'application de l'intuition qu'aux modes d'union des deux premiers systèmes, le sensitif et l'actif. Mais je ne vois pas comment vous pouvez alors rendre raison de ce qui est reconnu par tous les métaphysiciens raisonnables, à savoir que les axiomes et les démonstrations des formes du raisonnement, déterminés par Aristote, ont toutes les propriétés des axiomes et des démonstrations mathématiques.

Je crois être le premier qui ait vu l'origine de cette analogie, reconnue empiriquement par les autres, et qui en ait reconnu le principe commun, tout en reconnaissant qu'il y a entre ces deux sortes d'applications de l'intuition et de la faculté de raisonner, la différence qu'y met nécessairement la diversité des modes d'unions qui en sont l'objet. Il y a un autre point sur lequel nous aurons peut-être plus de peine à nous accorder; car la moindre réflexion sur la question précédente ne peut manquer de vous faire voir l'exactitude de ce que je viens de vous exposer, et que ce n'est pas, lorsqu'il s'agit de cette propriété capitale de l'intelligence humaine, de classer et de dénommer tout ce qu'elle sent, connaît ou imagine, que vous pouvez refuser à l'intuition de nous faire connaître les classes, genres et espèces, et les vérités nécessaires qui en résultent, quelle que soit la classification, indépendamment de la nature des choses classées. L'autre question qui nous reste à discuter est celle de l'origine de l'étendue, que vous semblez croire possible dans un être dépouillé de sens étendus comme la rétine et la peau, tandis qu'il me semble facile de démontrer rigoureusement que cela est absolument impossible, et

que, comme dit Kant, l'étendue est la forme de notre sensibilité extérieure, comme la durée est la forme de notre
sensibilité intérieure. Il entend par cette dernière expression ce que nous nommons l'autopsie. Il faut d'abord faire
attention que l'étendue est absolument indépendante de
l'extériorité ; car

1° Dans un être sentant passif, et, par conséquent,
sans Moi et sans durée reconnue par lui, qui serait doué
d'un organe tel que la rétine ou la peau, il y aurait des
représentations étendues dans lesquelles cet être sentant
serait aussi complétement confondu et identifié que la
statue de Condillac le serait avec l'odeur de la rose. N'est-
ce pas le cas où vous supposez les animaux ?

2° Dans un être actif, au contraire, privé de sens étendus, il y aurait non-seulement un Moi distinct des sensations musculaires qu'il produirait, mais encore, connaissance d'autres causes, ou causes extérieures, quand il
éprouverait des sensations musculaires qu'il n'aurait pas
produites. Mais ces causes seraient à l'image de son Moi, et
simples comme lui. Des êtres simples sont conçus hors les
uns des autres, sans qu'il y ait pour cela étendue. Ce qui la
constitue, c'est la contiguité, la divisibilité indéfinie qui ne
peut exister que dans des sensations étendues.

SUR LA RÉSISTANCE

Vous supposez un être actif revêtu dans tous ses membres d'une peau cornée et insensible, qui soit arrêté dans
ses mouvements volontaires par différents obstacles. Com-

ment alors pourrait-il seulement soupçonner que ce sont différents obstacles ?

Si sa peau était sensible, il le reconnaîtrait à ce qu'il serait tantôt arrêté par du poli, tantôt par du rude, tantôt par du chaud, tantôt par du froid, etc. Encore s'il n'y avait qu'un point sensible, sa manière d'être serait plutôt d'être arrêté par un être unique et inétendu, tantôt poli, tantôt rude, etc.; car rien ne peut lui faire distinguer le cas où il toucherait toujours le même point, avec des propriétés variables, de celui où ce seraient différents points conservant chacun une même propriété.

Vous me parlerez peut-être de ce que M. de Tracy appelle la sensation du mouvement. Auriez-vous oublié qu'après en avoir discuté longtemps, vous convîntes avec moi, il y a quelques années que c'était un paralogisme manifeste ? Ce paralogisme vient de ce que nul ne réfléchit l'habitude, comme vous dites au commencement de votre premier ouvrage. En effet, je suis dans l'obscurité ; je tiens mon bras tendu et immobile, par l'égale contraction des muscles fléchisseurs et extenseurs ; j'éprouve une certaine sensation musculaire ; je remue mon bras, j'en éprouve une autre. Ces deux sensations sont également hors du Moi dans le monde intérieur ; j'entends par là l'assemblage du Moi et des sensations musculaires. Je m'aperçois également dans les deux cas et immédiatement que c'est moi qui suis la cause de ces sensations ; mais elles n'ont rien intrinsèquement et ne peuvent rien avoir qui donne à l'une d'elles une propriété que l'autre n'a pas. C'est uniquement parce que la vue ou le tact de l'autre main, ou du reste du corps dans l'aveugle, m'ont appris que la seconde concourait constamment avec le déplacement de mon bras dans l'étendue extérieure, et la première à l'immobilité dans cette même étendue, que je sais, dans l'obscurité et sans toucher mon bras avec l'autre main, qu'il change de lieu dans un cas et non dans l'autre.

La notion du mouvement n'est que celle du déplacement. On peut éprouver la sensation musculaire correspondante sans savoir qu'on se meut, avant que ces deux choses aient été liées par l'habitude et l'expérience, pour acquérir la notion du mouvement, en tant qu'il consiste dans le déplacement; et sans cela, il ne pourrait faire connaître l'étendue et il n'y aurait même aucun rapport. Il faut pour cette notion avoir :

1° Une étendue immobile, qui ne peut être donnée que par la sensibilité extérieure, comme dit Kant;

2° Le temps donné par la perdurabilité du Moi;

3° Une sensation tactile, dans le cas où c'est la main qui se meut, qui corresponde successivement à différentes portions de l'étendue immobile. L'aveugle de naissance n'a l'étendue que parce que des portions d'étendue tactile égale au moi, lui sont données chacune en une seule contuition dont toutes les parties sont simultanées, et qu'au moyen de contuitions successives qui ont constamment des parties communes, il se forme une seule coordination de toutes ces contuitions, comme un raisonnement se forme des jugements intuitifs successifs, par des termes communs aux jugements intuitifs précédents et suivants.

J'ai porté tout cela ou plus haut degré de clarté dans une explication de la manière dont les résistances se placent dans l'étendue, qu'elles empruntent des sensations étendues de la vue, du tact, etc. Sans cela les résistances seraient des causes extérieures, inétendues comme le Moi.

TABLEAU DES JUGEMENTS ET DES DÉDUCTIONS

QUI SONT FORMÉES PAR LEUR ENCHAINEMEMT

JUGEMENT SYLLOGISTIQUE.	JUGEMENT MATHÉMATIQUE.	JUGEMENT NOOLOGIQUE.
Raisonnement. Jugement docimastique. Détermination.	Démonstration mathématique. Jugement étiodictique. Démonstration étiodictique	Démonstration noologique. Démonstration métaphysique.

LETTRE A M. MAINE DE BIRAN

SUR LA SENSATION, L'ÉMESTHÈSE

ET LA MANIÈRE DONT NOUS ACQUÉRONS LA NOTION DE LA MATIÈRE

Mon bien cher ami, j'ai eu un bien grand plaisir en recevant votre dernière lettre, et en y lisant que vous n'êtes plus tourmenté d'autant d'inquiétudes sur la santé des personnes qui vous sont les plus chères. J'espère que vous pourrez, en attendant mieux, retrouver du moins assez de tranquillité pour rédiger enfin cet ouvrage auquel je regarde comme attaché le sort des sciences psychologiques. Ce dont je ne doute point, et dont je voudrais que vous eussiez la même conviction, c'est que le succès qu'il obtiendra tant en France que dans l'étranger, dépend uni-

quement du parti que vous prendrez sur cette question fondamentale : Y a-t-il quelque chose de primitif qui puisse
être considéré comme donnant immédiatement une connaissance nouménique ? Si vous l'admettez, vous n'ajoutez rien
à ce que d'autres ont déjà fait ; il vous devient impossible
de réfuter le Kantisme, et d'établir sur un fondement solide
la distinction des qualités premières et des qualités secondes.
En effet, que l'on emploie, comme Reid, les mots de sensation et de perception pour désigner cette distinction supposée primitive, ou qu'on se serve de tout autre mot, il
n'importe. Comme l'esprit humain est nécessité, soit par
les catégories de l'entendement, comme disait Kant, soit
par une de ses lois, soit enfin par les habitudes de toute une
vie, à finir par chercher ce qui se passe nouménalement dans
le point de vue objectif entre les substances, il faudra nécessairement en venir à considérer l'âme et la matière comme
deux noumènes distincts ; à regarder l'âme comme douée de
la double faculté de recevoir des modifications de la part de
la matière, et d'en créer d'autres en elle-même, *vi insitâ*.
Soit que le concours de l'organisation soit nécessaire dans
ce dernier cas, comme vous l'établissez, soit que l'âme n'en
ait pas besoin, comme le disent d'autres psychologistes, qui
admettent la pensée et la personnalité sans que l'âme agisse
sur la matière, par une sorte d'action sur elle-même à la
manière de Fichte, dans l'un et l'autre cas, la perception,
comme la sensation, est une modification produite par une
cause extérieure, mais dans l'âme substance, en sorte qu'elle
est soumise comme la sensation aux formes subjectives de
l'entendement ; et l'émesthèse est le produit de l'activité de
l'âme. Ce produit est un de ses modes, mais un mode qu'elle
ne reçoit pas d'une cause étrangère ; l'émesthèse n'est pas
plus l'âme substance que l'intuition du bleu n'est la sub-

stance d'indigo qui donne lieu à cette intuition. De même
que Descartes a fait un grand pas, confirmé par tout ce
qu'on a dit depuis lui, en distinguant deux choses savoir :
l'intuition et l'indigo, longtemps confondues, parce que
l'usage les nommait également couleur bleue ; de même,
et c'est là une de vos plus importantes découvertes, vous
avez distingué deux choses : l'émesthèse et l'âme substance,
qu'on avait confondues jusqu'à vous, parce que l'usage est
de les désigner l'une et l'autre sous le nom de Moi ou Je,
comme vous l'avez si bien fait voir en analysant le fameux :
Je pense, donc j'existe, de Descartes. L'émesthèse n'est certes
pas la substance, mais un mode de la substance de l'âme.
C'est ce que j'ai toujours entendu en l'appelant un phénomène, en disant qu'il existait deux sortes de phénomènes
de nature opposée : les sensations d'une part, et l'émesthèse
de l'autre. Le mot de phénomène ne fait rien à la chose ;
mais il l'exprime nécessairement, dès qu'on appelle phénomène tout ce qui n'est pas noumène, tout ce qui est senti
ou aperçu de quelque manière que ce soit. Autrement vous
diriez, comme M. Royer-Collard, que tout est perçu excepté
le Moi. Ce qui ne peut se dire avec sens qu'autant qu'on
nomme Moi l'âme substance.

Maintenant vous me dites : « Enfin, on pourrait dire que
« comme l'âme (force absolue) se manifeste à elle-même dans
« le premier effort librement déterminé, qui pose un Moi,
« la substance passive (l'absolu de la matière) se manifeste
« à l'esprit dès la première résistance à cet effort, qui con-
« stitue le non-moi. »

Ici nous sommes parfaitement d'accord ou tout à fait dis-
cordants, suivant le sens que vous donnez au mot : manifester. Je dis moi-même que la cloche ou les vibrations
de l'air, par exemple, se manifestent à nous par la sensation

du son ; car elles produisent ce son ; et tout noumène, suivant
mon langage, se manifeste à nous par le phénomène qui le
produit. Mais j'entends par là que le phénomène est seul
perçu ou senti, sans que l'on ait pour cela la moindre notion
de rien autre que le phénomène et sa cause inconnue ; et
dans l'être absolument passif, où il n'y a pas lieu à cette
notion d'une cause inconnue, quand le noumène se manifeste par un phénomène, il n'y a que celui-ci de perçu ou
senti. Ainsi, c'est le son, quand ce sont les vibrations de l'air ;
l'émesthèse, quand c'est l'âme qui se manifeste ; enfin, la
sensation musculaire, quand c'est la substance du muscle.
Mais cette substance ne peut être, comme pour toute autre
sensation, qu'une cause inconnue ; et cette cause est la dernière qu'on conçoit nouméniquement, parce que la sensation musculaire a subjectivement une autre cause, savoir
l'émesthèse. Aussi, M. F. Cuvier, avec qui j'ai beaucoup
parlé de tout cela, m'a-t-il souvent répété avec la plus entière conviction que la sensation d'effort, comme il l'appelle,
était la moins propre de toutes à nous donner ce que
M. Royer-Collard appelle, comme Reid, une perception
immédiate. La sensation musculaire est en effet, de toutes
les sensations, celle qui est le moins hors du Moi ; j'admets
bien que l'émesthèse, en la produisant, la perçoit hors d'elle,
comme toutes les autres sensations, mais moins en dehors
que toutes les autres, parce qu'elle lui est unie intimement
par relation de causalité.

L'effort ne peut évidemment fournir que deux éléments,
tous deux phénoméniques : l'émesthèse (cause), et la sensation musculaire (effet). Quand on a mis ensuite des substances sous les intuitions, et c'est là seulement qu'on en
peut mettre primitivement, dans le cas où le mouvement
voulu d'une intuition mobile, comme, par exemple, celle de

la main, est arrêté par un obstacle, on est amené à en
mettre sous toutes les sensations, puis enfin, sous l'émesthèse. Cette substance est l'âme ; et sous la sensation musculaire, cette substance est la matière du muscle ; mais tout
cela est très-postérieur et dérivé de loin.

Vous dites que la sensation musculaire, suspendue ou
arrêtée par quelque cause accidentelle propre à notre corps,
diffère essentiellement de celle qui est contrainte ou arrêtée
par une résistance étrangère.

Je le veux bien, cela est vrai ; mais qu'est-ce que cela
fait à la question ? Que ces deux sortes de sensations diffèrent, si vous voulez, autant qu'un son d'une couleur, qu'importe ? Il faudrait avoir quelque raison qui dise pourquoi
l'une serait plutôt que l'autre accompagnée, dans le sens de
Reid, d'une perception immédiate, si tant est qu'on puisse
admettre la possibilité d'une perception immédiate qui soit
autre chose qu'une modification subjective ; ce qui sera toujours absurde aux yeux de ceux qui auront lu et compris
Kant.

Vous me direz que des psychologistes fameux les ont
adoptées ; mais lisez-les, parlez-leur ; vous verrez que cela
a été pour eux une ressource désespérée pour éviter l'idéalisme, qu'ils croyaient suivre de ce qu'ils appelaient la
théorie des idées. Mais nous avons le moyen d'éviter cet
inconvénient par la théorie, que nous soutenions en commun
à la Société philosophique, sur la nouménalité de l'obstacle
rencontré dans un mouvement volontaire perçu dans l'é-
tendue phénoménale. Cette théorie une fois jetée dans le
monde pourra être plus ou moins bien expliquée, modifiée,
commentée ; mais que vous y renonciez ou non, elle sera
infailliblement un jour universellement adoptée ; seule, elle
détruit tout idéalisme.

Vous me direz encore : « Mais ma conscience me dit que j'ai cette perception immédiate ». Reid en dit autant de toutes les sensations ; il le dit au moins avec autant de raison. Pour le combattre, vous lui direz que pour les autres sensations ce sont des concrétions d'habitudes ; ce qui est évident ; mais sur quelle raison, même supposée, pourrez-vous établir qu'il y a autre chose qu'une concrétion d'habitude dans le cas de la sensation musculaire, où certes la prétendue perception immédiate est plus obscure et presque inobservable ?

Vous savez bien que tous nos collègues de la petite Société se sont unanimement opposés à ce que la sensation musculaire eût aucun privilége sur les autres ; ils se trompent en cela ; elle a de plus son union intime par causalité avec l'é-mesthèse. On en voit bien la raison. Mais qu'elle ait encore la propriété de conduire seule à une prétendue perception immédiate nouménique, si jamais vous parvenez à faire admettre une pareille idée à personne, je veux bien perdre tout ce que vous voudrez. Comment, mon cher ami, pouvez-vous renoncer à des vérités incontestables que vous avez défendues à la Société philosophique, pour hésiter à adopter ce que vous avancez dans votre lettre, et chercher à faire un système exposé à toutes les difficultés qui pulvérisent celui de Reid, dont le vôtre ne serait alors qu'une copie mal déguisée ?

Je ne réfuterai pas ce que vous me dites sur ce que la résistance est une non-cause. Comment une non-cause détruirait, suspendrait l'effet d'une cause ! Comme si la première idée de la mécanique n'était pas qu'une force égale peut seule détruire ou suspendre l'effet d'une autre force ; que pour arrêter un corps en mouvement, il faut une force égale à celle qui l'a mû. La résistance est une force comme l'attraction, l'élasticité, etc. Je sais bien qu'elle n'est d'abord

connue que comme obstacle ; mais qu'importe? Être arrêté
sans qu'une cause nous arrête, est un phénomène sans
cause, une contradiction. Il est inutile d'insister là-dessus,
puisque, dans le passage de votre lettre que je viens de citer,
vous dites : La sensation musculaire suspendue ou arrêtée
par une cause accidentelle propre à notre corps, etc. Vous
voyez bien que l'emploi du mot de cause pour ce qui suspend ou arrête le mouvement, est tellement nécessaire, que
vous n'avez pu l'éviter lorsque vous me blâmiez de ce que
vous faites dans la même page. Cet argument *ad hominem*
doit suffire là-dessus.

Je ne dis point que la notion de la particule matérielle
(résistance) soit faite à l'instar de l'émesthèse; ce sont là
deux notions opposées ; l'une est la cause productrice, l'autre
la cause destructrice. L'émesthèse est un phénomène ; cette
notion de cause prohibitive est le premier noumène connu ;
mais il est clair que tout effet exigeant une cause, s'il faut
une cause pour produire, il en faut une aussi pour détruire,
et que, conformément à votre propre langage dans le passage
cité, ce premier noumène doit être appelé cause, dans ce
sens de la cause qui détruit ou suspend l'effet produit par
l'autre espèce de cause, l'émesthèse. Il faut maintenant que
cet effet soit perçu ; il ne peut l'être, de manière que la
cause prohibitive soit localisée, puis juxtaposée, confi-
gurée, qu'autant que cet effet est un déplacement observé
dans une étendue nécessairement purement phénoménique,
à cette époque où il s'agit d'expliquer l'origine de la première notion nouménique. Le mouvement phénoménal,
une intuition parcourant un cadre fixe d'autres intuitions,
est la condition *sine quâ non* de la résistance ; car le mot
Résistance n'a de sens qu'autant qu'une chose déjà faite et
voulue de nouveau se trouve arrêtée par un obstacle. Le mou-

vement phénoménal commence par l'émesthèse, qui le produit, et finit par la résistance, qui le termine. C'est lui qui
met ces deux termes en opposition, et les éloigne de tout
l'espace parcouru. Jamais d'étendue sans intuition ; c'est là,
contre ce qu'a écrit à ce sujet M. de Tracy, une vérité dont
rien ne peut obscurcir l'évidence.

J'avoue que l'endroit de votre lettre où vous me dites que
j'ai négligé en partie les différences entre les intuitions et
les sensations, est celui que je conçois le moins. Une partie
de vos assertions à cet égard sont parfaitement conformes à
ma manière de voir ; mais les autres sont tellement gratuites et contraires aux faits, qu'il faut que je ne vous aie
pas compris.

J'ai remarqué dans ma dernière lettre deux différences
capitales. Voyons si j'en ai oublié qui existent réellement,
ou qui ne soient pas une suite nécessaire des deux que j'ai
signalées.

1° Les intuitions nous sont données toujours en nombre
indéfini, unies entre elles par cette juxtaposition continue
dont nous découvrons ensuite, par l'ensemble de nos connaissances, la raison explicative dans la juxtaposition des
points de la rétine impressionnés ; car, si l'on ne trouvait
pas ainsi la raison explicative d'une différence observée
entre deux phénomènes, il faudrait l'examiner de nouveau,
et tâcher de la ramener à quelque autre différence dont la
raison fût connue.

2° Les résistances ne pouvant se trouver que sous des
intuitions, comme j'ai déjà dit, elles se combinent intimement avec ces intuitions, dont elles empruntent l'étendue,
en les modifiant à leur tour, puisque c'est par cette union
avec des résistances, que les intuitions d'abord reçues

comme planes deviennent susceptibles de représenter des saillies et des enfoncements.

Il est aisé de montrer que ces deux différences rendent raison de toutes celles que vous énumérez, lesquelles n'en sont qu'une autre expression, ou une conséquence nécessaire. Vous me dites, mon cher ami :

1° Que l'intuition est donnée primitivement hors du moi ; mais vous êtes convenu mille fois que toutes les sensations l'étaient aussi. C'est l'expérience faite et répétée au concert dont je vous ai parlé mille fois. Si l'intuition nous paraît à plus de distance, vous savez bien que cette distance à laquelle se place l'intuition vient de sa combinaison avec les résistances trouvées à cette distance-là dans le mouvement volontaire.

2° Vous dites qu'on n'attribue pas de cause séparée aux intuitions qui paraissent et disparaissent, comme aux sensations qui commencent et finissent. Vous voyez bien que cela vient précisément de leur combinaison avec des résistances. Celles-ci comme causes ne peuvent être conçues, ni créées, ni anéanties. Quelle est au reste la si grande différence entre ces deux cas ? Je sens tout à coup une odeur ; j'en attribue le commencement à une cause ; quelque temps après, elle cesse ; donc une autre cause la fait cesser. Quand je serai plus avancé en connaissances, je saurai que cette dernière cause est un homme, par exemple, qui a emporté loin de moi le corps odorant. Je vois de même tout à coup un cercle bleu ; j'attribue infailliblement cette apparition à une cause ; elle disparaît quelque temps après ; donc une autre cause l'a fait disparaître. Je saurai par la suite que cette dernière cause est un homme qui de même a emporté le disque peint avec de l'indigo. La parité est exacte tant

que les intuitions ne sont que les phénomènes produits par
des impressions faites sur des points contigus d'un organe
étendu. Mais il n'en est plus de même quand il y a des
résistances qui viennent se combiner aux couleurs. Si les
deux cas deviennent alors différents, on voit en quoi et pourquoi. En effet, nous ne pouvons pas mouvoir dans une odeur,
qui n'est pas étendue, une autre odeur, pour y trouver
de la résistance ; nous mouvons l'intuition de la main parmi
un cadre d'intuitions fixes ; nous trouvons des résistances,
une là, une autre là, une autre là, etc.; puis, continûment
depuis là jusque-là, depuis là jusque-là, etc. Voilà des résistances réunies par ce que j'appelle configuration. J'éprouve
que ces résistances subsistent quoique je ferme les yeux;
d'ailleurs, elles arrêtent l'effet d'une cause; elles sont donc
des causes pouvant équilibrer la première; et toute cause est
nécessairement conçue comme permanente indéfiniment.

Voilà ce qui répond à une autre objection. Vous me
dites encore :

3° Que quand l'intuition change, le fond étendu reste.
Je n'ai pas bien compris ce que cela veut dire ; car, quand
je ferme les yeux, il ne reste rien du tout des intuitions de
couleurs, que la connaissance que j'ai, comme je viens de
l'expliquer, de cet assemblage de résistances avec lesquelles
ces couleurs s'étaient combinées par substration. C'est
cette configuration de résistances qu'on sait être là ; c'est
ce que vous appelez le fond étendu qui reste ; elle était
combinée avec les intuitions; cette configuration n'en faisait pas partie primitivement ; elle s'y est unie à mesure
qu'on trouvait les résistances dont elle se compose en parcourant l'intuition. Il est donc bien évident que tout ce qu'il
y a de primitif dans celle-ci est purement phénoménique
et s'anéantit, s'il s'agit d'une intuition visuelle, dès qu'on

ferme les yeux; comme une odeur, dès qu'on se bouche
le nez.

J'insiste toujours là-dessus, parce que, s'il y a une chose
évidente, c'est qu'il est absolument impossible d'échapper
à l'idéalisme de Kant, dès qu'on veut admettre quelque
chose de nouménique qui soit primitif[1].

Enfin vous me dites :

4° Que les sensations sont inhérentes à l'organisation,
au corps propre; que le moi s'en distingue à la vérité,
mais sans pouvoir s'en séparer, comme il se sépare des
intuitions.

Pour voir si les intuitions diffèrent primitivement des
autres sensations à cet égard, il faut éviter de les comparer
aux sensations très-affectives qui vont troubler le moi jusque dans le sanctuaire de son activité, en ébranlant toute
l'organisation. Mais comparez-les, par exemple, aux sons
articulés qui ne sont pas affectifs, et dont l'habitude a fait
aussi des signes des distances et des positions des corps
d'où ils viennent, avec toute l'infériorité que leur donne
à cet égard sur les couleurs, cette condition qu'ils n'ont pas
d'étendue phénoménale. Soyez sans prévention sur ce qui se
passe alors en vous; vous conviendrez que vous entendez
les sons comme étant hors de vous, hors de votre corps;
vous les entendez dans la voûte qui les réfléchit, dans le
lit du torrent qui gronde, dans les feuilles de l'arbre agité[2].
Cette extériorité apparente, comme celle des intuitions, est
d'abord sentie à peu près de même; car elle résulte de même
des concrétions d'habitudes. La réflexion la réduit plus

---

[1] M. de Biran revenait toujours à Reid.

[2] Les sons ont été aussi transportés hors de nous; mais l'illusion est moins
forte; ils n'ont pas d'étendue phénoménale.

aisément à sa juste valeur, parce que ces habitudes sont moins invétérées, qu'elles n'ont pas été répétées à tous les instants de votre vie, et surtout parce que, suivant ma théorie, les couleurs sont intimement combinées avec les résistances, et que les sons leur sont seulement associés.

Je ne sais si je vous avais écrit qu'il y a eu, il y a trois semaines, une séance de la première classe de l'Institut, remplie à moitié par une discussion psychologique entre M. de Laplace et M. Hallé, au sujet d'un rapport fait par ce dernier, sur un mémoire où l'on expliquait les causes des illusions produites par les ventriloques et les moyens qu'ils emploient. Différant sur d'autres points, ni l'un ni l'autre ne pensaient à douter que ces causes ne fussent toutes semblables à celles des illusions de la vue. C'est en effet toujours le résultat des concrétions d'habitudes qui sont seulement plus complètes, quand elles viennent d'une combinaison que quand elles viennent d'une association. Si vous aviez entendu tous les rapprochements ingénieux faits par M. Hallé, entre les effets que se proposent de produire le ventriloque et le peintre de panorama, je craindrais que, passant tout à coup au delà de ma manière de voir, vous ne doutiez tout à coup même des deux différences qui existent réellement entre les intuitions et les sensations.

En relisant votre lettre, j'y trouve que nous n'attribuons pas aux intuitions des causes, qualités secondes des corps, comme aux autres sensations. Cela m'a fait craindre que nous n'appelions pas Intuition la même chose; que vous ne donniez ce nom à la totalité de la concrétion d'habitude qui a lieu quand nous regardons un corps, et qui se compose de ce que je nomme intuition : savoir une combinaison d'un nombre indéfini de sensations visuelles coordonnées par juxtaposition, et une combinaison de résistances connues par des expériences habituelles de toute la vie, et concrété ainsi avec ces couleurs. Si cela était ainsi, une partie de ce que je viens de combattre dans votre lettre serait vrai ; mais ce groupe total n'est pas un phénomène primitif ; cela crève les yeux. La seule chose primitive, c'est ce qui donnait la vue à l'aveugle de Cheselden, avant qu'il eût joint des résistances.

Oui, mon cher ami, j'y ai réfléchi après avoir été interrompu à cet endroit de ma lettre. Le vice commun à toutes les psychologies modernes, excepté la vôtre telle que vous l'expliquiez à la Société philosophique, l'année dernière, consiste à donner un nom aux diverses concrétions d'habitude qui accompagnent aujourd'hui les phénomènes de la sensibilité, avec d'autant plus de force que l'habitude qui les a formées est plus ancienne ; à considérer ensuite ces concrétions d'habitude avec les sensations qu'elles accompagnent comme des phénomènes primitifs, qu'il ne faut point expliquer ; tandis que si l'on pouvait séparer par la méditation ce qu'il y a dans ces groupes de vraiment primitif, on trouverait qu'avant le déploiement de l'activité volontaire, il n'y avait que des phénomènes purement sensitifs, soit des sensations simples, soit des sensations composées avec la forme d'étendue que nous appelons tous deux intuitions ; que les premiers développements de l'activité joignent à ces phénomènes celui de l'émesthèse, hors de laquelle ils sont tous plus ou moins, mais que l'exercice de cette activité, contrariée par des obstacles, nous apprend à connaître des résistances qui sont les premiers noumènes ; que les phénomènes et en général tous les changements de phénomènes, de quelque espèce qu'ils soient, nous apprennent l'existence d'autres causes actives que la nôtre ; qu'alors les phénomènes deviennent

des signes qui nous avertissent et de la présence des
résistances et de celles des causes actives. Le rugissement du
lion nous l'annonce ainsi. Les intuitions nous indiquent les
causes actives comme les autres sensations, quand on voit
le lion, par exemple, au lieu de l'entendre. Peu à peu ces
signes se combinent si bien avec les choses signifiées, que
ces choses en deviennent inséparables, qu'elles modifient
ou plutôt changent entièrement les sensations ou intuitions,
signes que la concrétion totale nous semble donner à la
fois, et que nous la regardons comme un fait primitif ou le
résultat d'une loi de notre entendement. C'est ainsi qu'un
paysan croit que le mot : fer désigne nécessairement ce
métal. S'il n'y avait qu'une langue au monde, combien de
philosophes penseraient ainsi! Reid a nommé perception
la concrétion d'une sensation et de sa cause, qualité
seconde d'un corps. Vous n'avez pas été séduit par une
illusion si grossière; mais comme la concrétion des couleurs et des résistances est beaucoup plus intime, pour les
raisons que j'ai déjà développées, et qui expliquent si bien
pourquoi elle est douée de cette plus grande intimité, vous
tendez à admettre cette concrétion d'habitude sous le nom
d'intuition pour un phénomène primitif, au lieu de n'appeler intuition que le groupe étendu phénoménalement
des sensations visuelles, et de chercher comment les résistances se sont combinées avec lui, à mesure que notre
activité y a trouvé des limites, limites qui sont la matière.
J'avoue que cette concrétion est tellement forte, qu'il faut
une profonde méditation pour la rompre, et se figurer les
intuitions, comme en avait d'abord Cheselden. Mais celui
qui, en analysant l'effort, y a découvert les deux termes de
l'émesthèse (cause) et de la sensation musculaire (effet),
ne doit pas trouver de difficultés à analyser l'intuition, et

à distinguer la partie primitive, qui n'est que la couleur
sentie, de tout ce qui y a joint le déploiement de l'activité.

Si vous saviez combien était évidente l'explication que
donnait M. de Laplace dans la séance de l'Institut, dont
je vous ai parlé, explication incontestable et la seule qui
s'accorde avec tous les phénomènes, vous verriez de quelle
manière irréfragable il prouve à quel point les habitudes
acquises modifient les intuitions, et joignent de nouveaux
éléments à ceux qui en font primitivement partie; éléments
introduits par ces habitudes, et qu'on est bien exposé à
prendre pour primitifs.

En relisant votre lettre, j'y ai trouvé un passage où vous
êtes en contradiction complète avec Reid sur un point où
je trouve qu'il a évidemment raison. C'est celui où vous
me dites qu'il y a encore cette différence entre les sensations et les intuitions, que nous donnons naturellement
des causes aux premières et non aux secondes. S'il était
question de donner une cause à l'apparition et à la dis-
parition des unes et des autres, tel que l'homme dont j'ai
déjà parlé, qui apporte et emporte alternativement le corps
coloré, ou le corps odorant, il est clair qu'il y aurait au
contraire une parfaite similitude. J'ai donc pensé que vous
entendiez ici parler des qualités secondes des corps, qui
sont en effet les causes des intuitions et des sensations
qu'ils nous font éprouver. Mais s'il y avait à cet égard de
la différence entre ces deux sortes de phénomènes, comment Reid aurait-il pris précisément les couleurs pour
exemple du double sens qu'il observe avec raison avoir lieu
dans les noms donnés aux sensations, en disant que le mot
rougeur, par exemple, désigne à la fois et la sensation
de rouge, et la qualité seconde du corps en vertu de laquelle

il nous affecte de cette sensation. Il ajoute même que,
dans le langage vulgaire, c'est cette qualité seconde qui est
désignée principalement par les noms des différentes couleurs, et qu'ainsi les expressions : Ce corps est rouge, ce
corps et bleu, etc.; sont exactes et point métaphoriques,
comme le disent certains auteurs anglais qui prétendaient
qu'on devait dire : Ce corps est rubrifique, etc., pour
exprimer que la qualité du corps n'était pas d'être rouge,
mais de produire le rouge en nous. Je demande comment
vous arrangerez cette observation très-vraie que les noms des
couleurs désignent réellement, dans le langage ordinaire,
les qualités secondes des corps, causes des couleurs, avec la
prétention que nous ne supposons pas aussi naturellement,
d'après nos habitudes acquises, des causes de cette sorte aux
intuitions qu'aux sensations. Si vous admettez l'autorité de
quelqu'un qui ne partage pas d'ailleurs en plusieurs points
ma manière de voir, je vous dirai que M. Fréd. Cuvier, à
qui j'ai communiqué une partie de ce que vous me dites,
pense qu'il n'y aucune sorte de doute sur l'identité parfaite entre les intuitions et les sensations, relativement à
la manière dont nous admettons dans les corps des qualités
secondes, qui en sont causes, et dont nous concluons la
présence des corps, des sensations ou intuitions correspondantes. Il allait jusqu'à dire que les odeurs font pour le
chien presque tout ce que les couleurs font pour nous ; et
sur la distinction que j'ai faite relativement à ce que les
couleurs sont signes de la forme, et non les autres sensations, à cause que les couleurs ont seules l'étendue phénoménale, il a admis cette différence, parce qu'on en rend
raison par la disposition des parties de l'œil propre à cet
organe, dont je vous ai parlé tant de fois. Il a absolument
rejeté toute autre différence, surtout relativement aux causes

considérées comme les qualités secondes des corps, parce que, d'une part, tout le monde regarde les couleurs comme des qualités secondes des corps, précisément comme les odeurs, et que, de l'autre, nous savons bien que ces qualités secondes consistent également, dans la réalité objective, l'une à envoyer des molécules lumineuses à nos yeux, l'autre des molécules odorantes à notre nez.

Je ne comprends rien, mon cher ami, à l'étendue que cette lettre a prise successivement ; je l'ai fait recopier pour qu'elle fût un peu moins volumineuse. Je n'oserais point cependant vous envoyer un si gros paquet, si vous ne me disiez que vous allez écrire sur la psychologie, et qu'il est évident que la manière dont votre ouvrage sera reçu, et par suite la position où va se trouver la science, dépend de la manière dont vous traiterez cette question. On peut différer dans quelques détails ; mais voici les points qui seront généralement admis, dès qu'on les développera convenablement par écrit. Vous les avez professés à la Société philosophique, et nous étions absolument d'accord :

1° Dans un être dépourvu d'activité, il peut bien y avoir des sensations et des intuitions, mais sans moi, sans causalité, sans durée aperçue, et par conséquent sans notion quelconque des causes extérieures.

2° Dans un être actif qui n'aurait jamais d'autres modifications que celles qu'il produirait lui-même, l'émesthèse serait la seule cause dont il pût avoir connaissance.

3° Dans un être qui aurait à la fois ces deux sortes de modifications, celles qui viendraient sans qu'il les eût produites seraient attribuées à des causes inconnues, actives et inétendues, lors même que le phénomène produit ainsi,

serait une intuition étendue. De là, une première sorte de
noumènes, les causes extérieures actives.

4° Pour le noumène étendu, la matière, il faut autre
chose que tout cela. Il faut que des mouvements prédéter-
minés dans l'étendue phénoménale soient arrêtés en certains points, libres en d'autres, et que ces mouvements
fassent peu à peu reconnaître les limites du champ de l'activité; car l'idée fondamentale de la matière est l'impénétrabilité. Cela est avoué de tout le monde, et il ne peut y
avoir d'impénétrabilité qu'après que le déplacement qu'elle
arrête est connu et voulu, à l'aide de la mémoire et de
l'étendue phénoménale. Il m'est au reste fort égal que vous
n'admettiez pas l'épithète de causes prohibitives pour les
résistances ; j'aimerais même mieux celle de limites de l'activité, qui indique mieux comment ce qui arrête les mouvements produits par l'émesthèse, est, comme vous le dites
avec raison, l'antithèse de l'émesthèse, de la cause productrice.

Si vous avez quelque amitié pour moi, je vous le demande
en grâce, ne prenez un parti définitif sur tout cela qu'après
avoir médité et relu plusieurs fois cette lettre. Rappelez-
vous aussi que, depuis six ans, vous avez plusieurs fois
changé d'opinion sur l'origine de la connaissance des corps.
Vous avez en quelque sorte épuisé toutes les tentatives qu'on
peut faire pour l'expliquer autrement que comme l'ensemble des résistances qui circonscrivent le champ de l'activité.
Avez-vous jamais pu vous satisfaire vous-même? et peut-on
voir une explication plus simple que celle que vous adop-
tiez, comme moi, l'hiver passé ?

Adieu, mon cher et excellent ami, je vous aime et vous
embrasse de toute mon âme.

21.

FRAGMENT

SUR L'ORIGINE DE L'IDÉE DE CAUSALITÉ

RÉSULTAT DE L'ACTION PRODUITE PAR LA VOLONTÉ OU SENSATION MUSCULAIRE

. . . .

Dans ce cas, le rapport de causalité, résultant nécessairement des circonstances organiques, est donné en complexion avec le résultat de l'action ou sensation musculaire, qui est rapportée au *sensorium commune*, de la même manière que si ce résultat était produit par le galvanisme.

Cette complexion, comme toutes celles qui nous sont données par la perception même, ne se décompose qu'à l'aide des signes. Par eux, nous nommons sensation musculaire ce qui peut, dans cette totalité, être conçu comme pouvant être produit par une cause hors du moi, et causalité, le rapport qui ne saurait être perçu dans le cas où la cause est hors du moi, puisqu'il n'existe point dans ce cas. La modification composée de la sensation musculaire et de la causalité se nomme résistance. L'abstraction à l'aide des signes la décompose en ces deux idées élémentaires. Avant cette décomposition, elle était décomposable. Il y avait donc les conditions organiques nécessaires à la décomposition, comme il faut la condition de la diversité des points de la rétine pour que le jaune puisse être distingué du bleu perçu simultanément.

On rend raison par là pourquoi la modification résistance ne peut être produite par une cause extérieure, puisque la causalité, qui en est une partie intégrante, n'existe et ne peut, par conséquent, être perçue que dans le déploiement de notre activité.

LETTRE A M. DE BIRAN

Paris, 3 mai 1815.

DE LA NOTION DES SUBSTANCES

Le principe d'où je suis parti est de la dernière évidence:
les êtres hors de nous ne peuvent se manifester à nous
que comme des causes, soit comme des causes de phénomènes, tels que les sensations et les intuitions, soit comme
des causes prohibitives, s'opposant à un exercice de notre
volonté prévu et déterminé d'avance. Ce n'est que dans ce
dernier cas que peut naître la notion de la matière.

La matière, c'est l'agrégation des causes qui arrêtent nos
mouvements volontaires. Il est clair que sa propriété caractéristique, l'impénétrabilité, ne peut être conçue que quand
on a déjà l'étendue, que l'on sait y produire des mouvements, et que ces mouvements sont arrêtés dans telles et
telles portions de cette étendue, et non dans les autres; car
c'est précisément la propriété de faire obstacle à un tel
mouvement que nous nommons impénétrabilité. Or, tout ce
qui est hors de nous n'étant connu que comme des causes,
reste complétement inconnu dans sa nature. Mais on en
peut connaître les rapports :

1° Avec les phénomènes, ou bien l'impossibilité de passer
au travers. Ce rapport est celui de causalité, dont nous

n'avons la notion que parce que nous l'avons primitivement perçue entre deux phénomènes, savoir : L'émesthèse,
et la sensation musculaire.

2° Avec d'autres causes. Ce sont là les rapports mutuels
des noumènes ou causes, que nous pouvons connaître, mais
seulement quand nous en avons acquis la notion en perce-
vant ces rapports entre des phénomènes ; car les phénomènes étant seuls perçus immédiatement, et les noumènes
ne se manifestant à nous que par les phénomènes qu'ils
produisent, il est clair qu'on ne peut comparer que des
phénomènes et percevoir primitivement des rapports
qu'entre des phénomènes. Toutes les qualités premières
que nous savons exister réellement dans les corps, ne sont
donc que des rapports entre les noumènes résistants, dont
chaque corps est conçu renfermer un nombre indéfini ; et
ces rapports sont de telle nature qu'il y a nécessairement
des phénomènes entre lesquels ils existent aussi, et où nous
les avons primitivement perçus pour en acquérir la notion..

En examinant *a posteriori* toutes les qualités premières
des corps, on trouve, en effet, qu'elles ne sont que cela.

C'est là le principe fondamental de toute psychologie, où
l'on peut être conséquent sans admettre l'idéalisme à la
manière de Kant; car, si l'on pouvait connaître autrement
une qualité première des corps, il faudrait qu'à la sensation
produite par ce corps, se joignît une perception immédiate
de cette qualité. Dès lors, autant vaut se borner à la théorie
de Reid, telle qu'elle est. Il ne sert de rien de modifier
cette théorie, pour y laisser une perception immédiate des
qualités des corps qui accompagne la sensation ; car alors,
si l'on est conséquent, on reconnaît bientôt que cette loi
de notre esprit, qui fait que nous joignons l'idée de cette
qualité à celle du corps que produit la sensation, est une

forme subjective, une loi ou catégorie de notre entendement; et il est impossible d'échapper aux conséquences que
Kant a tirées de ce point de vue.

Si vous me demandez maintenant d'où vient l'inhérence
des couleurs, par exemple, avec les corps, tandis qu'il
n'y a point entre eux et les sensations, qui ne nous sont
point données comme les intuitions, d'étendue phénoménale, je vous montrerai aisément que cette inhérence,
pour les intuitions seulement, est une suite nécessaire de
ma manière de voir en psychologie; et je vous prierai
d'accorder à ce qui suit un nouveau degré d'attention.

Tant qu'il n'y a pas eu de véritable résistance, c'est-
à-dire d'obstacle à un mouvement projeté et prédéterminé,
qu'on a déjà produit ailleurs sans rencontrer d'obstacle, la
seule différence qui puisse exister entre les sensations et
les intuitions est la forme d'étendue ou de composition, par
juxtaposition continue, propre aux intuitions; en sorte que
les sensations sont à cet égard des phénomènes simples,
isolés, et les intuitions des phénomènes complexes, décom-
posables indéfiniment en intuitions partielles de plus en plus
petites. Du reste, tout est égal; les sensations provenant de
mouvements excités dans différents points de l'organe nerveux sont les unes hors des autres, comme le sont les
intuitions et les parties d'intuitions; les unes et les autres
sont également hors du moi, d'une extériorité phénoménale, et pour la même raison. Lorsque l'excitation vient à
cesser, les intuitions disparaissent comme les sensations. Il
n'en peut de même rester que des images; et quand ces
images elles-mêmes cessent d'être présentes, il n'en reste
rien du tout. Mais quand il y a eu résistance, en donnant à
ce mot le sens, plus restreint que le vôtre, dans lequel je
m'en sers, tout change. La résistance, comme je la consi-

dère, ne peut avoir lieu que quand on meut à volonté une
intuition dans un ensemble d'intuitions fixes. Tant qu'on
n'est arrêté que dans un point, il n'y a qu'une cause, résistance inétendue, qui n'en est pas moins localisée sous ce
point de l'étendue phénoménale, de l'étendue colorée, par
exemple, sorte de localisation que je nomme, comme vous
savez, substration. Si l'on est arrêté à d'autres points disjoints
et séparés, il y a d'autres substrations de causes prohibitives encore inétendues. Mais quand, parcourant l'intervalle
avec l'intuition mobile de la main, par exemple, on est continûment arrêté, on a une suite continue de causes prohibitives qui empruntent leur relation de juxtaposition
continue de celle des parties correspondantes de l'intuition.
Cette suite de causes résistantes, que je nomme configuration, constitue la connaissance que nous avons d'un corps.

FRAGMENT

SE RAPPORTANT A L'ENSEMBLE DE LA CORRESPONDANCE
AVEC M. MAINE DE BIRAN

Le système primitif se compose :

1° De sensations soit isolées, soit associées par simultanéité, comme elles le sont par les animaux. La condition
nécessaire et suffisante pour qu'elles ne se confondent pas
en une sensation unique, différente de ces deux compo-

santes, c'est que les causes extérieures qui les excitent agissent sur des points différents de l'organe nerveux, et
qu'ensuite, elles n'ébranlent pas trop le système nerveux.

2.º De l'émesthèse, des jugements primitifs qu'elle
produit par son union avec d'autres phénomènes quelconques, et de la succession, qui n'est qu'une chaîne de jugements primitifs.

3.º De l'attribution primitive qui nous donne des noumènes, ou du moins un noumène; car rien ne peut encore
porter à croire qu'il y en ait un ou plusieurs. Ce noumène
a, par là même, l'existence permanente, préexistante; sans
quoi, il faudrait une autre cause permanente pour produire
celle-là.

On doit distinguer cinq choses dans nos connaissances,
savoir : La connaissance

1° Des phénomènes,

2° Des rapports et des relations existant entre les phénomènes;

3° Des noumènes ;

4° Des relations entre les phénomènes, qui sont toujours des relations de causalité, soit causalité vraiment
active, soit de cette causalité en quelque sorte passive qu'on
pourrait appeler d'inhérence, mais qui suppose toujours
néanmoins que les corps agissent sur nos organes;

5º Des relations des noumènes entre eux, indépendamment de nous.

De ces cinq choses, quatre se trouvent dans le système
primitif et appartiennent en entier à M. de Biran[1], qui a

---

[1] *Note de l'éditeur*. Il semble que ce morceau résume tous les rapports de
M. Ampère et de M. Maine de Biran; il a pour but de fixer nettement la
part spéciale de M. Ampère dans la nouvelle doctrine.

connu, le premier, tout ce qu'il y a de vraiment important dans ce système, relativement aux connaissances, savoir :

1° Le phénomène de l'émesthèse, sans lequel il n'y aurait que de simples associations fortuites possibles, sans causalité et sans durée ou succession ;

2° La relation de causalité entre le phénomène de l'émesthèse et ceux qu'elle produit ; ces deux choses sont données dans le jugement primitif ;

3° L'existence des noumènes permanents ;

4° La relation de causalité entre ces noumènes et les phénomènes qui leur sont attribués ; ces deux choses sont données dans l'association primitive.

La cinquième chose, savoir les relations entre les noumènes, préexistantes à la connaissance que nous en avons, est donnée pour la première fois dans le jugement objectif, impossible sans les intuitions et le déplacement observé dans un cadre fixe formé de telles intuitions. Le jugement objectif consiste à unir par juxtaposition continue des causes d'impénétrabilité, en y transportant cette sorte de relation qui constitue l'étendue, et qu'on ne peut concevoir qu'autant qu'elle a existé préalablement entre des intuitions juxtaposées et continues.

La théorie de la connaissance de ces relations entre les noumènes m'appartient, à ce qu'il me semble, entièrement ; car M. de Biran n'avait pas même cru qu'une pareille connaissance fût possible ; et parmi les philosophes qui l'ont admise sous le nom de connaissance des qualités premières des corps, les uns, comme Locke, l'ont admise sans dire pourquoi ; les autres, comme Reid, l'ont attribuée à la supposition ridicule d'une perception immédiate.

De plus, il fallait pour rendre raison de la possibilité de

transporter les relations de formes, de nombre, etc., des
phénomènes aux noumènes, découvrir l'origine de ces relations en montrant qu'elles sont établies entre les choses
entre lesquelles elles existent ; non point du tout par la
nature de cès choses, comme le sont les rapports, mais
par les divers modes d'union qui lient ces choses. Il fallait
expliquer comment il en résulte que des relations peuvent
être absolument indépendantes de la nature des choses
entre lesquelles elles existent ; reconnaître le jugement
apodictique, par lequel nous voyons cette indépendance,
jugement fondé sur ce que, observant d'abord ces relations
entre des phénomènes dont nous avons conscience, et qui
ne sont rien de plus que ce dont nous avons conscience,
ces relations nous sont connues d'une manière adéquate.
Il fallait montrer dans quelle circonstance et comment la
juxtaposition continue était transportée des intuitions, aux
causes permanentes d'impénétrabilité ; et, enfin, dire l'origine de la juxtaposition continue des intuitions, en la tirant
de celle des points affectés dans l'organe. Il me semble
que tout l'ensemble de cette théorie m'appartient entièrement, ainsi que la conclusion finale que ce n'est que parce
que les relations préexistaient dans les causes nouménales
des phénomènes, qu'elles ont pu, d'après les lois de notre
organisation, se manifester entre les phénomènes eux-
mêmes.

Il me paraît donc que pour me rendre pleine justice
dans le livre qu'il va publier [1], il suffirait que M. de Biran,
après avoir exposé complétement le système primitif,
ajoutât quelque chose d'équivalent à ce qui suit :

---

[1] *Note de l'éditeur*. M. de Biran ne l'a pas publié lui-même ; et, après sa
mort, c'est M. V. Cousin qui a pris ce soin.

« C'est ainsi que je me suis rendu compte de la manière
dont nous nous distinguons de nos sensations, dont nous
les lions avec le sentiment de notre propre existence, par
la relation de causalité quand nous les produisons, et de
simple attention quand elles viennent sans notre participa-
tion ; de la manière dont nous reconnaissons la durée de
notre moi, la succession de nos sensations, l'existence
permanente des causes étrangères, et comment nous leur
attribuons cette même causalité qui n'appartient d'abord,
pour nous, qu'à nous-mêmes.

« Il restait à savoir si nous pouvions, après avoir lié
ainsi les noumènes aux phénomènes, reconnaître entre les
noumènes eux-mêmes des relations de nombre, d'étendue,
de forme, etc., qui y existassent avant que nous l'eussions
reconnu, et indépendamment de la connaissance que nous
en avons. Plusieurs psychologistes ont admis l'existence de
ces relations qu'ils ont nommées qualités premières des
corps; mais les uns, comme Locke, l'ont admise sans dire
même comment une pareille connaissance était possible;
les autres, comme Reid et toute l'école d'Édimbourg, ont
supposé que nous connaissions par une perception immédiate, et l'existence même des noumènes, et les relations
qui existent entre eux ; ce qui supposerait que nous avons
en quelque sorte conscience des noumènes comme des
phénomènes ; ils ne seraient alors que de vrais phénomènes, et leurs relations, de simples formes de notre per-
ceptibilité ou de notre entendement.

« Restait donc cette dernière question : Que pouvons-
nous affirmer des noumènes ? Sous le point de vue de leurs
relations mutuelles, pouvons-nous reconnaître ces relations?
Et dans ce cas, comment pouvons-nous les reconnaître? Et
quel est le degré de certitude de cette connaissance?

« Mon ami, M. Ampère, qui s'occupait depuis plusieurs
années de cette question sans avoir pu se satisfaire complétement, après avoir adopté ma théorie sur les questions
que j'ai traitées jusqu'ici et partant des principes dont elle
se compose, a trouvé une solution de ce dernier problème
que je regarde comme ce qu'on peut faire de mieux dans
l'état actuel de la science, sur une question si difficile; c'est
ce qui m'engage à insérer ici le mémoire qu'il m'a communiqué et où il a développé ses idées sur ce sujet, dont
il me paraît que personne avant lui n'avait donné une
théorie satisfaisante[1]. »

[1] *Note de l'éditeur.* Rien ne nous indique que le désir exprimé ici par
M. Ampère à M. Maine de Biran ait jamais eu quelque suite.

FIN

DES LETTRES A M. MAINE DE BIRAN

FRAGMENTS

DU MÉMOIRE DE L'AN XII

ANALYSE

DES FACULTÉS INTELLECTUELLES ET MORALES DE L'HOMME

OU

MÉMOIRE SUR CETTE QUESTION :

Comment doit-on décomposer la faculté de penser, et quelles sont les facultés élémentaires qu'on doit y reconnaître[1] ?

INTRODUCTION

La question proposée par l'Institut national ne se rapporte directement qu'aux facultés purement intellectuelles ; mais l'étroite liaison qui existe entre elles, et les affections, les désirs et toutes les autres facultés morales de l'homme, ne me permettent pas de faire ici abstraction de ces dernières. Comment est-il arrivé qu'après les recherches continuées pendant tant de siècles, sur la nature de nos facultés intellectuelles et morales, la théorie en soit encore si impar-

---

[1] *Note de l'éditeur*. Cette question avait été proposée en l'an XI (1803) par la Classe des sciences morales et politiques. M. Ampère avait eu l'intention de concourir ; son mémoire ne fut pas achevé en temps utile, et il ne paraît pas que jamais l'auteur ait songé à le compléter.

faite ? La réponse à cette question se présente sur-le-champ
à celui qui a étudié la marche qu'ont suivie, jusqu'à ce
moment, les métaphysiciens de tous les âges. Cette marche a été constamment synthétique. C'est par la synthèse
que Locke, Bonnet et Condillac sont parvenus aux découvertes qui les ont immortalisés. La vérité de cette observation, due à un mathématicien célèbre[1], a été reconnue par
les disciples mêmes des grands hommes que je viens de
citer[2]; mais on a cru que la méthode dont ces derniers
avaient tiré tant d'avantages était la seule qu'on pût employer
dans la recherche des éléments de la pensée. J'espère
montrer dans ce mémoire combien cette erreur serait
devenue nuisible à la science, dont elle aurait borné les
progrès ultérieurs dans le cercle étroit déjà parcouru.

Ce n'est pas au reste précisément l'analyse mathématique qu'il convient d'appliquer à la théorie de nos facultés; c'est plutôt celle qui est propre aux sciences qui
dépendent davantage de l'observation des faits que de
l'enchaînement des idées; car l'observation seule peut nous
apprendre quelles sont les facultés dont nous sommes doués
et l'usage que nous en faisons.

Dans l'un et l'autre cas, le caractère distinctif de la synthèse est de supposer au hasard des éléments au composé
dont on veut reconnaître la nature, et de voir s'il peut, de
leur réunion, résulter un tout semblable à ce composé;
celui de l'analyse est de partir, au contraire, de ce composé,
pour remonter directement à ses éléments.

---

[1] Voyez l'introduction placée à la tête des Éléments de géométrie du professeur Lacroix.

[2] Des signes et de l'art de penser, par M. de Gérando, tome IV, p. 186,
187 (1800).— Influence de l'habitude sur la faculté de penser, par M. Maine
de Biran, p. 5 (1802).

La synthèse peut conduire aux mêmes découvertes que l'analyse; on le voit dans la manière dont on résolvait, par le tâtonnement, les problèmes numériques, avant que l'invention du langage algébrique nous fournît les moyens de suivre la route qui, partant des conditions plus ou moins composées du problème, conduit directement aux conditions élémentaires dont elles étaient le résultat. Cette marche fut celle de Kepler, lorsqu'il découvrit ses fameuses lois. Mais si elle peut être extrêmement utile dans les sciences assez perfectionnées pour qu'on puisse reconnaître avec évidence la justesse ou la fausseté d'une supposition, elle présente moins d'avantages à l'égard des sciences où l'on manque de cette sorte de critérium. Telle était la chimie avant la révolution qu'y a introduite l'emploi de la méthode analytique; telle est encore la métaphysique. Il suffit de jeter un coup d'œil sur ce qui est arrivé à la première de ces deux sciences pour entrevoir ce qu'il convient de faire à l'égard de la seconde.

Les hommes voyant la matière distribuée en trois grandes masses, l'une solide, l'autre liquide, la troisième gazeuse, firent trois éléments de la terre, de l'eau et de l'air. Un grand homme vint alors et dit : « La nature ne nous offre presque aucune substance qui ne soit formée de la réunion de plusieurs; analysons ces grandes masses, nous trouverons deux éléments dans l'eau, trois dans l'air et plus de trente dans la terre. De cette analyse naîtra la véritable chimie, et pour donner à cette science toute la perfection dont elle est susceptible, il ne s'agira plus que de comparer, de classer et de dénommer, si on ne l'a pas encore fait, les éléments auxquels elle aura conduit, et d'en essayer ensuite de nouvelles combinaisons. »

Le métaphysicien qui voudrait suivre la même marche

dirait : « On a remarqué que tantôt l'homme reçoit ses modifications intellectuelles d'impressions extérieures, que
tantôt il s'occupe des traces qu'ont laissées en lui ces impressions sans qu'elles agissent actuellement sur lui ; que
tantôt il se borne à combiner arbitrairement ses idées,
pour en former des touts plus ou moins agréables, tandis
que, dans d'autres moments, il les compare et les enchaîne
à l'aide des rapports qu'il établit entre elles. C'est d'après
cette observation qu'on a considéré la sensibilité, la mémoire, l'imagination, le jugement, etc., comme des facultés élémentaires; toutes cependant sont composées.
Les facultés réellement élémentaires ne peuvent pas plus
s'exercer isolément que les substances vraiment simples
ne se trouvent, dans la nature, exemptes de toute composition. Analysons ces facultés considérées jusqu'à présent
comme simples ; nous rencontrerons bientôt les vrais éléments de la pensée, et il ne nous restera plus qu'à les comparer et à les classer, puis à en essayer de nouvelles combinaisons qui puissent nous donner la solution des questions
qui offrent encore des difficultés. »

En traçant cette esquisse de la marche que je conseillerais
au métaphysicien, j'ai indiqué la route que j'ai suivie, et je
crois avoir répondu en même temps à la première partie
de la question proposée par l'Institut : Comment doit-on
décomposer la faculté de penser ? Ce n'est que l'application de cette méthode au sujet que j'entreprends de traiter, qui peut en faire apprécier la bonté, et répondre en
même temps à la seconde partie de la même question :
Quelles sont les facultés élémentaires qu'on doit y reconnaître ?

Il est évident que l'analyse d'une faculté se réduit à

celle de l'espèce de pensée[1] qu'elle vous procure, et pour
suivre un ordre constant dans ces analyses, il suffira d'examiner successivement chaque pensée sous ces trois points
de vue : De quelle nature est la représentation (perception
ou idée) que nous offre cette pensée? Quel est le sentiment
qui l'accompagne? A quelle action ou déploiement de notre
activité donne-t-elle lieu ?

Une des causes du peu de progrès qu'a fait jusqu'à
présent la science de la pensée vient du peu de soin qu'on
a mis à distinguer ces trois choses, surtout la représentation du sentiment qui l'accompagne, sentiment tellement
distinct de la représentation qu'il peut changer absolument
lorsqu'elle reste la même. Il paraît qu'alors les mêmes
fibres du cerveau sont ébranlées de la même manière,
mais non pas avec la même force, ni peut-être dans le
même sens. Quoi qu'il en soit, il est évident que la perception d'un objet présent et le souvenir du même objet
éloigné de nous, nous offrent la même représentation,
mais que dans le premier cas elle est accompagnée d'un
sentiment particulier qui fait cette représentation ce que
j'appellerai, dans tout cet ouvrage, perception, tandis que
dans le second cas, la même représentation n'est qu'une
idée. Et qu'on ne dise pas que nous distinguons ces deux
cas, parce que nous savons que dans le premier cas l'objet
est présent et qu'il est absent dans le second; car nous ne
pouvons évidemment juger s'il est absent ou présent que
d'après le sentiment différent que nous éprouvons dans
ces deux cas ; ou plutôt, comme on le verra plus en détail
dans la suite de ce mémoire, l'opinion que l'objet est
tantôt absent et tantôt présent n'est qu'une hypothèse que

---

[1] Je prends ici et dans tout cet ouvrage le mot Pensée dans le sens le plus
général, à l'exemple de tous les métaphysiciens modernes.

nous avons formée pour expliquer la manière différente
dont nous sommes modifiés, dans ces deux cas, par une
seule et même représentation. Il est également évident que,
quand l'habitude a flétri le charme que nous trouvions à
la vue d'un chef-d'œuvre de peinture ou de sculpture, il
nous offre encore la même représentation, mais qu'elle
n'est plus accompagnée du même sentiment; et pour donner
un dernier exemple, lorsqu'un homme vient de se décider,
après avoir longtemps délibéré s'il fera ou non une certaine
action, son imagination lui offre encore le même tableau ;
il se voit encore exécutant cette action, en recueillant les
avantages, en craignant les inconvénients ; mais au lieu
d'éprouver en même temps le sentiment pénible de l'in-
décision, il ne joint plus à ces représentations qu'un sentiment d'acquiescement, de quiétude, si l'on peut se servir de
ce mot, et qui, s'il manque de nom pour être bien exprimé,
est suffisamment connu de chacun d'après l'expérience. Il
est bon d'observer que les sentiments qui accompagnent
nos représentations, et le déploiement de notre activité
qu'elles occasionnent, deviennent à leur tour des objets de
représentations, à l'aide de cette vue intérieure, de toutes
les modifications que nous éprouvons, que Locke a nommée réflexion. Mais ce n'est pas une raison pour les
regarder eux-mêmes comme des représentations ; car rien
n'est plus différent qu'un désir, par exemple, et la perception que nous avons de ce désir pendant que nous l'é-
prouvons, lorsque nous nous sommes accoutumés à réfléchir
sur nous-mêmes, et à observer tout ce qui se passe en
nous.

Il est bon de distinguer les représentations incomplexes
des représentations complexes. Les premières comprennent
non-seulement nos représentations absolument simples,

mais encore celles où nous ne saurions distinguer les représentations qui se combinent pour s'offrir à nous comme un seul tout. Telle est la couleur verte, ou l'odeur d'un mélange de parfums.

La représentation complexe est une réunion de représentations associées dans un certain ordre. On doit y considérer séparément les représentations dont elle se compose, et l'ordre d'association. Cet ordre fait tellement partie essentielle de la représentation complexe, que celle-ci change entièrement avec lui, quoique les représentations restent les mêmes. Un carré rouge et un cercle bleu ne nous offrent point le même tableau qu'un carré bleu et un cercle rouge, quoique ces deux représentations soient formées de la réunion des mêmes éléments.

Nous distinguerons aussi deux classes principales de sentiments unis aux représentations : ceux qui déterminent les divers degrés de réalité que nous attribuons à nos représentations, et dont le premier, et l'un des plus remarquables, est celui qui caractérise nos perceptions et les distingue de nos idées ; nous pourrons les nommer sentiments de réalité ; et ceux qui consistent dans les diverses sortes d'attrait ou de répugnance dont sont accompagnées presques toutes, et peut-être toutes nos pensées, qu'il me paraît convenable d'appeler d'un même nom, sentiments affectifs, pour les distinguer de tout autre.

Nous verrons, dans le cinquième chapitre de la première partie de ce mémoire, que nos représentations peuvent être accompagnées de plusieurs sentiments qui n'appartiennent à aucune de ces deux classes, telle, par exemple, que la surprise ; mais comme ils influent beaucoup moins sur les opérations de notre entendement, ce qui les concerne peut être sans inconvénient renvoyé à ce chapitre.

Enfin, il y a aussi deux sortes d'action, celle qui se borne à imprimer certains mouvements aux fibres du cerveau, à modifier de quelque manière que ce soit l'état actuel de cet organe, sans qu'il en résulte aucun changement extérieur; telle est l'action de l'attention et de la mémoire volontaire. L'autre action est celle qui se manifeste au dehors par les mouvements de la locomotion et de la voix. Nous aurons donc sept choses à faire à l'égard de chacune des facultés regardées jusqu'à présent comme élémentaires :

1° Donner succintement une idée claire de cette faculté, des caractères qui la distinguent des autres, des limites où il faut la restreindre et des divers points de vue des différents auteurs ;

2° Quelle sorte de représentation nous est offerte par la pensée que nous devons à cette faculté, et ce qu'on peut conjecturer des phénomènes physiologiques qui concourent à la production de cette représentation ;

3° Comment s'associent, dans le cas d'une représentation complexe, les représentations dont elle se compose. L'ordre de cette association dépend-il de notre choix, ou est-il déterminé par certaines lois particulières de notre organisation ? Savons-nous quelque chose des causes physiologiques de ces lois ?

4° Quel sentiment de réalité accompagne cette sorte de représentation ?

5° Quels sentiments affectifs excite-t-elle en nous ?

6° Jusqu'à quel point l'exercice de la faculté qu'on analyse est-il soumis à l'activité intérieure ?

7° Cet exercice exige-t-il le déploiement de l'activité extérieure ?

Après avoir répondu à ces six questions, ou du moins aux cinq premières, quand il sera évident que la sixième ne peut avoir lieu, relativement aux différents états de notre pensée que nous devons considérer successivement, nous saurons de combien d'espèces de représentations notre entendement est susceptible; de combien de manières ces représentations s'associent, quels sont les sentiments de réalité, les sentiments affectifs, et le développement de notre activité intérieure ou extérieure qui les accompagnent; et il ne sera pas difficile d'en conclure quelles sont les facultés élémentaires dont se compose celle de penser, dans quel ordre il convient de classer ces facultés, et sous quel point de vue nous devons les considérer.

ANALYSE DE LA PENSÉE

PREMIÈRE PARTIE

**Analyse des facultés que l'on observe
dans l'exercice de l'entendement et de la volonté et que différents
auteurs ont regardées comme élémentaires**

CHAPITRE PREMIER

ANALYSE DE LA SENSIBILITÉ PROPREMENT DITE

Les métaphysiciens modernes ont employé le mot sensation dans deux sens différents. La sensation proprement
dite est la modification intellectuelle immédiatement causée
par un mouvement communiqué actuellement au cerveau par
une impression faite sur un autre organe ; la sensation, dans
un sens plus général, serait la modification causée par un
mouvement quelconque du cerveau. Ce n'est qu'en donnant
ce dernier sens au mot sensation qu'on a pu dire que toute
modification intellectuelle était une sensation ; et cette
assertion s'est trouvée réduite, dans le fait, à cette vérité
admise depuis longtemps : « Toute modification de ce genre

est liée à un mouvement cérébral correspondant. » C'est, au contraire, dans le premier sens qu'avait été pris le même mot par les philosophes qui démontrèrent les premiers que toutes nos modifications intellectuelles avaient leur première origine dans les sensations, c'est-à-dire, que les modifications intellectuelles produites par des mouvements purement cérébraux ne pouvaient naître que de celles qui sont liées aux mouvements que le cerveau reçoit des autres organes actuellement agités, et qui peuvent seuls lui imprimer les dispositions nécessaires à la production des mouvements qui semblent y naître spontanément.

Cette dernière vérité, dont l'importance a été reconnue par tous ceux qui ont su apprécier les découvertes de la métaphysique moderne, et qu'on exprime ordinairement ainsi : « Toutes nos idées viennent de nos sensations, » deviendrait une pure identité verbale, une proposition vide de sens, si l'on ne restreignait pas le sens du mot sensation aux modifications intellectuelles liées à des mouvements communiqués au cerveau par d'autres organes actuellement agités. La faculté d'éprouver cette sorte de modification est ce que j'appelle sensibilité proprement dite ; c'est d'elle seule que je dois m'occuper dans ce chapitre.

L'influence qu'exercent les autres organes sur le cerveau ne se borne pas à y exciter les mouvements qui produisent nos sensations ; mais il est toujours facile de distinguer l'idée influencée par l'état d'un organe, de la sensation même qui résulte immédiatement de cet état. Que d'idées réveille la sensation produite sur l'organe de la vue par la présence d'un ami absent depuis longtemps ! Et pourrait-on regarder ces idées comme une partie de cette sensation ? Dans une obstruction hépatique, la douleur seule de la région du foie est une sensation produite par l'état de

cet organe, parce que c'est l'effet du mouvement qu'il communique directement et immédiatement au cerveau, tandis
que ce même état n'agit que médiatement sur les idées
sombres qui obsèdent le malade, et dont il doit tous les
matériaux à des sensations précédentes.

Après avoir fixé, comme je viens de le faire, le sens que
j'ai attaché au mot sensibilité proprement dite, interne ou
externe, je reviens au but principal de ce chapitre, à
l'examen des facultés élémentaires dont cette faculté se
compose. Dans les sensations les plus simples, il faut au
moins distinguer deux choses :

1° La connaissance qui résulte en nous de cette sensation, et à l'aide de laquelle nous la distinguons de toute
autre et la reconnaissons si elle vient à renaître ; cette
connaissance est, comme nous le verrons bientôt, un cas
particulier de l'espèce de modifications que j'appellerai
perception ; on peut, dès à présent, lui donner le nom de
perception sensitive ;

2° La manière agréable ou désagréable dont nous sommes affectés par la sensation, le plaisir ou la douleur en
un mot, que je crois nécessaire de réunir sous le nom
commun d'affection et d'appeler dans le cas présent
affection sensitive.

Il est évident que cette distinction est relativement à la
manière dont nous sommes affectés par les objets présents,
précisément la même que celle qui existe entre l'idée et
le désir[1], relativement à la manière dont nous nous occupons des objets absents.

De même que la perception est la connaissance de

---

[1] J'emploie ici et dans tout le reste de cet ouvrage le mot désir dans le
sens le plus général, en y comprenant le désir qu'une chose ne soit pas
comme le désir qu'une chose soit.

quelque chose de présent, et que l'affection est l'attrait
ou la répugnance que nous ressentons pour cette chose,
l'idée est la connaissance d'une chose absente, et le désir
l'attrait ou la répugnance que nous avons pour elle.

Il est assez singulier que cette observation, qui paraît
si naturelle et si simple, n'ait pas été faite plus tôt, que les
métaphysiciens qui ont distingué la faculté d'avoir des
idées et celle d'éprouver des désirs, n'aient pas séparé
la faculté de percevoir de celle de ressentir des affections,
et que lorsqu'on a enfin distingué dans un ouvrage très-
récent [1] ces deux dernières facultés, cette importante
distinction ait été déduite de considérations éloignées,
relatives aux modifications contraires qu'elles éprouvent
de la part de l'habitude.

M. Maine de Biran, à qui l'on en doit la première idée,
paraît croire que, dans un grand nombre de sensations, il
n'y a qu'une seule de ces deux facultés élémentaires qui
soit exercée ; je ne saurais à cet égard être entièrement
de son avis. Dans les sensations internes même où tout
semble être affection, il faut bien admettre une perception
faible et obscure, si l'on veut, mais suffisante pour nous
faire distinguer de toute autre la sensation dont elle fait
partie, puisqu'il est certain que nous ne confondons point
ces sensations, et que nous les reconnaissons toutes les
fois qu'elles renaissent. La faculté d'apercevoir pourrait
plutôt être considérée comme agissant seule dans quelques
sensations ; mais la nullité de l'affection dans ce cas paraît
dépendre de l'influence de l'habitude, et il est probable
qu'il n'y a aucune sensation non encore éprouvée qui nous

---

[1] Influence de l'habitude sur la faculté de penser, par Maine de Biran
(1802).

soit absolument indifférente. La décomposition de la sensation en perception et affection peut donc être appliquée,
en général, à toutes les sensations, en admettant dans
chacune un rapport différent entre le degré d'intensité
de ces deux éléments. Dans les unes et surtout dans celles
de la vue, la perception l'emporte infiniment sur l'affection ; c'est le contraire à l'égard des sensations internes
et de celles que nous devons à l'odorat et au goût. Dans
ces dernières cependant, la perception devient plus sensible à mesure qu'elles deviennent moins affectives. L'u-
sage que nous en faisons contribue aussi à augmenter les
perceptions dont elles sont accompagnées, comme par
exemple, lorsque le botaniste étudie l'odeur et le goût des
plantes, dans la seule vue de se procurer de nouveaux
moyens de les reconnaître.

Les deux facultés que nous a offertes l'analyse de la
sensation ne suffisent, pour en expliquer tous les phénomènes, qu'autant qu'elle n'est point accompagnée
d'une perception complexe. On sent, d'après la définition que j'ai donnée des représentations complexes, que
j'appelle ainsi une perception formée de la réunion de
plusieurs perceptions distinctes associées dans un certain
ordre.

Il est presque inutile d'observer que des perceptions
déjà complexes s'associent pour former des perceptions
plus complexes, qui peuvent s'associer à leur tour ; et ainsi
de suite. C'est ainsi que, dans le tableau que nous offre
un paysage, chaque arbre, qui est déjà une perception
très-complexe, s'unit aux arbres voisins pour nous donner
la perception complexe du bocage, qui fait partie de celle
du vallon, perception qui ne nous offre encore qu'une
portion de celle que notre œil embrasse.

Mais il se présente ici une question importante. Les perceptions simultanées s'associent-elles nécessairement? Oui, toutes les fois qu'elles sont vraiment aperçues, et que des idées réveillées en même temps ne troublent pas l'ordre naturel de ces perceptions et les obligent de s'associer à ces idées, au lieu de leur permettre de s'associer entre elles, comme il arrive, par exemple, quand un ouvrier parle en continuant l'ouvrage qu'il a entrepris; les perceptions qu'il reçoit par l'ouïe et celles de ses yeux ou de ses mains ne s'associent pas, quoique simultanées, parce que les premières réveillent les idées attachées aux sons qui les produisent et s'unissent à ces idées, tandis que les secondes réveillent en même temps les idées qui représentent à l'ouvrier ce que doit être son ouvrage, et les modifications qu'il doit faire éprouver à la matière sur laquelle il travaille pour atteindre son but. Au reste, en établissant que toutes nos perceptions s'associent ou aux perceptions simultanées ou aux idées qu'elles réveillent, et qu'il se forme ainsi de toutes les perceptions qu'un homme éprouve dans le cours de sa vie, une seule idée extrêmement complexe, où tout est lié, et où la réminiscence assigne à chaque souvenir la place qui lui appartient, je ne fais qu'énoncer un fait dont tout le monde peut s'assurer par sa propre expérience, et qui est sujet à quelques exceptions, soit à l'égard des premières perceptions des enfants, soit à l'égard de celles qu'on éprouve pendant l'ivresse et certains excès de manie, perceptions qui se lient encore entre elles, mais qui ne contractent aucune association avec les perceptions précédentes et suivantes; ce qui en rend souvent le rappel impossible et produit ainsi une sorte de lacune dans le souvenir de notre vie.

Je ne puis qu'indiquer ici le parti qu'on pourrait tirer
de ces considérations pour expliquer les phénomènes
extrêmement singuliers que présente si souvent la mémoire,
dans les individus sujets à des accès de manie.

La vraie distinction entre perception et idée est que,
dans la première, le mouvement est déterminé par la nature de l'impression, dans la deuxième, par des déterminations précédentes.

La coexistence des attributs dans un même sujet n'est
donc qu'un nombre égal de paquets de fibres qui réveillent
mutuellement leurs mouvements les uns les autres. Mais
les perceptions, qui s'associent ainsi pour se réveiller mutuellement, ne font pas qu'un groupe. La disposition des
perceptions simultanées en plusieurs groupes, abstraction
faite des associations avec les idées qui, supposant le concours de la mémoire, ne peuvent être traitées qu'à ce chapitre ; cette disposition, dis-je, a lieu de trois manières :

1° Organique dans un même organe ;

2° Association de simultanéité ;

3° Associations des organes entre eux.

Ces trois modes d'associations expliquent la formation
des groupes que nous formons de nos perceptions sensitives externes, et qui constituent nos idées complexes
d'objets hors de nous, et de nos perceptions internes, et
des externes qui s'y lient par le troisième mode, pour former les idées complexes de nos membres. Nous verrons
dans le chapitre suivant comment nous formons le groupe
des perceptions que nous avons de nos facultés intellectuelles et morales, pour en former l'idée complexe des propriétés de notre Moi.

Mais ces groupes tout formés ne nous feraient pas concevoir les autres corps hors du nôtre, ni notre Moi exis-

tant à part de notre corps. Je crois indubitable que tous ces groupes ne sont d'abord que nous-mêmes modifiés en une idée complexe, subdivisée en groupes, comme la statue était odeur de rose, avant la révolution dont je vais parler. Il n'y a pas d'autre Moi que l'ensemble de nos perceptions de toutes sortes; il se ramifie en toutes les perceptions élémentaires de la perception complexe qui le constitue. Quand arrive cette révolution, nous mettons dans chaque groupe un quelque chose d'inconnu, une substance dont ils ne sont plus que des attributs; de même, dans chacun de nos membres; enfin, dans le groupe des idées que nous laissent les perceptions de nos facultés. Cette révolution, qui se prépare peut-être dès les premiers instants de la naissance par la distinction des groupes, ne peut s'achever que longtemps après; elle sera expliquée dans le chapitre des jugements dérivés.

La première base de toute idée de réalité consiste à produire cet acte particulier de l'entendement par lequel nous distinguons nos perceptions de nos autres sortes de pensées; car il y en a trois à définir ici, en général et en particulier. Elle suppose que nous sommes modifiés différemment lorsque l'organe à qui nous devons la perception agit, et lorsque le cerveau seul est en mouvement. Cette différence disparaît dans les songes, où il semble que l'âme, séparée des autres organes, n'est plus en relation qu'avec le cerveau, et se trouve toujours modifiée de la même manière, lorsqu'il éprouve le même ébranlement, soit que cet ébranlement lui soit donné immédiatement par un autre organe, soit qu'il y renaisse spontanément.

Nous voyons, en effet, que nos rêves sont souvent produits par des impressions extérieures, sans que nous distinguions les perceptions qui en résultent des souvenirs que nous retrace la mémoire, ou des tableaux arbitraires que nous offre l'imagination. Cet acte, par lequel nous donnons l'assentiment de notre croyance à la perception qui nous affecte actuellement, tandis que nous le refusons aux vains produits de notre imagination, est la première source de cette singulière propriété de croire et de ne pas croire, dont je ne pense pas que les métaphysiciens aient encore expliqué la nature d'une manière satisfaisante, et dont Kant a cru devoir faire une sorte d'idée innée. Ce n'est pas au reste le lieu de l'examiner ici. Une grande partie de ce mémoire s'y rapporte plus ou moins directement et peut seule en donner une idée suffisante. Elle appartient d'ailleurs autant à la mémoire et à l'imagination qu'à la sensibilité proprement dite, puisque la même faculté qui distingue les perceptions des souvenirs et des tableaux de l'imagination, distingue en même temps ceux-ci de la perception et les distingue entre eux ; d'où résulte la différence que nous reconnaissons entre ce qui est vrai actuellement, ce qui l'a été, et ce qui ne le sera peut-être jamais.

La perception est la connaissance d'une chose accompagnée du sentiment de la présence actuelle de cette chose ; le souvenir est la connaissance accompagnée du sentiment de la présence passée, sentiment qui a reçu le nom de réminiscence, et qui consiste à conserver, entre les idées dont il se compose, la même association qui avait lieu pendant la perception. Nous ne saurions confondre, dans l'état de veille, la perception d'une chose et son souvenir, quoique nous reconnaissions celui-ci comme nous retraçant celle-là. Si ce souvenir vient à n'être plus accompagné du sentiment de la réminiscence, par la dés-

union des idées dont il se composait, celles de ces idées
qui se reproduiront dans un nouvel état de combinaison
où elles ne feront plus partie ni d'une perception ni d'un
souvenir, recevront le nom d'idées pures ; et la nouvelle
combinaison prendra le nom de conception ; car, concevoir
signifie rassembler des éléments épars pour en faire un
tout; et l'on ne dit jamais qu'on conçoit ce qu'on sent ou
ce qu'on se rappelle.

La pensée pourra donc se définir, comme elle l'a été par
M. de Gérando [1] composée de perceptions ou d'idées. Dans
ce dernier cas, elle pourra être un souvenir ou une conception ; et la faculté dont il est ici question consistera à
distinguer les unes des autres ces trois sortes de pensées :
perception complexe, souvenir et conception ; ou plutôt,
car elle s'exerce indépendamment de toute comparaison,
à joindre à chacune d'elles le sentiment qui lui est propre.

Sous un certain point de vue, on pourrait dire que la
perception est l'union de l'idée et du sentiment de présence ou d'actualité, et le souvenir, l'idée combinée avec
celui de réminiscence ; mais il vaut mieux pour la clarté,
et même pour l'exactitude, considérer ces deux phénomènes chacun à part.

[1] M. de Gérando, tome I, p. 135.

CHAPITRE II

ANALYSE DE LA RÉFLEXION

Je prends ici le mot réflexion dans le sens que Locke lui
a donné pour désigner cette faculté par laquelle nous
apercevons toutes les opérations de notre entendement et
de notre volonté. Il est certain que nous pourrions exécuter
toutes ces opérations sans savoir que nous les exécutons,
puisque c'est ce qui nous arrive dans un grand nombre de
cas, et que les enfants, dans la signification originelle de
ce mot[1], et les animaux, sont privés de la faculté dont nous
nous occupons. Tous les métaphysiciens sont d'accord là-
dessus, et il est bien à regretter que Locke l'ait désignée
sous ce nom auquel l'usage a attribué un autre sens; ce
qui a empêché quelques écrivains de se faire une idée
nette de ce que Locke avait voulu dire quand il avançait
que toutes nos idées viennent de la sensation ou de la
réflexion[2]. J'observerai en passant que cette assertion de
Locke est également fausse, soit qu'il ait voulu parler de
l'origine immédiate de nos idées, soit qu'il en ait considéré
la source primitive. Dans le premier cas, la sensation pro-

---

[1] « *Infantes*, qui ne parlent pas. »

[2] On voit, par le chapitre XVI de l'Essai analytique de Bonnet, qu'en adoptant, à cet égard, les expressions de Locke, il y attachait un sens absolument
différent. Comment n'en a-t-il pas averti?

prement dite et la réflexion ne suffisaient pas pour rendre
raison de la formation de toutes nos idées, puisque celles
que nous avons des rapports ne nous sont données immédiatement par aucune de ces deux facultés, comme je le
ferai voir plus en détail dans le chapitre suivant, où j'analy-
serai la faculté de comparer. Dans le second cas, la sensation proprement dite devait être considérée comme l'origine
unique de toutes nos idées, puisqu'elle doit nécessairement
précéder la formation des idées qu'elle ne produit pas immédiatement, et que, si nous ne pouvons pas comparer avant
qu'elle ait fourni des objets de comparaison, nous ne pouvons de même apercevoir les opérations de notre entendement et de notre volonté, ni même notre propre existence,
que lorsque nous exécutons ces opérations; ce qui suppose
les sensations sans lesquelles elles ne peuvent avoir lieu.

-En analysant la faculté d'apercevoir nos opérations, nous
y trouverons précisément les mêmes facultés élémentaires
que dans la sensibilité proprement dite. En effet, l'idée
que j'ai, par exemple, d'un désir, dans cet instant où je n'en
éprouve aucun, n'est qu'un souvenir, une connaissance
que j'ai de quelque chose d'absent; mais lorsque j'ai
acquis cette idée, ce n'a pu être qu'en m'observant moi-
même pendant que je désirais effectivement; je prenais
alors connaissance de quelque chose de présent; j'avais une
véritable perception de ce désir, dont je n'ai plus que le
souvenir. Comme pour avoir des perceptions de cette sorte,
il faut que la pensée se replie, pour ainsi dire, sur elle-
même, je leur donnerai dorénavant le nom de perceptions
réfléchies, autorisé d'ailleurs par l'usage que Locke, et
qu'à son exemple quelques métaphysiciens ont fait du mot
réflexion .

1 M. de Gérando, dans le chapitre VII de la deuxième partie de son

23

J'appellerai également affection le sentiment agréable ou pénible que nous éprouvons ordinairement, pendant que nous nous observons ainsi nous-mêmes.

Si nous devons aux perceptions réfléchies tout ce que nous savons de la nature de notre entendement, nous devons aux affections réfléchies les sentiments les plus propres à diriger convenablement notre volonté.

En se repliant sur lui-même, l'homme vertueux en goûte l'indicible volupté; le méchant en ressent le tourment. Ces affections se trouvent unies aux sensitives toutes les fois que la sensation est accompagnée de ce retour sur nous-mêmes par lequel nous considérons cette sensation comme une de nos modifications, et nous en faisons, pour me servir de l'expression de Locke, l'objet de notre réflexion. Alors, l'affection réfléchie est tellement distincte de la sensitive que leur effet est souvent absolument opposé. La première mêlait ses charmes à la douleur qu'éprouva Épictète quand son maître lui cassa la jambe; et souvent elle joint le tourment du remords aux sensations les plus délicieuses. Quelques auteurs ont pensé que ces affections, aussi nécessaires que les sensitives à l'existence du genre humain, étaient un fruit de l'éducation. Autant vaudrait avancer que nous ne trouvons un goût agréable aux aliments salutaires et une saveur nauséeuse aux poisons, que parce que nos parents nous ont dit que les premiers nous étaient nécessaires, et que les seconds nous donneraient la mort.

ouvrage sur la génération des connaissances humaines, où il développe l'idée de Locke avec une clarté et une précision au-dessus de tout éloge, adopte la signification que ce philosophe a donnée au mot réflexion; d'autres métaphysiciens ont exprimé la même idée avec d'autres mots. M. Maine de Biran, par exemple, dans une note, p. 51, du Mémoire sur l'influence de l'habitude, appelle lumière intérieure ce que Locke avait nommé réflexion.

Il est évident que les affections réfléchies ne sont pas plus des idées innées, comme l'ont voulu avancer quelques auteurs, que les affections sensitives. Notre organisation est telle que certaines perceptions sont accompagnées chez tous les hommes de certaines affections; et soit qu'il s'agisse des perceptions qui nous portent au dehors, ou de celles qui nous ramènent sur notre propre pensée, les affections agréables sont presque toujours liées aux perceptions qui résultent des actions utiles à la conservation du genre humain, et les affections funestes, à celles qui sont liées aux actions qui tendent à le détruire. Il n'est pas plus étonnant que le remords soit naturellement douloureux, comme le prouve l'expérience, que la saveur de l'absinthe ou le son d'une dissonance.

L'association des idées a lieu dans l'exercice de la réflexion, comme dans celui de la sensibilité proprement dite: souvent l'idée complexe se forme des perceptions réfléchies unies aux perceptions sensitives simultanées, comme lorsqu'on associe la perception du jugement, par exemple, que l'on porte, à celle de l'objet dont on juge; ce qui arrive nécessairement, dès que l'on considère ce jugement comme un acte de l'entendement relatif à cet objet.

D'autres fois, plusieurs perceptions réfléchies s'unissent pour former un groupe des propriétés de notre être, qui, comme nous le verrons dans la seconde partie de ce mémoire, produit l'idée complexe du Moi, comme le groupe des perceptions qu'un objet excite en nous est l'origine de l'idée complexe qui nous représente cet objet.

Dans ces deux cas, la distinction des perceptions réfléchies et leur association présentent absolument les mêmes phénomènes. Cette identité des effets qui semble démontrer celle des causes, me paraît trop importante pour que je ne

l'examine pas autant qu'il est nécessaire pour la mettre
dans tout son jour. On est d'abord porté à croire que la
perception que nous avons d'une de nos modifications
quelconque, intellectuelle ou morale, n'est qu'un accessoire
de cette modification, produit par le mouvement des
mêmes fibres. Il paraît même que la plupart des métaphysiciens l'ont supposé ainsi; ils auraient probablement
adopté l'opinion contraire s'ils avaient fait attention aux
faits suivants.

1° Les enfants, et les hommes qui ne se sont pas accoutumés à s'observer eux-mêmes, exécutent la plupart des
opérations intellectuelles, et éprouvent des affections et des
désirs de toute espèce, sans avoir aucune perception de ce
qui se passe en eux; l'homme qui désire, par exemple,
est tout entier aux idées qui lui peignent l'objet qu'il désire et les moyens de l'obtenir; mais peut-on dire qu'il
s'aperçoit toujours qu'il éprouve en effet ce désir, et qu'il
porte divers jugements sur ces moyens ?

2° Si la perception du désir dépendait des mouvements
des mêmes fibres qui l'excitent en nous, en nous peignant
l'objet vers lequel il tend, plus l'image de cet objet et le
désir qui l'accompagne auraient de vivacité, plus la perception de la manière dont nous sommes modifiés serait
claire et distincte. Or, il arrive précisément le contraire :
plus l'idée de l'objet que l'on désire agit vivement sur
l'esprit, moins on s'aperçoit du désir lui-même; une impression empêche de sentir l'autre, comme il arrive à
toutes les autres impressions dont la cause existe dans des
mouvements de fibres distinctes.

3° Le mouvement cérébral auquel est attachée la perception d'un désir se renouvelle nécessairement quand on se

rappelle avoir désiré ; or, souvent le désir n'existe plus dans ce cas ; souvent il est remplacé par un sentiment contraire ; de même que nous pouvons rappeler l'idée du soleil, quand la terre est dans l'ombre. Il y a donc une distinction entre les fibres appropriées au désir, et celles qui le sont à sa perception, analogue à celle qui existe entre l'organe de la vue et la partie du cerveau où nous recevons immédiatement les perceptions de cet organe, et où nous en concevons le souvenir. Cette sorte de perception, occasionnée par une autre qui a lieu quand une fibre reçoit sa première impulsion d'une autre fibre cérébrale, est ce que j'appellerai perception déduite. On pourrait se rappeler avoir désiré ou avoir jugé sans se rappeler l'objet qu'on a désiré ou le jugement qu'on a porté ; ce qui prouve encore que ces deux impressions sont tout à fait distinctes l'une de l'autre ; et lors même qu'on se rappelle en même temps cet objet et ce jugement, l'idée en demeure absolument distincte de celle que nous a laissée l'acte par lequel nous avons désiré ou jugé.

4° Les deux sortes d'associations dont l'expérience nous apprend que nos perceptions réfléchies sont susceptibles, et à l'égard desquelles je vais entrer dans quelques détails, s'expliquent bien naturellement en supposant qu'elles sont produites par le mouvement des fibres séparées de celles des perceptions ou des idées qui les occasionnent, une de ces associations se rapportant à la grande loi de l'association des perceptions simultanées, et l'autre à celle des associations organiques ; tandis que, dans la supposition où les idées réfléchies ne dépendraient pas de mouvements excités dans des fibres appropriées à ce seul usage, les deux modes d'associations se réuniraient aux perceptions ou aux idées qui les causent ; et l'association

que nous voyons contracter entre elles les perceptions réfléchies deviendrait inexplicable.

En effet, tantôt nos perceptions réfléchies s'associent à
ces perceptions ou à ces idées, comme lorsqu'en jugeant
nous unissons la perception que nous avons de cette opération à celles qui servent de matière au jugement, espèce
d'association qui dépend bien évidemment de la simultanéité de ces deux sortes de perceptions ; tantôt nous associons toutes nos perceptions réfléchies et les idées qui nous
les retracent, pour n'en former qu'un seul groupe qui
constitue l'idée complexe des facultés de notre Moi, comme
le groupe des idées qui nous retracent les perceptions sensitives que nous avons éprouvées de la part d'un corps,
forme l'idée complexe que nous avons des propriétés de ce
corps. Cette dernière sorte d'association, qui est un des
phénomènes intellectuels les plus remarquables, et sans
laquelle nous vivrions sans savoir que nous existons, paraît se rapporter aux associations organiques, puisque les
perceptions qu'elle réunit sont dues à des modifications
intellectuelles infiniment disparates et qui ne peuvent être
que rarement simultanées. On est donc fondé à croire,
d'après l'analogie, et en prenant toujours les mots de fibres
et de mouvements dans ce sens générique adopté par les
métaphysiciens, où ils peignent le mode d'action, quel qu'il
soit, du cerveau, que les fibres, aux mouvements desquelles
sont attachées d'abord les perceptions et ensuite les idées
réfléchies, et qui reçoivent leur premier ébranlement des
fibres mues hors des opérations de l'entendement ou de la
volonté que nous nous connaissons par ces perceptions,
composent un organe particulier, destiné à ce genre de
perceptions, et où elles s'associent comme les perceptions
visuelles s'associent dans les couches optiques.

Ces vues générales, qu'il suffit d'indiquer, font assez entrevoir comment les lois de notre organisation peuvent
produire cette association en un seul groupe de tout ce que
nous connaissons de nos facultés morales et intellectuelles,
association qui est prouvée par le fait. Mais lorsque nous
concevons dans ce groupe, comme dans ceux que nous avons
formés de nos perceptions sensitives externes et de celles
que nous rapportons à notre corps, lorsque nous y concevons, dis-je, une substance dont ces facultés deviennent des
attributs et que nous appelons notre âme, nous portons un
jugement que ce n'est pas ici le lieu d'examiner et dont
nous traiterons dans le chapitre des jugements dérivés.

La connexion des affections avec les perceptions auxquelles elles se rapportent, a lieu dans le cas que nous
examinons ici, précisément comme dans celui de la sensation
proprement dite. Lorsque nous nous observons nous-mêmes,
et que nous y apercevons divers penchants dont les uns
nous remplissent de la douce satisfaction qui accompagne
l'estime de soi, et les autres nous font éprouver le pénible
sentiment qui lui est opposé, nous unissons chaque affection à la perception correspondante. Si nous passons à la
faculté de discerner les perceptions des idées, nous trouverons
encore qu'elle s'exerce aussi de la même manière dans les
deux cas. Elle nous fait distinguer, par exemple, le souvenir d'un désir que nous n'avons plus, de la perception
que nous avions de ce désir pendant que nous l'éprouvions, précisément de la même manière que nous discer-
nons le souvenir d'une perception sensitive, de cette perception. Enfin, la volonté agit de la même manière, pour
rendre plus vives ou pour affaiblir ces deux sortes de perceptions; et si l'exercice de l'attention semble plus nécessaire
pour saisir les perceptions réfléchies, cela ne vient sans

doute que du moindre degré d'intensité de ces idées, ou, si
l'on veut, de la faiblesse des mouvements cérébraux qui leur
correspondent, et de ce que la plupart des hommes ont
contracté l'habitude de leur prêter attention moins souvent
et moins fortement qu'aux perceptions sensitives.

Le peu d'intensité qu'ont le plus souvent les perceptions
réfléchies, et le peu d'attention qu'on leur donne ordinairement, expliquent pourquoi nos propres facultés et les opérations de notre entendement, que nous ne pouvons apercevoir que par elles, ont été si tard et sont encore si mal
connues.

Au reste, l'attention ne peut se porter sur les perceptions réfléchies avant que ces perceptions elles-mêmes ne
lui donnent l'éveil. Il faut donc que les fibres dont elles
dépendent aient déjà été mises en mouvement en vertu des
lois de notre existence, et l'attention ne produit pas plus ces
perceptions que celles qui nous viennent immédiatement
des sens. Ce n'est pas non plus à l'usage des signes institués
qu'on doit attribuer les perceptions et les idées réfléchies;
il remplit à leur égard précisément les mêmes fonctions que
dans les transformations qu'il fait subir aux perceptions et
aux idées sensitives. Dans l'un et l'autre cas, les perceptions sont d'abord confondues dans le groupe dont elles
font partie; l'attention, en scrutant successivement toutes
les parties de ce groupe, les rend plus distinctes, mais sans
pouvoir les détacher du groupe, ni les généraliser. J'aurai
beau faire attention à un corps bleu, la perception que
j'aurai de sa couleur ne sera jamais celle du bleu en général,
mais seulement de son bleu individuel. De même, la perception d'un désir, unie aux idées dont il se compose,
quoique rendue plus distincte par l'attention, ne sera jamais que la perception individuelle de ce seul désir; les

souvenirs qui retraceront ces perceptions les retraceront dans le même état de combinaison, et toujours également particularisées. L'usage seul des signes institués pourra les détacher de ces groupes et les faire passer dans la classé des idées générales ; mais j'anticiperais sur le sujet qui doit être traité dans le chapitre v, si je donnais ici plus d'étendue à ces remarques.

CHAPITRE III

ANALYSE DE LA COMPARAISON

I

J'ai dit, dans le premier chapitre de ce mémoire, que les perceptions s'associaient en général à mesure que nous les éprouvions, soit avec des perceptions simultanées, soit avec des idées réveillées en même temps. Cette association peut se faire de deux manières. Tantôt les perceptions ou les idées s'unissent, immédiatement et entrent dans la composition d'une même idée complexe. C'est ainsi que s'associent immédiatement les perceptions de couleur, de forme, de dureté, etc., que nous fait éprouver un même objet, et dont l'ensemble conservé dans la mémoire constitue l'idée complexe que nous avons de cet objet. C'est de la même manière, qu'à mesure que nous découvrons une nouvelle propriété dans un corps, elle s'associe aux propriétés que nous connaissions déjà dans ce corps, et fait, dès ce moment, partie de l'idée complexe qui nous le représente. Tantôt les perceptions ou idées simultanées, au lieu de s'associer immédiatement, produisent une nouvelle perception, celle d'un rapport entre elles ; et cette nouvelle perception, s'associant à toutes deux, entre, dès ce moment, dans l'idée complexe que nous avons de chacune d'elles. C'est cette sorte de perception qui caractérise la comparaison. En même

temps que le rapport aperçu fait directement partie de l'idée
complexe qui nous reste d'un des termes que nous avons
comparés, l'autre terme y entre aussi, mais indirectement
et par l'entremise de l'idée de ce rapport. Ainsi, dès que
j'ai aperçu que le cèdre est-plus grand que le chêne, l'idée
d'être plus grand fait directement partie de celle que je conserve du cèdre ; mais ce n'est pas l'idée indéterminée d'être
plus grand, prise en général ; c'est l'idée d'être plus grand
particularisée par son association à l'idée du chêne. Cette
dernière entre donc nécessairement quoique indirectement
dans l'idée du cèdre conçu comme plus grand que le
chêne.

On pourrait opposer à ce que je viens de dire, sur la
distinction du cas où deux perceptions simultanées s'associent immédiatement en une perception complexe, et de
celui où nous en déduisons une perception de rapport qui
s'unit à chacune d'elles, que la simple association est aussi
une comparaison, que c'est la perception d'un rapport de
coexistence. On ne ferait pas attention que ce serait reculer
la difficulté et tourner dans un cercle vicieux dont il serait
difficile de sortir ; car tout rapport après avoir été perçu
doit être associé. Si donc l'association était la perception
d'un nouveau rapport, il faudrait que, pour savoir qu'un
cèdre est plus grand qu'un chêne, il ne suffit pas d'apercevoir entre ces deux objets le rapport d'être plus grand ; il
faudrait entre la perception de ce rapport et celle du cèdre
apercevoir le même rapport de coexistence que dans toutes
les perceptions élémentaires dont nous formons nos perceptions complexes ; et ce rapport lui-même ne pourrait s'associer à la perception du cèdre que par une nouvelle
perception de coexistence, sans qu'on pût dire où se ter-
minerait cet enchaînement de prétendus rapports.

Rapprochons la marche de l'esprit dans le cas où il y a
simple association, et dans celui où il y a comparaison et
association ; nous ne pourrons douter qu'il n'y ait dans
celui-ci une opération de plus que dans le premier cas,
que l'association est essentiellement différente de la comparaison, et qu'elle suit aussi immédiatement la plupart de
nos autres perceptions que celles de rapports.

Un homme voit pour la première fois un cèdre ;
il aperçoit la nuance de vert de ses feuilles et associe
cette perception aux idées qu'il avait depuis longtemps
de cet arbre ; cet homme compare pour la première fois
ce cèdre qu'il voit au souvenir qu'il conserve du chêne ; il
s'aperçoit que le cèdre est plus grand, et il associe de même
cette perception à celle dont il avait composé jusqu'alors
l'idée du cèdre. N'est-il pas évident que, dans le premier
cas, il n'y a que deux actes de l'entendement, la perception
de la couleur et son association ; et que dans le second, il
y en a trois : l'acte de rappel de l'idée du chêne, la perception du rapport, et son association ? Enfin, cette faculté
d'associer nos perceptions pour en composer des perceptions
complexes, s'exerce arbitrairement sur les idées, comme on
le verra au chapitre vi de ce mémoire ; et il est bien évident
qu'elle ne consiste pas alors dans la perception d'un rapport.
En aperçoit-on un, par exemple, entre l'idée complexe d'un
homme et celle d'être plus grand qu'un cèdre, lorsque notre
imagination nous présente cette conception formée de la réunion de ces deux idées, un homme plus grand qu'un cèdre ?

On a dit que comparer était la même chose que juger ; il
est aisé de conclure des éclaircissements précédents et de ce
que je prouverai, dans le chapitre vii : que toute association
de perceptions, pendant que nous avons ces perceptions,
produit un jugement ;

Que toute comparaison est suivie sur-le-champ d'un jugement; mais qu'alors, la comparaison consiste à apercevoir le rapport, et le jugement, à l'associer;

Qu'il y a des jugements sans comparaison, comme l'avait déjà montré M. de Gérando[1], ces jugements ayant lieu toutes les fois que nous associons des perceptions sensitives ou réfléchies. La nature de cette opération ne pourra être bien développée que dans le chapitre que je viens de citer, et qui y est spécialement destiné.

II

J'appelle ici perception l'acte par lequel j'aperçois un rapport, parce que, trouvant dans mon esprit des idées de rapport, il faut bien qu'elles aient pris naissance à une certaine époque et dans des circonstances propres à les produire, circonstances qui n'en laissent que l'idée quand elles sont évanouies, précisément comme il arrive à l'égard des idées sensitives et réfléchies; et là où il y a entière parité de phénomènes, on doit employer les mêmes mots, perception et idée, dans le même sens.

Il est évident que ces circonstances nécessaires à la formation de la perception des rapports, sont la présence à l'entendement des deux termes que l'on compare, et qu'on doit dire que les perceptions de ce genre naissent immédiatement d'une autre source de perceptions. Ces perceptions, que je nommerai perceptions comparatives, doivent

---

[1] Des signes et de l'art de penser, tome I, p. 14, 15, 16.
Note de l'éditeur. Cet ouvrage de M. de Gérando avait paru en 1800.

porter ce nom tant que nous nous trouvons dans les circonstances où nous pouvons apercevoir ces rapports. Dès que
ces circonstances ont cessé, c'est-à-dire dès que les deux
termes de ces rapports ne sont plus présents à notre esprit,
il ne nous en reste plus que l'idée, comme après que nous
avons cessé de méditer ou de désirer, il ne nous reste plus
que l'idée de la méditation ou celle du désir.

Plus on s'en occupe, moins on conçoit que Locke, en
donnant la sensation et la réflexion pour l'origine immédiate de toutes nos idées, ne se soit pas aperçu qu'il y en
avait une troisième source, nécessaire pour les idées de
rapports, qui ne sauraient dériver immédiatement ni de
l'une ni de l'autre de ces deux facultés.

La comparaison, ou l'acte par lequel nous apercevons un
rapport, est donc une troisième sorte de perception, de
même qu'un objet peut passer devant mes yeux sans que
je le voie, ou ébranler l'air sans que je l'entende, de même
que la plupart des hommes jugent, comparent, désirent,
sans s'observer eux-mêmes et sans apercevoir, par conséquent, ce qui se passe en eux, quoiqu'ils se trouvent précisément dans les circonstances propres à leur en donner
des perceptions. Il arrive souvent que deux perceptions ou
idées sont présentes à la fois à notre esprit, et qu'il existe
un rapport entre elles sans que nous l'apercevions. Souvent il faut un grand effort de la volonté, ou, si l'on veut,
de l'attention, pour que cette perception ait lieu. L'aptitude à la produire est très-différente chez les divers
individus, et tous ceux qui se sont livrés à l'enseignement
savent que ce n'est pas à faire considérer à la fois deux
idées par ceux qui les écoutent qu'ils éprouvent le plus de
difficulté, mais à leur faire apercevoir le rapport qui
existe entre elles.

On peut objecter à cette manière de considérer la comparaison, qu'il en résulterait des perceptions qui seraient déduites d'idées ; car on peut aussi bien apercevoir un rapport entre deux idées comparées qu'entre deux perceptions, ou entre une perception et une idée. Cela paraît d'abord très-singulier ; mais la même difficulté, qui s'est déjà présentée à l'égard des perceptions réfléchies, a été promptement résolue par cette seule observation que rien n'empêche que certaines parties du cerveau reçoivent leur mouvement d'autres parties, précisément comme celles-ci reçoivent le leur d'autres organes.

III

L'association des perceptions comparatives se fait comme celles des autres perceptions ; mais elle n'a lieu qu'avec les perceptions ou les idées qui les ont occasionnées, en sorte qu'il n'est pas nécessaire, pour expliquer les phénomènes de cette association, de supposer, comme pour rendre raison de ceux qui présentent l'association des perceptions réfléchies, que les fibres destinées à cette sorte de perceptions soient réunies dans un organe particulier, où pourrait se produire entre elles une association organique. Au contraire, tout semble se réunir pour prouver que l'association des rapports aperçus et des termes comparés est due au moins autant aux causes organiques qu'à la simultanéité de ces impressions. On peut donc concevoir les fibres appropriées aux perceptions de rapports comme disséminées dans toute la masse du cerveau, entre les fibres dont les mouvements nous procurent les perceptions, et les idées entre lesquelles nous apercevons ces rapports. Les fibres qui leur correspondent servant ainsi de liens entre les fibres destinées aux impressions sensitives, aussi bien qu'entre celles qui le sont aux perceptions réfléchies que l'on compare également, ne pourront recevoir leurs mouvements que de ces dernières, ni être mues que quand les deux fibres qu'elles unissent le seront à la fois; ce qui s'accorde parfaitement avec la simultanéité des deux perceptions ou idées que l'on compare, nécessaire à toute comparaison.

Suivant les différents mouvements imprimés ou renouvelés dans les deux fibres qu'elles lient, les fibres appropriées aux perceptions comparatives recevront une impulsion différente, et nous feront apercevoir un rapport différent, toujours déterminé par la nature respective des deux perceptions ou idées entre lesquelles la comparaison a lieu. Les perceptions comparatives sont donc, comme les réfléchies, des perceptions dérivées; et les phénomènes physiologiques sont très-analogues. L'association des perceptions comparatives contribue singulièrement à former, de toutes nos perceptions, cette vaste chaîne de souvenirs qui embrasse en une seule pensée extrêmement complexe tout ce que conserve notre mémoire. Nous avons vu, dans un exemple cité tout à l'heure, comment la perception du rapport de grandeur qui existe entre le cèdre et le chêne, en se liant directement à toutes les idées dont nous composons notre idée complexe du cèdre, pour ne plus former qu'un seul tout avec elle, faisait entrer indirectement, dans cette idée complexe du cèdre, tout ce qui faisait partie de celle du chêne, et dans celle-ci se trouvent déjà toutes les idées des objets comparés au chêne, en

sorte que toutes ces idées déjà complexes se réunissaient
pour en former une encore plus complexe.

Combien notre entendement ne nous fournit-il pas
d'idées complexes infiniment au-dessus de ce que notre
esprit peut embrasser à la fois ! Heureusement que l'attention et le secours des signes institués nous procurent les
moyens de parcourir successivement les anneaux de cette
vaste chaîne, et de faire ainsi une sorte d'inventaire de
toutes les connaissances que nous avons acquises.

La connexion des affections aux perceptions correspondantes a lieu ici précisément comme dans le cas où les
perceptions sont sensitives ou réfléchies. C'est pourquoi
nous ne nous y arrêterons pas. Lorsque nous sentons le
plaisir attaché à la perception des rapports géométriques,
en éprouvant à la fois celle de ces rapports et la perception
sensitive des lignes de la figure, qui ne voit que nous
avons la faculté de distinguer que cette affection agréable dépend de la première de ces deux perceptions et non
de la seconde ?

IV

Il en est de même de cette faculté par laquelle nous dis-
cernons nos perceptions de nos idées, et dont je traiterai
plus au long dans le chapitre VII. C'est cette faculté qui,
en s'appliquant aux perceptions de rapports qui ont lieu
pendant que les deux termes que nous comparons sont
présents à notre entendement, nous fait distinguer ces
perceptions des idées que nous conservons de ces rapports en l'absence des termes comparés.

V

Les perceptions dues à la comparaison sont comme celles de la sensation et de la réflexion accompagnées d'affections, qu'on doit considérer comme une partie essentielle de la faculté de comparer, telle qu'elle existe dans l'homme ; nous les nommerons affections comparatives. Sans ce plaisir indicible attaché à l'exercice de cette faculté, et qui paraît si vif dans l'enfance et la jeunesse, l'homme n'aurait jamais approché du degré de perfection auquel il a élevé les arts et les sciences, presque entièrement fondés sur des idées de rapports, qu'il n'aurait jamais travaillé à apercevoir. Les anciens géomètres pouvaient-ils se douter de l'utilité que les modernes retireraient de leurs découvertes? Ils étaient excités à continuer leurs recherches par le plaisir même qu'elles leur procuraient. Tous ceux qui ont étudié les sciences exactes connaissent cette sorte de volupté que nous trouvons dans l'exercice de nos forces intellectuelles, et qu'on peut comparer à celui que nous trouvons surtout dans le bas âge à mettre en jeu nos forces musculaires. L'âge finit par flétrir toutes ces affections ; l'habitude en détruit le charme, et plus encore l'affaiblissement de nos facultés ; car tant que l'étude et le mouvement sont des besoins, ces deux sortes d'exercice sont également accompagnées de plaisir.

Le sentiment de la symétrie et la plupart de ceux qu'excitent en nous les beaux-arts doivent aussi être rangés dans la classe des affections comparatives.

D'autres affections à la fois réfléchies et comparatives

semblent tenir à la faculté de nous observer nous-mêmes
et à celle d'apercevoir des rapports. Ce sont les affections
dont nous sommes émus, lorsque nous comparons ce que
nous apercevons dans notre Moi, et ce que nous attribuons
au Moi que l'analogie nous porte à admettre dans chacun
des hommes, avec qui nous partageons la vie. Ces sentiments semblent réunir toute l'énergie qui peut se trouver
dans les sentiments qui appartiennent aux deux facultés
dont ils supposent l'exercice ; leur violence a été remarquée
par tous ceux qui se sont occupés des passions de l'homme.
Les plaisirs de l'orgueil satisfait, les tourments de l'envie,
la noble émulation, la basse jalousie appartiennent également à cette classe d'affections. Et ne faut-il pas y joindre
les sentiments tour à tour si déchirants et si délicieux de
la pitié? Car, pouvons-nous juger des maux d'autrui autrement que par analogie, et d'après ce que nous avons observé
en nous-mêmes ?

VI

Enfin, l'attention et l'usage des signes institués agissent
encore de la même manière sur les perceptions et les idées
comparatives. La première les rend plus distinctes en les
laissant dans le groupe qu'elles ont formé, ou augmenté
en s'associant à mesure qu'elles étaient aperçues. Quelque attention qu'on fasse au rapport d'être plus grand qui
existe entre le cèdre et chêne, on ne peut pas plus isoler,
des idées de ces deux arbres, celle de ce rapport, et cesser
de la considérer comme le rapport individuel de grandeur
de ces deux arbres, qu'on ne peut faire la même séparation
à l'égard des idées sensitives et réfléchies. L'usage seul des

signes fait, dans ces trois cas, la séparation des idées et les généralise, sur quoi je renverrai encore au chapitre V.

Mais l'attention peut agir sur les perceptions de rapports d'une double manière qui mérite que nous y donnions quelques moments. Les fibres appropriées à cette sorte de perception, ne devant point, comme celles qui sont destinées aux perceptions sensitives, recevoir leurs mouvements d'organes placés hors du cerveau, et dès lors indépendants de l'action immédiate[1] de la volonté, mais devant, au contraire, ces mouvements à ceux des paquets de fibres liées avec elles, et sur lesquelles la volonté agit à son gré, il est clair que l'attention pourra augmenter l'intensité d'une perception de rapport, soit en se portant sur les deux termes comparés, soit en s'appliquant au rapport aperçu entre eux ; et qu'avant que cette dernière perception existe, c'est-à-dire avant que la fibre correspondante se soit mue, on devra, pour la faire naître, augmenter autant qu'il sera possible l'attention donnée aux deux termes qu'on veut comparer ; car plus cette action de notre volonté augmentera le mouvement simultané des fibres qui répondent à ces deux termes, plus ce mouvement se communiquera aux fibres qui les unissent, pour produire ainsi la perception du rapport. Une fois qu'il aura été aperçu, la volonté pourra agir immédiatement sur ces dernières fibres, en donnant toute son attention à ce rapport.

Les trois facultés que nous venons d'examiner sont l'unique source d'où nous tirons toutes nos idées élémentaires ; car il n'en est aucune qui ne soit, ou le souvenir d'une impression communiquée au cerveau par un autre organe, ou

---

[1] Je dis l'action immédiate, parce que la volonté peut, presque toujours, agir sur ces organes, à l'aide de la voix et de la locomotion.

celui d'une des opérations ou facultés que nous observons en nous-mêmes, ou enfin le souvenir d'un rapport aperçu entre deux perceptions ou deux idées. D'autres facultés s'emparant de ces éléments les généralisent, les combinent, etc. ; mais elles n'y peuvent rien ajouter. Quand on a dit que toutes les facultés concouraient à la formation des idées élémentaires, on n'a pas fait attention que les idées que nous avons de nos jugements, de nos affections, de nos désirs, etc., ne sont point dues aux facultés de juger, d'être ému, de désirer, etc., puisque l'expérience prouve que toutes ces facultés peuvent s'exercer sans que l'entendement les connaisse. La faculté appelée réflexion par Locke est l'unique source des idées de ce genre ; et si l'on voulait la chercher dans les facultés qui fournissent à celle-ci les matériaux qu'elle emploie, je ne vois pas trop de quelles idées on pourrait lui attribuer l'origine. Le fait le plus remarquable que nous puissions tirer de l'examen que nous venons de faire de ces trois facultés, c'est qu'outre tous les autres caractères de similitude qui existent entre elles, elles se composent précisément des mêmes facultés élémentaires, et s'analysent absolument de la même manière.

PREMIER ET SECOND

PRINCIPES D'ANALYSE

MÉMOIRE DE L'AN XII

Étudions le procédé général d'analyse qu'il convient d'employer dans la science dont nous nous occupons. Tâchons en même temps d'en fixer la nomenclature, qui a été tellement embrouillée par les sens différents qu'un grand nombre d'auteurs ont donnés aux mêmes mots, qu'on ne saurait prendre assez de précautions pour être sûr de s'entendre.

Tel sera l'objet des deux premiers chapitres de cet ouvrage. Nous examinerons, dans le reste de ce mémoire, quels sont les agrégats intellectuels que nous offrent la nature, ou les écrits des plus célèbres métaphysiciens, et qui paraissent devoir réunir tous les phénomènes de l'intelligence humaine. Soumettons-les à ces procédés d'analyse ; c'est le seul moyen de nous assurer que nous n'avons oublié aucun des éléments de la faculté de penser.

Surtout, n'oublions jamais que le vrai moyen de faire faire de nouveaux progrès à la métaphysique est de s'en référer sans cesse à l'expérience, et de n'oublier aucun de ces faits

que le vulgaire dédaigne, et où l'homme accoutumé à
réfléchir trouve des vérités qu'il chercherait en vain ailleurs.

Les procédés de l'analyse algébrique reposent sur des
axiômes qui ne sont que des cas particuliers de cette proposition identique : « Deux quantités égales donnent des
résultats égaux, lorsqu'elles éprouvent les mêmes changements. » Ceux de l'analyse chimique reposent sur les
phénomènes de l'affinité, et sur le grand principe que rien
de pesant ne traverse le verre. Les procédés qu'il faut
suivre dans l'analyse de nos facultés dépendront de quelques faits extrêmement simples, dont chacun peut s'assurer sur-le-champ en repliant son attention sur sa propre
pensée, et dont l'importance et la fécondité ne peuvent
guère être comprises qu'après avoir parcouru le tableau des
résultats où ils nous conduiront.

PREMIER PRINCIPE D'ANALYSE

Le premier de ces faits est la distinction qui existe dans
chacune de nos modifications, entre l'idée que cette modification nous donne et le sentiment dont elle est accompagnée[1].
Cette distinction a été entrevue par tous les métaphysiciens
qui ont distingué le désir de l'idée; car un désir n'est évidemment qu'un sentiment joint à une idée représentative de
quelque chose d'absent, le désir supposant nécessairement
cette idée, puisqu'on ne saurait désirer une chose sans en
avoir l'idée, tandis qu'on peut en avoir l'idée sans la
désirer. Il est bien étonnant que les mêmes métaphysiciens
ne se soient pas aperçus qu'il fallait établir une distinction

[1] Je donne ici au mot Idée, avec la plupart des métaphysiciens français,
le sens le plus général dont il soit susceptible, celui que les Allemands
donnent au mot Représentation. Il me semble que c'est aussi le sens vulgaire de ce mot; nul ne doute qu'il n'ait l'idée de ce qu'il voit ou qu'il
touche; et si l'on dit d'une vaine conception de l'imagination : Cela n'existe
qu'en idée, on n'entend pas dire par là que ce qui tombe sous nos sens
n'existe pas aussi en idée; mais on veut dire que ce qui existe sans que nous
le sachions, existe en réalité; que ce que nous savons exister, existe à la fois
en réalité et en idée; ce qui est le cas de tout objet soumis à l'action de nos
sens; et, enfin, que toute pensée que nous ne rapportons à aucun objet que
nous jugions hors de nous, n'existe qu'en idée.

pareille entre l'idée que nous donne la présence d'un objet
et le sentiment de plaisir ou de douleur qui accompagne
cette idée. La parité pourrait-elle être plus exacte? L'idée
que nous avons d'un objet présent, sorte d'idée à laquelle
on a donné le nom de perception, nous représente cet
objet; le plaisir ou la douleur sont l'attrait ou la répugnance qu'il nous inspire. De même l'idée d'un objet
absent est pour nous la représentation de cet objet, et le
désir [1] est l'attrait ou la répugnance que nous avons pour
lui. Si un objet soumis à l'action de nos sens y est tout
à coup soustrait, la perception que nous en avions est
remplacée par une autre sorte d'idée, par le souvenir; et
le sentiment du plaisir ou de la douleur, par celui du
désir.

Je pourrais pousser plus loin ce parallèle; mais je m'en
trouve dispensé par ce que dit M. Maine de Biran, dans son
excellent ouvrage de l'Influence de l'habitude [2] sur la
faculté de penser, relativement à la distinction des idées
et des sentiments de plaisir ou de douleur. Conduit à cette
distinction par l'influence absolument contraire que ces
deux sortes de modifications éprouvent de la part de l'habitude, il fait observer qu'elles diffèrent si essentiellement
qu'à mesure que l'habitude rend l'idée plus claire, elle
détruit le sentiment qui l'accompagne, et que, quoiqu'on
ait certainement la même perception lorsqu'on revoit un
objet pour la centième fois, il ne fait certainement plus la
même impression.

[1] Je prends encore ici, et dans tout le reste de ce Mémoire, le mot Désir
dans le sens très-étendu que lui ont donné les métaphysiciens modernes, et
suivant lequel on dit qu'on désire qu'une chose ne soit pas, comme on dirait
dans le sens ordinaire qu'on désire qu'elle soit.

[2] Le Mémoire de M. de Biran avait été couronné, en 1802, par l'Institut
national. (*Note de l'éditeur.*)

Le savant métaphysicien que je viens de citer a appelé sensation les sentiments de plaisir ou de douleur qui accompagnent nos perceptions. Je n'ai pas cru devoir adopter cette dénomination, parce qu'il m'a semblé que ce mot de sensation devait être employé uniquement à désigner l'ensemble des phénomènes intellectuels qui ont lieu lorsque le cerveau reçoit l'impression des mouvements excités dans d'autres organes; ce qui comprend la perception, tous les sentiments qui l'accompagnent, l'attention que nous lui donnons, etc. Il paraît qu'il n'y a qu'un petit nombre de sensations où il n'y ait rien d'affectif, et où tout soit perception; peut-être même n'y en a-t-il aucune qui ne nous soit agréable ou désagréable la première fois que nous l'éprouvons, et avant que l'habitude en ait détruit le sentiment. Je ne crois pas non plus qu'il y ait beaucoup de sensations purement affectives, puisqu'elles nous laissent presque toutes, après qu'elles sont évanouies, une idée qui ne peut résulter que d'une perception. Quoi qu'il en soit, on ne peut disconvenir que, dans la plupart des sensations de la vue et de l'ouïe, la perception ne l'emporte infiniment sur le sentiment, et que ce ne soit le contraire à l'égard de celles de l'odorat et des organes internes.

Les sentiments d'attrait ou de répugnance, que nous réunirons sous le nom de sentiments affectifs, soit qu'ils se rapportent à des objets présents, ou absents, ne sont pas les seuls qui acompagnent nos idées; il en est d'une autre espèce qui ne sont pas moins remarquables et que je nommerai sentiments distinctifs. Il suffit pour s'assurer de leur existence de faire attention qu'on a précisément la même idée lorsqu'on regarde, par exemple, un polygone de vingt côtés, lorsqu'on se ressouvient d'en avoir vu un, et lorsque, sans en avoir vu, on en compose l'idée en combinant les sou-

venirs d'angles et de côtés que l'on a conservés des poly-
gones moins compliqués qu'on a pu voir. Cependant, nous
ne confondons point ces trois sortes de pensées. Nous
avons donc un moyen de discerner si l'idée qui nous occupe
est produite par la présence de l'objet, et, dans le cas contraire, si elle est un souvenir, ou un produit de notre imagination. Or, comment pourrions-nous faire ce discernement
si la même idée ne nous affectait pas dans ces trois cas d'une
manière différente, si elle n'y était pas accompagnée de
trois sentiments différents? Tels sont les sentiments que je
nommerai distinctifs, et dont la considération nous découvrira, comme on le verra dans la suite de ce mémoire, la
vraie nature du jugement, qui a été jusqu'à présent le point
le plus obscur de la métaphysique, et celui sur lequel l'école
moderne a le plus varié[1].

Je viens d'indiquer les trois principaux jugements distinctifs; mais ils sont susceptibles de plusieurs autres nuances. Le tableau que m'offre mon imagination d'un événement que je crois devoir bientôt se réaliser, ne m'affecte
point en lui-même, comme le tableau d'un événement que
je regarde comme impossible. Je ne confonds point le souvenir général que je conserve d'un objet que j'ai vu mille
fois, avec le souvenir individuel de celui qui ne s'est offert
qu'une fois à mes yeux. Enfin, l'enfant même à qui on présentera dans l'obscurité un son ou une odeur qui ne ressemblent en rien à ceux qu'il a sentis, ne prendra jamais
l'odeur pour un son, ni le son pour une odeur. Tous ces
différents discernements entre les modifications que nous

---

[1] Il suffit d'ouvrir les écrits de Locke, de Condillac et de M. de Gérando,
pour voir à quel point ils diffèrent sur le sens qu'on doit donner au mot
Jugement.

éprouvons, supposent autant de sentiments distinctifs. Le seul qu'on trouve indiqué d'une manière suffisante dans les écrits des métaphysiciens modernes, est celui qui distingue les souvenirs des conceptions de l'imagination. C'est ce qu'ils ont appelé acte de réminiscence.

L'auteur du Mémoire sur la génération des connaissances humaines, couronné par l'Académie de Berlin, a surtout insisté sur ce sentiment[1], et il semble que ce qu'il en dit devait le conduire à remarquer celui qui distingue nos perceptions de toutes nos autres idées, et les différentes nuances dont il est susceptible. Mais il semble n'avoir considéré l'acte de réminiscence que comme un phénomène isolé, qu'il n'a point lié aux belles découvertes qu'il a faites sur la nature du jugement.

Une remarque, qui devait également conduire à reconnaître l'existence des sentiments distinctifs, c'est que la perte que nous faisons de ces sentiments dans les songes est le principal caractère qui les distingue de l'état de veille. C'est que, privés alors de leurs secours pour discerner nos souvenirs, nos conceptions et même nos perceptions, lorsque le sommeil des sens n'est pas assez complet pour les supprimer entièrement, nous leur accordons le même degré de réalité, et les prenons ainsi toutes pour des perceptions.

La même chose a lieu dans la manie, lorsque le discernement, dont je viens de parler, étant de même suspendu, du moins à l'égard de certaines idées, les malades mêlent aux perceptions des objets qu'ils ont réellement sous les yeux, de vaines conceptions auxquelles ils attribuent la même réalité.

---

[1] De la Génération des connaissances humaines, seconde partie. Cet ouvrage de M de Gérando avait paru en 1802. (*Note de l'éditeur.*)

En regardant nos modifications intellectuelles comme le résultat des différents mouvements imprimés aux fibres de notre cerveau, on peut considérer l'idée comme dépendant de la nature du mouvement communiqué à ces fibres, et le sentiment comme l'effet du degré d'intensité, et des autres circonstances accessoires de ce mouvement, sa vitesse, sa direction, etc. De même que nous avons distingué deux classes de sentiments, nous remarquerons également deux classes d'idées : celles qui nous représentent les perceptions que nous recevons directement de nos différents organes, et que je nommerai idées primitives, parce qu'elles sont la source de toutes les autres ; et celles des rapports aperçus entre les idées primitives, et même entre des rapports déjà aperçus entre elles ; je les appellerai idées comparatives.

En restreignant, comme je l'ai déjà dit, le sens du mot Sensation à l'ensemble des phénomènes qui accompagnent une perception primitive, je donnerai le nom de Comparaison à l'ensemble des phénomènes qu'on observe lors d'une perception comparative; et comme l'expérience prouve que cette dernière sorte de perceptions est souvent accompagnée de sentiments très-prononcés et très-remarquables, tels que les plaisirs que nous donnent les beaux-arts, les recherches abstraites, etc., la comparaison sera, comme la sensation, composée d'une perception, et suivant les cas, de sentiments affectifs, distinctifs, etc. J'appelle ici perception l'acte par lequel nous apercevons un rapport entre deux idées, parce que cet acte est précisément à l'égard de l'idée comparative ce qu'on appelle communément perception, relativement à l'idée primitive. Cette dénomination sera d'ailleurs justifiée dans la comparaison que je ferai bientôt de la manière dont nous acquérons les idées primitives, et de celle dont nous obtenons les comparatives.

Au reste, si j'ai borné, à l'exemple de M. Maine de Biran, le sens du mot Sensation à un certain ordre de modifications intellectuelles, au lieu de l'étendre à toutes, comme l'ont fait d'autres métaphysiciens, ce qui n'est évidemment qu'une question de mots, c'est surtout pour conserver ce célèbre axiome que l'origine de toutes nos idées est dans nos sensations. En restreignant, comme je l'ai fait ici, le sens du mot Sensation, cet axiome exprime cette grande vérité : que toutes nos sensations viennent originairement de celles qui sont transmises immédiatement au cerveau par les autres organes, puisqu'elles en sont, ou des souvenirs, ou des rapports aperçus entre elles, ou des combinaisons quelconques de ces souvenirs et de ces idées de rapports, tandis que le même axiome dans le sens qu'on a voulu donner, en dernier lieu, au mot Sensation, se réduit à cette identité verbale : J'appelle sensations toutes les modifications intellectuelles et morales de l'homme ; donc toutes ces modifications sont des sensations.

J'avais d'abord été tenté d'admettre une troisième sorte d'idées, celles qui nous représentent nos propres facultés, et que Locke a attribuées à une faculté particulière qu'il a nommée réflexion. L'analogie me portait à donner à cette classe d'idées le nom d'idées réfléchies, et à regarder l'acte que Locke appelle réflexion comme leur donnant naissance, de la même manière que la sensation et la comparaison produisent les idées primitives et comparatives. Je n'avais pas alors découvert la véritable génération de ces idées. Lorsque j'aurai expliqué la manière dont nous les obtenons, en examinant la théorie de ce grand métaphysicien, on verra pourquoi je n'en ai pas fait une classe à part. Il est assez étonnant que cet homme, dont le vaste génie a changé la face de la métaphysique, ait oublié toutes nos idées de

rapport, dans l'origine qu'il assigne à toutes celles qui se
trouvent dans l'entendement humain; car s'il n'avait voulu
parler que de l'origine première et médiate de nos idées,
il était trop éclairé pour ne pas dire, comme Condillac, que
c'était la seule sensation ; car il ne pouvait pas douter que
nous ne pourrions observer nos facultés, si des sensations
ne les mettaient préalablement en jeu, de même que nous
ne pouvons apercevoir des rapports qu'autant que des sensations nous présentent des idées à comparer. Il est donc
évident que Locke entendait parler de l'origine immédiate
de nos idées, et qu'il supposait que toute idée représentait,
ou une sensation éprouvée, ou une de nos facultés observée
en nous à l'aide de la réflexion. Mais alors on ne voit plus
dans quelle classe il rangeait les idées de rapports, qui ne
nous représentent, ni une sensation proprement dite, ni
un de ces actes que Locke appelait réflexion ; ce qui aurait
dû lui faire admettre une troisième source de nos idées, la
comparaison. On ne peut guère concevoir la production
d'une idée sans qu'une molécule du cerveau soit mise en
mouvement; car toute toute modification de la matière suppose un mouvement. La différence des idées primitives,
et de celles que nous avons appelées comparatives, s'explique facilement dans cette hypothèse ; il suffit d'imaginer
que les molécules cérébrales appropriées aux idées de rapports se trouvent en quelque sorte dispersées parmi celles
qui, étant liées directement aux autres organes, reçoivent
d'eux les mouvements qui occasionnent les idées primitives. Deux de celles-ci se mouvant simultanément, lorsque
deux idées nous sont présentes à la fois, leur mouvement se
communiquera à la molécule qui se trouve entre elles, et
qu'on suppose ne pouvoir être ébranlée que par cette double impulsion. Ce mouvement sera déterminé par la nature

de ceux qui existent dans les deux premières molécules,
ou, ce qui est la même chose, par la nature des deux idées
simultanées; et dès qu'il aura lieu, nous apercevrons entre
ces deux idées le rapport déterminé également par leur
nature. Au lieu des deux idées qui s'offraient d'abord à nous
et entre lesquelles il n'existait aucune liaison, on aura,
de cette manière, trois idées, dont la nouvelle se liant à la
fois aux deux premières, les réunira avec elle en un seul
groupe, comme il arrive effectivement toutes les fois que
apercevons un rapport nouveau entre deux idées.

SECOND PRINCIPE

Un second fait, qui ne nous sera pas moins utile que celui
dont nous venons de développer les conséquences, est que
la pensée devient différente à mesure que l'ordre d'association entre des idées simultanées varie....

TROISIÈME PRINCIPE

Le troisième fait, c'est que nous changeons nos idées,
perception, souvenir, conception, par l'activité intérieure,
et par l'extérieure. Ces deux choses diffèrent physiolo-
giquement des précédentes en ce que c'est l'effet de la

réaction de l'âme. Voilà donc quatre facultés : percevoir, sentir, dans le sens de M. Maine de Biran ; lier, vouloir ou agir.

———

Une autre faculté, dont le développement, dû à l'expérience, suppose aussi l'exercice de la mémoire, et qui accompagne toutes nos sensations pendant la veille, consiste dans l'exercice de la volonté. Quelques auteurs en ont fait, dans ce cas, une faculté particulière sous le nom d'attention.

Mais, dès qu'on veut analyser cette prétendue faculté, on n'y trouve que ce qui est dans tous les autres actes de la volonté. Un effort du principe pensant peut produire un mouvement qui suit sur-le-champ cet effort, comme le mouvement que le même principe imprimerait au pied ou à la main. La seule différence qui existe dans ces deux cas, à savoir que le mouvement également imprimé au cerveau dans tous les deux doit y rester borné dans le premier, et se communiquer dans le second à un autre organe, ne change rien à la nature de cette faculté que nous avons de réagir sur notre cerveau. Il serait évidemment superflu de la distinguer, d'après cette différence, en deux facultés. En adoptant avec Locke le mot volition pour désigner un acte quelconque de la volonté, considéré comme la faculté de produire ces actes, on pourra dire que l'attention est comme le rappel volontaire des idées, dont elle ne diffère peut-être que par une nuance très-légère, une volition dont l'effet se borne à produire ou à modifier le mouvement de quelques fibres du cerveau.

25

Nous avons tous remarqué, dès notre enfance, qu'il suffit presque toujours de vouloir faire attention pour que l'attention ait lieu, comme il suffit de vouloir lever le bras pour qu'il se lève; la même expérience nous apprend à diriger notre attention sur la perception ou sur l'idée que nous voulons considérer, comme à porter la main sur l'objet que nous voulons saisir.

L'influence de l'attention sur la distinction des perceptions simultanées, dont nous formons nos perceptions complexes, a été reconnue par tous les métaphysiciens. Mais ils se sont peu occupés des limites de cette influence et des causes qui concouraient avec elle à la distinction des perceptions. Ce n'est pas ici le lieu de traiter cette question, qui trouvera naturellement sa place dans la seconde partie de ce mémoire[1]. J'ai considéré, dans tout ce que je viens de dire, l'attention comme un acte de la volonté. On pourrait objecter que nous donnons souvent notre attention sans nous en apercevoir et quelquefois malgré nous; mais de ce qu'un homme qui se promène ne s'aperçoit pas des mouvements qu'il fait en marchant, ou de ce qu'il retire la main à la vue du fer salutaire dont il désire lui-même l'action douloureuse, s'en suit-il que ce ne soient pas là des mouvements volontaires? Dans le premier cas, l'habitude de vouloir de cette manière nous empêche d'apercevoir nos volitions; dans le second, une volonté irréfléchie l'emporte sur celle que nous prescrit la raison.

Condillac avait défini l'attention : une sensation qui devient assez forte pour faire disparaître toutes les autres. Cette définition, semblable à celle qu'on ferait de la voli-

---

[1] Ceci démontre que ce fragment devait faire partie du mémoire de l'an XII. (*Note de l'éditeur.*)

tion de mouvoir le bras, en disant que c'est le bras passant
d'un lieu dans un autre, a été rejetée par tous les métaphysiciens ; et si c'était là ce qu'on appelle attention, rien
ne serait plus absurde, comme l'observe M. Destutt de Tracy,
que d'en faire une faculté particulière ; ce serait simplement
une sensation qui devient plus forte, et des sensations qui
s'évanouissent.

DE L'ÉTENDUE

ET DE LA RÉSISTANCE

FAISANT PARTIE DU MÉMOIRE DE L'AN XII

M. Destutt de Tracy est le premier qui ait remarqué l'abus que Condillac et ses disciples avaient fait du mot résistance, en l'appliquant également et à ce qui nous occasionne une simple pression, et à ce qui s'oppose aux mouvements de notre corps, soit que nous ayons la conscience de ce mouvement, ou que nous ne l'ayons pas, soit que ce mouvement soit indépendant de notre volonté ou qu'il en soit un effet. Il observe d'abord, que[1], « soit qu'un corps affecte les nerfs « cachés sous la peau de ma main, ou qu'il produise cer- « tain ébranlement sur ceux répandus dans les membranes « de mon palais, de mon nez, de mon œil ou de mon

---

[1] Projet d'éléments d'idéologie, chap. VII, p. 114 et suivantes.
Les *Éléments d'idéologie* de M. Destutt de Tracy ont paru en 1801. (*Note de l'éditeur.*)

« oreille, dans les deux cas c'est une pure impression que
« je reçois, c'est une simple affection que j'éprouve ; et
« l'on ne voit point de raison de croire que l'une soit plus
« instructive que l'autre, que l'une soit plus propre que
« l'autre à me faire porter le jugement qu'elle me vient
« d'un être étranger à moi. Pourquoi le simple sentiment
« d'une piqûre, d'une brûlure, d'un chatouillement, d'une
« pression quelconque, me donnerait-il plus de connais-
« sance de sa cause que celui d'une couleur ou d'un son,
« ou d'une douleur interne ? Il n'y a nul motif de le pen-
« ser. »

Après avoir reconnu que le toucher passif ne peut pas
plus que les autres sens nous conduire à reconnaître l'existence des corps, il fait voir que la même chose a lieu dans la
position où nous nous mouverions sans nous en apercevoir.
« Dans cet état, dit-il, je remue mon bras, mais je l'ignore ;
« il va rencontrer un corps dur, mais je n'en sais rien ;
« j'éprouve de la part de ce corps la sensation que nous ap-
« pelons résistance ; mais je ne sais pas en quoi elle consiste,
« ni quel est l'effet d'une opposition à mon mouvement,
« puisque je ne sais pas que je fais du mouvement. Cette
« sensation est donc encore une impression simple, aussi
« peu instructive que les autres ; je n'en puis encore rien
« conclure. »

Il passe ensuite à une troisième hypothèse, celle où l'on
a la conscience du mouvement qu'on exécute, en vertu de
cette sensation interne dont il est toujours accompagné.
« En effet, mon bras s'agite ; je ne sais pas encore que
« c'est mon bras, ni même que j'ai un bras ; mais j'éprouve
« quelque chose qui est la sensation du mouvement ;
« mon bras rencontre un corps qui l'arrête ; je ne sais
« point qu'il y a des corps. Ma sensation du mouvement

« cesse, je n'éprouve plus cette manière d'être; j'en suis
« averti, il est vrai ; mais je ne sais encore rien du tout
« de la cause de cet effet. Ainsi me voilà, avec la faculté
« de me mouvoir, avec la sensation, la conscience que je
« me meus, tout aussi ignorant qu'avec les sensations tac-
« tiles passives, et toutes les autres que nous avons déclarées
« insuffisantes pour nous apprendre l'existence des corps.
« Du moins, il n'est pas prouvé que je sois nécessairement
« conduit par ce changement de sensation à reconnaître
« que ce qui cause la cessation de ma sensation de mouve-
« ment est un être étranger à mon moi. »

Enfin, l'auteur en vient au cas où le mouvement est senti
et produit par la volonté en vertu d'un désir senti aussi.
Il explique très-bien comment la résistance qui s'oppose à
un mouvement nous prouve invinciblement l'existence d'un
objet hors de nous. Mais que de décompositions pré-
liminaires cette explication ne suppose-t-elle pas, dans la
perception totale dont l'individu est affecté à chaque instant! Il faut distinguer le sentiment du désir de nous mouvoir, de celui que produit le mouvement, et ces deux sentiments, de celui de la résistance. Il faut se rappeler qu'auparavant ce même désir a été suivi de la même sensation
de mouvement, sans que rien s'y soit opposé ; ce qui fait
deux souvenirs à distinguer des trois perceptions. Il faut encore comparer ces souvenirs à ces perceptions; car, comme le
dit l'auteur un instant après[1] : « Pour que la résistance
« me soit connue, il ne suffit pas que je sente un désir ; il
« faut que tantôt ce désir soit suivi d'un effet, et que tantôt
« cet effet éprouve une opposition. » Il me semble qu'on
doit ajouter : « Et que je puisse percevoir à la fois, ou, si l'on

____

[1] Page 120.

veut, comparer ce qui m'arrive dans les deux cas, dont l'un ne peut être qu'un souvenir toutes les fois que j'ai la perception actuelle de l'autre. » Toutes ces explications supposent donc évidemment la distinction des souvenirs et des perceptions ; elles supposent également des jugements portés par l'individu sur sa propre existence, et sur la faculté qu'il a de produire en soi, à volonté, la sensation du mouvement. D'où il suit que, si l'auteur a voulu expliquer la formation de nos premiers jugements, il n'est point remonté assez haut ; mais que, si du jugement primitif porté, d'après l'expérience, sur ce que tantôt nous avons la faculté de produire en nous la sensation du mouvement et que tantôt nous perdons subitement cette faculté par le changement subit de la sensation de mouvement en celle de résistance, il a cherché à conclure une preuve démonstrative de l'existence d'objets hors de nous, il a plus approché du but qu'aucun de ceux qui l'avaient précédé. Ces raisonnements sont faits sans doute pour ébranler un idéaliste; mais ces raisonnements, partant comme tous les autres d'un jugement primitif pour arriver à un jugement dérivé, ne peuvent en aucune manière expliquer la formation du premier jugement.

Il semble cependant que l'auteur suppose toujours que le sentiment du désir, celui du mouvement, celui de la résistance et les souvenirs analogues, jouissent, exclusivement à tout autre sentiment et à tout autre souvenir, de la propriété de se séparer immédiatement ; et comme, quand on le lui accorderait, il resterait encore bien des difficultés sur la manière dont nous jugeons de notre propre existence, et que d'ailleurs cette exception à une loi qu'on établirait comme générale dans tous les autres cas, est évidemment dénuée de fondement, il faut en revenir à cette vérité que

tout jugement serait impossible s'il n'existait en nous une
loi fondée sur notre organisation, en vertu de laquelle certaines perceptions se séparent, et d'autres restent nécessairement réunies.

Je ne me suis tant étendu sur les observations précédentes
que pour démontrer que, si cela n'était pas ainsi, la perception totale dont l'individu est affecté à chaque instant, serait
nécessairement indécomposée, et que l'individu ne pourrait
porter aucune espèce de jugement, pas même distinguer
ses souvenirs des perceptions présentes, ni reconnaître sa
propre existence. Recourons donc à l'expérience et à l'examen de la manière dont agissent nos sens ; nous y trouverons bientôt la solution d'une difficulté qui paraît d'abord
insurmontable.

Les métaphysiciens ont distingué depuis longtemps deux
sortes de décompositions dans nos idées : l'une est la
distinction des diverses perceptions simples dont une perception totale est composée ; l'autre, la distinction des rapports, idées, ressemblances qui existent entre des perceptions simples, et en général de toutes les circonstances qui
les accompagnent. Mais il est assez surprenant qu'ils ne
se soient pas aperçus que, si la seconde est un résultat de
l'attention volontaire, la première en est absolument indépendante, lors même que nous connaissons les perceptions
partielles qui doivent se trouver dans celle que nous éprouvons. Il nous est impossible de les séparer quand elles sont
unies en vertu des lois de notre organisation ; impossible
de les réunir dans le cas contraire. Aucune attention ne
peut séparer le bleu du jaune, lorsque ces deux couleurs
réunies sur le même objet nous donnent la sensation du
vert. Il nous est également impossible de réunir ces deux
sensations, lorsque les lois de notre organisation s'y oppo-

sent, de nous procurer, par exemple, là sensation du vert
en regardant un corps jaune et un corps bleu. Il en est de
même de la saveur d'un sel formé d'un acide et d'un alcali;
nous ne saurions y distinguer ces deux saveurs. Mais qu'on
porte deux gouttes d'eau imprégnées l'une d'acide, l'autre
d'alcali, sur deux points différents de la langue, il nous sera
impossible de réunir ces deux sensations en une seule, pour
en former celle du sel. Il est inutile d'examiner un plus grand
nombre de faits analogues. Le lecteur s'assurera aisément
qu'ils se réunissent tous pour prouver que des perceptions
transmises par des filets nerveux différents, se séparent
nécessairement dans l'entendement, à mesure qu'il s'a-
perçoit que ce n'est que pour cela que les souvenirs se séparent des perceptions actuelles, et qu'il en est de même de la
double sensation produite par le contact de deux parties
de notre corps. A l'égard de la décomposition de la perception et de la résistance en deux autres perceptions, celle de
quelque chose d'étranger au moi, et celle du moi, il est
évident qu'elle se rapporte uniquement à la seconde espèce
de décomposition, et qu'il est par conséquent absurde d'imaginer que ce soit là une des premières qui aient lieu.

Ce fait général, établi comme nous venons de le faire,
ne paraît pas être sujet au moindre doute ; mais l'examen
particulier de la manière d'agir de chacun de nos sens y
ajoutera encore de nouvelles preuves, et nous apprendra en
même temps quels sont ceux qui nous communiquent
certaines idées, dont une métaphysique imparfaite et pré-
somptueuse a singulièrement obscurci la formation.

Lorsqu'un de nos sens nous transmet à la fois plusieurs
perceptions, elles sont distinctes toutes les fois qu'elles arrivent au cerveau par différents filets du nerf qui se distribue à ce sens; elles sont nécessairement confondues, lors-

qu'elles y arrivent par les mêmes filets. On peut conjecturer avec assez de fondement que ce dernier cas a lieu
dans les sensations internes, que plusieurs se réunissent
souvent, parce qu'elles arrivent au cerveau par les mêmes
filets et ne nous transmettent ainsi qu'une sensation unique. Mais cela n'empêche pas que le premier n'ait lieu
aussi, et qu'il n'y ait de ces sensations qui, arrivant par des
filets différents, ne se séparent nécessairement, pourvu que
l'une d'elles ne soit pas assez forte pour empêcher de sentir
les autres. Un homme qui a faim et un léger mal de dents
distingue très-bien ces deux affections. Je ne sais s'il en est
de même de la faim et de la soif, si on peut les éprouver
séparement à un même instant, ou si, au contraire, lorsque
leur cause existe à la fois, elles se confondent en une sensation unique. Si ce dernier cas était conforme à l'observation,
comme je le crois, cela ajouterait une nouvelle probabilité
à celle qui semble indiquer que ces deux affections se
transmettent au cerveau par le même organe sensitif.

Ce dernier cas a lieu dans l'odorat, parce que l'air chargé
des molécules mêlées de divers corps odorants, en étant
également imprégné, les dépose également sur toutes les
extrémités du nerf olfactif. Il serait extrêmement difficile
de porter une odeur sur quelques-unes de ses extrémités, et
une autre sur d'autres. On doit donc regarder ce sens comme
ne pouvant produire directement aucune distinction entre
les sensations qu'il nous transmet ; ce qui n'empêche pas
qu'un individu borné à ce sens ne pût distinguer une odeur
présente du souvenir d'une odeur passée plus forte ou plus
agréable, parce que l'exercice de la mémoire semble dépendre, comme je l'expliquerai ailleurs, de mouvements de
fibres du cerveau qui ne sont point les mêmes que celles qui
s'agitent dans la perception.

L'organe du goût peut donner, suivant les circonstances, des sensations distinctes ou confondues. Ce dernier cas a toujours lieu, parce que les aliments ou les boissons sont parfaitement mêlés ensemble. Il en est des sensations qui en résultent comme de celles de l'odorat; on ne peut reconnaître les substances qui entrent dans la combinaison d'un mixte que parce qu'on a appris de l'expérience que certaines odeurs ou certaines saveurs résultent du mélange de telles et telles odeurs ou de telles et telles saveurs, comme un peintre juge en voyant certaines couleurs composées, tel que le gris, le vert, etc., les couleurs qui sont entrées dans le mélange. Mais le sens du goût peut aussi transmettre des sensations distinctes. Si l'on porte deux gouttes de liqueurs différentes sur deux points de la langue, on sentira les deux saveurs distinctement ; et la sensation qu'on éprouvera n'aura le plus souvent aucune ressemblance avec celle qui résulterait d'une goutte du mélange des deux liqueurs. On peut faire la même expérience avec des aliments solides, en les choisissant parmi ceux dont le mélange produit une sensation différente de celle qu'ils ont isolément, et en plaçant d'abord l'un d'un côté de la bouche, et l'autre de l'autre, et en les mêlant un instant après.

Le sens de la vue est dans le même cas que celui du goût, à cela près que les sensations s'y confondent beaucoup plus rarement. Il faut user des ressources de la dioptrique ou de la catoptrique pour faire tomber, précisément sur les extrémités des mêmes filets nerveux, les images de deux corps qui paraissent alors n'en former qu'un. En plaçant un corps blanc devant une vitre et un corps noir derrière, parfaitement égal au corps blanc, il est facile de les disposer de manière que l'image du corps

blanc, réfléchie dans la vitre, se confonde avec le corps
noir vu à travers la vitre; on ne voit alors qu'un seul
corps de couleur grise ; et avec un peu d'adresse, on peut
faire passer cette couleur grise par différentes nuances, en
éclairant plus ou moins chacun de ces corps. Ce qui
prouve bien que nous distinguons les objets par la vue indépendamment des leçons du toucher, c'est que lorsqu'on
approche un de ces corps de l'image de l'autre, on croit
voir deux corps qui se pénètrent réciproquement et se confondent enfin en un seul ; ce qui ne pourrait avoir lieu si
nous jugions de la position relative des corps d'après ce
que nous en a appris le toucher, puisque ce sens n'a jamais
pu nous donner l'idée de rien de semblable. Ce n'est pas,
comme l'ont dit quelques métaphysiciens, que les rayons
de lumière viennent en ligne droite à l'œil, que ce sens
diffère de l'odorat, mais parce que les rayons partis de
chaque objet se réunissent sur une portion différente de la
rétine, et transmettent leur impression au cerveau par des
fibres différentes, sans que la conformation de l'œil per-
mette que les impressions causées par deux objets différents agissent sur les mêmes fibres, excepté dans des illusions optiques analogues à celles dont je viens de parler, et
où l'on voit les corps se confondre, malgré tous les jugéménts
que nous sommes accoutumés à porter sur l'impénétrabilité
des corps, de même que nous les voyons nécessairement
les uns hors des autres, lorsqu'ils agissent sur les filets
différents du nerf optique.

Recevoir des perceptions distinctes les unes des autres
et formant un tout continu, c'est recevoir l'idée de l'étendue. Cette idée vient donc par le sens de la vue. Elle peut
venir également par le sens du goût ; mais c'est lorsqu'il
agit à la manière du toucher, c'est-à-dire lorsque les corps

de saveurs différentes sont distribués d'une manière continue sur les divers points de cet organe. Dans ce cas, on sent
très-bien l'étendue de sa langue, par exemple ; comme on
sent d'autant mieux celle d'une partie quelconque de son
corps que le tact y reçoit plus d'impressions placées à côté
les unes des autres. Au reste, la nature même de l'organe
du goût et les fluides qui en couvrent la surface, tendent
sans cesse à en confondre les sensations et à approcher à
cet égard de l'odorat. Il n'en est pas de même du fluide
qui recouvre la rétine : outre qu'il est retenu immobile par
les membranes de l'œil, il pourrait se mouvoir sans changer les sensations , puisqu'il n'entraînerait pas dans son
mouvement les particules lumineuses, comme le fluide de
l'organe du goût entraîne les particules sapides.

On a nié que la vue pût donner l'idée de l'étendue : mais
les objections sur lesquelles on s'est appuyé ne portent
que sur ce qu'on a cru que l'idée de l'étendue emportait
celle de l'objet hors du moi, et sur ce qu'on n'a pas senti
que, sans reconnaître de distance entre le moi et la surface
colorée, distance dont la vue ne saurait donner l'idée, on
pouvait cependant voir en soi, pour ainsi dire, une étendue
à deux dimensions seulement, où chaque corps occuperait
une portion de surface égale à la projection de ce corps
sur la concavité d'une sphère indéfinie, dont le centre serait
dans l'œil ; en sorte qu'un individu borné au sens de la vue
ne pourrait concevoir que deux dimensions dans l'étendue,
de même que nous n'en pouvons concevoir que trois. L'expérience du fameux aveugle de Chéselden a prouvé que c'est
réellement de cette manière que nous pouvons acquérir
l'idée de l'étendue sans le secours du tact. Dès qu'on lui eut
rendu l'usage de la vue, il vit une vaste étendue colorée, où
les objets qu'il distinguait lui paraissaient même plus grands

qu'ils n'étaient réellement. Bien loin que le tact lui apprît qu'ils étaient étendus, ce fut le tact qui lui apprit à les restreindre. Il est vrai que l'usage qu'il avait probablément fait de ce sens en touchant ses yeux pendant sa cécité, et la certitude où il était que c'était sur cette partie de son corps que l'on avait fait l'opération, lui faisait voir la couleur au bout de ses yeux, au lieu de la voir en lui-même, comme il arriverait à un individu borné uniquement au sens de la vue. Mais cette dernière circonstance prouve, peut-être plus que le reste, que l'idée de l'étendue avait été reçue précédemment par le tact, puisqu'ayant parcouru plusieurs fois avec sa main l'étendue de sa paupière et rapportant la surface colorée à cette paupière, il n'aurait pu lui donner que l'étendue qu'il s'était accoutumé à attribuer à cette partie de son corps, bien loin de lui attribuer une étendue beaucoup plus grande, comme il le disait lui-même. L'étendue donnée par le tact et celle donnée par la vue étaient deux idées, entre lesquelles des expériences répétées pouvaient seules établir quelques liaisons, et ce n'était qu'après ces expériences que les jugements portés sur l'une pouvaient être appliqués à l'autre ; ce qui se rapporte parfaitement avec ce qu'on raconte des difficultés que l'aveugle dont nous parlons éprouva à juger de la grandeur des objets par la vue, comme il en jugeait auparavant par le tact.

On sait que Condillac, après avoir beaucoup trop donné au sens de la vue, dans ses premiers ouvrages, passa, dans son *Traité des sensations*, à un excès opposé pour donner en quelque sorte plus de régularité à son système, en déduisant d'un seul ordre de sensations presque toutes nos connaissances. Il voulut résoudre cette question de fait, puisque cela dépend absolument de l'organisation de l'œil, par des raisonnements métaphysiques ; et après avoir parfaitement expliqué comment la statue qu'il suppose bornée distingue plusieurs couleurs, et avoir été conduit à ce que cette statue se sente, suivant son expression, comme une espèce de surface colorée, il abandonne tout à coup cette opinion, parce que, faute d'avoir remarqué qu'une suite nécessaire de notre organisation était de juger hors les unes les autres les sensations mêmes semblables qui nous sont transmises par des filets nerveux différents, et de confondre en une seule celles qui nous arrivent par la même fibre, quelque différence qu'il y eût entre elles, il a cru, au contraire, que nous ne devions distinguer les sensations qu'à raison de leur diversité. Dès lors, il n'a plus pu tenir compte de la différence qui existe entre la manière dont nous sommes modifiés par les corps de même couleur, mais dont l'angle visuel est très-différent. Serait-ce donc la même chose que plusieurs paquets de fibres fussent agités, ou qu'il n'y en eût qu'un seul, et qu'un pied, un pouce, une ligne, etc., de la même surface colorée nous modifiassent de la même manière, et que, comme le dit Condillac, la sensation de couleur répétée plusieurs fois, ou produite une seule fois, n'est jamais qu'une manière d'être, en sorte que la statue ne saurait se douter de cette répétition?

Après avoir adopté cette opinion, il fallait bien admettre que les diverses couleurs présentes à la fois à la statue ne pouvaient se terminer réciproquement, et qu'ainsi il n'en pouvait résulter des figures. C'est aussi ce que pense Condillac; mais on voit qu'il se défiait de ces conséquences, déduites de raisonnements purement abstraits, que l'expérience eût pu seule justifier, puisqu'il a recours à un autre argument. Il prétend que, les couleurs et la lumière intéressant la statue beaucoup plus que les figures, elle ne

ferait aucune attention à ces dernières, lors même qu'elle
pourrait les apercevoir. Cette raison est bonne à la vérité
dans les premiers moments où les yeux sont ouverts ; mais
l'ennui de voir toujours les mêmes objets doit à la fin dé-
terminer l'individu à chercher de nouvelles perceptions, et
à les trouver dans les rapports de grandeur et de figure,
des surfaces colorées qui s'offrent à lui.

Le même auteur refuse encore à l'individu borné au
sens de la vue l'idée du mouvement. Si l'on suppose cependant que le corps, dont la couleur frapperait le plus cet
individu, et qui serait par exemple placé à sa droite, soit
transporté à gauche, il paraît également difficile de nier
qu'il pût apercevoir ce changement, ou de prétendre qu'il
pût s'en apercevoir, sans avoir l'idée du mouvement.

Je ne réponds pas à l'objection de Condillac, lorsqu'il
dit que la grandeur de l'étendue vue par sa statue ne peut
être ni absolue, ni relative, et qu'ainsi il n'y en a point,
parce que je ne comprends point ce qu'il appelle dans ce
cas grandeur absolue. Si c'est une grandeur déterminée
absolument en elle-même, aucun de nos sens ne peut nous
en donner une telle ; et comme il n'y a de grandeur relative que par rapport à une autre grandeur, il s'en suivrait
que toutes les grandeurs ne sont pour nous ni absolues ni relatives, avant que nous les ayons comparées. Si, au contraire, il entend par grandeur absolue une certaine grandeur, telle que celle qu'attribuerait à la lune un homme
élevé sans voir cet astre, la première fois qu'on le lui mon-
trerait à travers un tube, ou, si l'on veut, telle que la grandeur qu'attribua l'aveugle de Chéselden à cette réunion
confuse de couleurs qui s'offrit à ses yeux ouverts enfin à
la lumière, il est prouvé par mille expériences que l'agitation d'une certaine quantité de fibres optiques ne peut

avoir lieu sans produire en nous l'idée d'une telle grandeur.

Je ne dirai qu'un mot des deux objections que M. Destutt de Tracy a jointes à celles de Condillac[1], parce que j'ai
déjà répondu à la première, en faisant voir que ce n'est pas
parce que les rayons viennent en ligne droite que l'organisation de l'œil diffère essentiellement de celle de l'odorat, mais parce que les rayons partis de différents corps
affectent des filets nerveux différents, et parce que la seconde est fondée uniquement sur ce qu'il confond l'idée de
l'étendue avec la réalité de l'existence des objets que nous
voyons hors de nous. Il montre très-bien que la vue ne
peut prouver cette réalité ; mais il ne s'en suit pas qu'elle
ne puisse pas donner l'idée d'une étendue peuplée d'illusions d'optique, qui nous offriraient des corps changeant
souvent de figure et de grandeur, se pénétrant quelquefois, etc., illusion qui n'en aurait pas moins une réalité
pour l'être sentant, puisque ce serait des modifications de
son Moi, de la même manière qu'on regarde ses idées et
ses perceptions.

Nous avons vu que l'odorat confond naturellement toutes
les perceptions qu'il nous transmet. Le toucher, au contraire, sépare nécessairement toutes les pressions qu'il
nous transmet, puisque deux corps ne peuvent le presser
à la fois au même point. Ce sens ne peut confondre que les
sensations qui accompagnent d'ordinaire cette pression,
telles que la sensation du froid, celle du chaud, du poli, etc.,
qui, transmises par les mêmes filets nerveux que ces pressions, n'en peuvent être séparées que par des jugements
d'habitude. Le toucher est donc propre à nous donner l'idée

____

[1] Chap. V, p. 112 et 113.

de l'étendue, en nous transmettant une continuité de perceptions distinctes. Cela a lieu lorsqu'une partie de la surface de notre corps est pressée à la fois, et cette idée d'étendue ne nous conduit pas plus que celle qui nous vient par le sens de la vue, à la connaissance des objets hors de nous. Elle en diffère en ce que le tact, nous donnant la sensation des parties saillantes et rentrantes, nous donne l'idée d'une dimension de plus dans l'étendue; mais cette étendue, dont nous connaissons enfin toutes les dimensions, n'est encore qu'une sorte de cadre où nous rapportons, et où nous disposons en divers groupes, nos perceptions, à mesure que nous les distinguons les unes des autres.

Les physiologistes modernes sont tombés dans une erreur bien singulière au sujet des idées de l'étendue et du mouvement; ils ont cru que la première des deux idées était produite par la seconde, et c'est ce qu'ils ont appelé le sentiment du mouvement. Cette opinion me paraît insoutenable. Le sentiment du mouvement n'est qu'une simple sensation interne qui ne nous apprend rien de sa cause, et il suffit d'examiner avec attention ce qui se passe en nous pour reconnaître que nous ne savons la cause de ce sentiment que, parce qu'après avoir eu préalablement l'idée de l'étendue et celle du changement de lieu dans cette étendue, nous avons constamment observé que nous éprouvions ce sentiment, toutes les fois qu'une partie de notre corps changeait de lieu, et que c'était le seul cas où nous l'éprouvions.

Supposons, pour éclaircir ce sujet, que les systèmes des métaphysiciens n'ont fait aujourd'hui qu'obscurcir, un individu borné au seul sens du toucher, et ne possédant ce sens que par un seul de ces mamelons qui, répandus sur la surface de notre corps, servent d'organes au tact. Supposons encore, pour le mettre dans le cas le plus favorable, qu'il ait senti sa propre existence, qu'un mouvement occasionné par quelque cause que ce soit lui ait appris qu'il pouvait produire en soi, à son gré, la sensation du mouvement ; car c'est dans la production de cette sensation que consiste, par rapport à lui, la faculté de se mouvoir ; imaginons enfin que ce soit pour lui un sentiment agréable, comme il paraît que ce l'est pour tous les hommes, avant d'avoir été blasé à cet égard par l'habitude ; cet individu, malgré tous ses avantages, ne pourra jamais acquérir la sensation de l'étendue en se mouvant au hasard ; il rencontrera un corps dur, et la sensation du mouvement cessera malgré lui. La sensation de résistance à sa volonté pourra bien, à l'aide du raisonnement, lui faire concevoir qu'il existe autre chose que lui ; mais il n'y a rien là qui ressemble à l'idée de l'étendue ; ce serait plutôt celle d'une volonté plus puissante que la sienne, qui s'oppose à l'exercice de celle-ci, et remplace, malgré l'individu, le sentiment qu'il se plaisait à éprouver, par la sensation de pression que je lui suppose désagréable.

Pour faire mieux comprendre que, quoique l'individu eût éprouvé qu'il peut d'abord produire et suspendre à son gré la sensation du mouvement, il lui est impossible d'en conclure aucune idée semblable à celle que nous avons de l'étendue, imaginons un autre individu borné au sens de l'odorat, et pourvu de la faculté d'ouvrir et de fermer ses narines, comme nous ouvrons et fermons les yeux ; qu'à quelque distance soit placée une rose, cet individu pourra produire et suspendre à son gré les impressions agréables qu'il reçoit de cette rose, de même que l'autre individu produisait et suspendait à son gré le sentiment du mouvement. Que dans l'instant où l'individu borné au sens de l'odorat ouvrait ses narines de tout l'effort de sa volonté, on substitue tout à coup à la rose une odeur infecte, le voilà qui se trouve dans l'impossibilité de sentir encore l'odeur de la rose, comme l'autre individu, d'éprouver le sentiment du mouvement, lorsqu'on l'arrête. Le voilà obligé de sentir malgré lui l'odeur qui lui déplaît; l'autre est obligé malgré lui d'éprouver la pression du corps dur. Que l'on voie s'il n'y a pas une entière parité entre la situation de ces deux individus, et si l'un peut acquérir des idées auxquelles l'autre ne puisse pas atteindre.

Mais, dira-t-on, la résistance du corps dur n'empêche de se mouvoir que dans un sens, et si l'individu a éprouvé qu'il avait d'abord la faculté de se procurer alternativement les deux sentiments correspondants à deux mouvements opposés, tandis que lorsqu'il a rencontré le corps dur, il ne peut plus se procurer qu'un de ces sentiments, et que les efforts qu'il fait pour obtenir l'autre ne produisent que cette sensation de résistance qui lui déplaît, n'en pourra-t-il rien conclure de plus que dans le cas précédent? Non; car, pour conserver la même parité entre ce cas et celui de l'homme borné au sens de l'odorat, il ne faut que supposer que ce dernier est pourvu de deux narines, qu'il puisse ouvrir et fermer à son gré, de manière cependant à ce que l'une se ferme nécessairement lorsqu'il ouvre l'autre. Que deux fleurs soient placées sous chacune, de manière qu'il puisse sentir à volonté tantôt l'une, tantôt l'autre, ou n'en sentir aucune; qu'on vienne alors à remplacer une des fleurs par un corps infect, dont il ne pourra par conséquent changer l'odeur contre celle de la fleur qu'il sentait auparavant, en sorte que, plus il fera d'efforts pour découvrir cette odeur, plus il sentira celle qui lui déplaît, ne se trouvera-t-il pas précisément dans le même cas que celui qui, accoutumé à éprouver le sentiment du mouvement dans deux sens, en sent un changer tout à coup en une sensation de résistance, qui l'affecte d'autant plus fortement qu'il fait plus d'efforts pour ramener la première?

On dira encore qu'après avoir rencontré un corps résistant d'un côté, il en sent un autre d'un autre côté, et que dès lors il les conçoit l'un hors de l'autre ; ce qui lui donne l'idée de l'étendue. N'est-il pas évident que, s'il ne connaît pas déjà l'étendue, il ne peut savoir qu'il s'est déplacé, et qu'il arrive simplement à cet homme d'éprouver tour à tour des sensations involontaires de pression, et des sentiments volontaires de mouvement, dans un ordre qu'il peut bien observer, mais dont il ne peut connaître la cause, en sorte qu'il est précisément dans le même cas que l'homme borné au sens de l'odorat, et doué de la faculté, que je supposais tout à l'heure, d'en suspendre à son gré l'exercice, si après qu'il aurait respiré quelque temps l'odeur d'une fleur, il la sentait changée en une odeur désagréable, et fermant cette narine pour ouvrir l'autre et sentir une autre fleur, il éprouvait qu'après un temps déterminé celle-ci se changerait à son tour en une odeur désagréable?

Il y a un quatrième cas, où il semble d'abord que l'individu borné toujours à un seul filet nerveux sensible, fait glisser sur une surface le point de celle de son corps où aboutit ce filet. Mais un instant de réflexion suffit pour voir que, l'action mutuelle de deux corps ne dépendant que de leurs mouvements relatifs, la sensation serait précisément la même que si, le seul point sensible de son corps étant immobile, la surface glissait sur ce point, toutes les fois qu'il le désirerait, ou ce qui revient au même, s'il pouvait à volonté produire, dans ce point sensible, une suite de sensations de pression comparables dans leur ma-

nière d'agir sur lui, à une série de sons, d'odeurs, etc.,
ou d'autres sensations quelconques.

Un organe inétendu, de quelque manière qu'on le con-
çoive, ne peut donc donner l'idée d'objets placés hors les
uns des autres, de manière cependant à former un tout
continu, qui est proprement ce que nous appelons l'idée de
l'étendue. Nous venons de voir qu'un seul point sensible
ne donnerait qu'une idée d'être inétendue, à peu près
comme une sensation de son ou d'odeur ; que cinq points
sensibles placés chacun à l'extrémité d'un doigt donneraient bien cinq perceptions qui, arrivant au cerveau par
des filets différents se distingueraient nécessairement, mais
ces cinq perceptions n'ayant chacune aucune étendue ne
donneraient pas plus cette idée que cinq sons entendus à
la fois et distingués par l'individu. Comment donc est-ce
que l'organe du tact donne l'idée de l'étendue? C'est parce
que, comme dans l'œil, les extrémités de ces nerfs forment
un réseau continu, dont chaque point ne peut être affecté
que par un seul point du corps qui agit sur lui. Dès lors,
tous les points contigus de la surface de ce corps transmettent des impressions également contiguës, et en même
temps distinctes les unes des autres, parce qu'elles arrivent au cerveau par des fibres nerveuses aussi contiguës
et distinctes. Il en résulte sur-le-champ l'idée de l'étendue,
pour laquelle il n'est pas nécessaire que nous fixions notre
attention sur chaque sensation en particulier, ce que le
nombre de sensations rendrait impossible ; il suffit qu'elles
se présentent toutes à la fois en un groupe plus ou moins
étendu.

Quand la main est posée sur une surface, il en résulte
donc nécessairement l'idée de l'étendue, c'est-à-dire
d'un rapport de position entre des sensations distinctes et

contiguës. Cette idée devient d'autant plus claire que ces
sensations sont plus distinctes. Elle le sera donc d'autant
plus que les perceptions reçues des différents points de la
surface sont plus différentes entre elles, et par là plus faciles à distinguer les unes des autres. Mais il faut bien faire
attention que la principale cause de distinction entre ces
sensations n'est pas dans leur différence, comme il semble
que l'a toujours supposé Condillac, mais que la cause première et fondamentale de toute distinction entre les sensations est dans la distinction des filets nerveux qui les transmettent au cerveau, puisque l'expérience nous prouve que
les sensations les plus différentes se confondent nécessairement en une seule, lorsqu'elles arrivent par le même filet,
et qu'il nous est impossible de confondre, dans le cas contraire, les sensations même les plus ressemblantes, telles
que celles que nous offre la vue de la mer, ou la pression
d'une surface uniforme, telle que celle d'une table bien
polie.

La différence entre les sensations transmises à la fois par
la vue ou par le toucher n'est donc pas nécessaire pour
cette distinction vague qui nous donne l'idée de l'étendue;
mais c'est elle qui nous conduit à fixer notre attention,
tantôt sur un groupe de ces sensations, tantôt sur un autre,
pour y circonscrire distinctement certaines portions dans
cette étendue, et pour acquérir les notions de figure, de
position respective et de mouvement. Ces notions ne sont
pas plus des perceptions que celles de l'étendue; ce ne sont
évidemment que des rapports entre nos perceptions.

Il n'y a aucune difficulté à l'égard des notions d'étendue, de figure, de position, etc. ; mais il n'en est pas de
même à l'égard du mouvement. Il est nécessaire, pour s'en
faire une idée nette, de distinguer la notion du mouvement

du sentiment qui accompagne celui de nos membres. Ce sentiment est une pure sensation interne qui ne nous apprend rien de sa cause, et que nous ne savons que par expérience accompagner toujours ce que nous appelons mouvement, d'après la notion que nous en avons acquise en comparant la position respective des objets dans l'étendue.

Qu'on rentre un instant en soi-même, et l'on verra que cette notion suppose nécessairement celle d'étendue, de figuré et de position. Il faut donc que les impressions simultanées et contiguës, transmises par des filets nerveux distincts et contigus, nous aient donné la première de ces notions, et que nous ayons reçu les autres de la diversité de ces impressions, pour que nous puissions acquérir la notion du mouvement, en observant des changements dans la position respective des objets perçus à la fois.

Le tact et la vue peuvent également nous apprendre qu'il y a des mouvements indépendants de notre volonté, et qu'il y en a qui en dépendent. Ce sont ceux de nos membres. Supposons un individu borné au sens du tact, dont la main posée sur une table recouvre une pièce de monnaie, et que, par quelque cause que ce soit, cette pièce glisse entre la table et sa main, il sentira qu'elle change de place sur la table, et de là naîtra en lui la notion d'un mouvement indépendant de sa volonté. Mais, si la table glissait tout entière sous sa main immobile, il sentirait seulement une succession plus ou moins rapide d'impressions différentes qui ne produiraient pas plus en lui la notion du mouvement que si ces impressions changeaient par des changements chimiques arrivés dans la substance de la table.

Il en serait de même si la main glissait sur la table sans que la position respective des organes tactiles fût changée; et le sentiment interne du mouvement que l'individu éprou-

verait dans ce cas, ne se lierait à la succession plus ou moins
rapide des impressions que de la manière dont se lient en
général deux sensations simultanées. Mais qu'un ou deux
doigts glissent sur la table, l'individu s'apercevra qu'il
change de position par rapport aux autres ; et l'expérience
lui apprendra bientôt que ce mouvement est volontaire, et
qu'il est accompagné d'un sentiment interne et particulier.

Sans la notion du mouvement, il n'existerait pour l'a-
veugle que l'étendue qu'il touche immédiatement ; et si l'on
transportait successivement sa main sur diverses parties
d'un objet, il n'aurait aucune raison de les regarder comme
réellement différentes. Ce ne serait jamais qu'un groupe
d'impressions simultanées, qui s'évanouiraient et renaî-
traient avec des modifications différentes.

Mais, quand cette notion a été acquise par un déplacement quelconque dans l'espace, dont nous avons acquis
l'idée en en sentant à la fois toutes les parties, elle nous
sert à étendre nos connaissances relativement à l'étendue.
Après avoir eu quelque temps la main placée sur une surface irrégulière, l'aveugle peut faire glisser son petit doigt
tout le long de cette surface, jusqu'à ce qu'il le mène sur
une inégalité qu'il aurait, par exemple, reconnue avec le
pouce ; en portant ensuite la main au delà de cette inégalité, il parcourra une nouvelle portion d'étendue, dont il
rapportera facilement la position à celle qu'il a déjà reconnue. Mais ce qu'il faut surtout remarquer, c'est que la
sensation, ou le souvenir de la contiguïté de tous les points
intermédiaires, est absolument indispensable pour concevoir
que deux objets sont distants l'un de l'autre, et avoir la
notion de leur position respective, deux objets touchés séparément et successivement ne pouvant présenter à celui
qui serait privé des jugements d'habitude fondés sur la

notion de l'étendue, qu'un seul et même objet, qui serait évanoui pendant qu'on ne l'aurait pas touché, pour renaître ensuite avec des modifications différentes.

L'individu borné au sens de la vue percevrait à la fois une étendue variée de bien plus d'objets différents; mais, par là même, il les distinguerait plus difficilement. Rien n'empêcherait cependant qu'il y parvînt, pourvu que ces objets ne fussent pas en trop grand nombre, et que leurs couleurs fussent bien tranchées. Cette notion une fois acquise, il ne peut arriver aucun changement dans la position respective de ces objets, sans que l'individu ait la notion d'un mouvement. Dans cette surface peuplée de figures colorées, mobiles et changeantes, qui contient toutes les perceptions de cet individu, la figure de son corps occupant une place considérable dans cette surface, il en voit les différentes parties se mouvoir comme les objets extérieurs, et comme eux s'élargir, se rétrécir et changer mille fois de figure. Il ne distinguera ces derniers mouvements de ceux des objets extérieurs qu'en ce qu'ils seront soumis à l'empire de la volonté, et accompagnés d'un sentiment interne particulier.

La mécanique d'un individu borné au sens de la vue serait aussi singulière que sa géométrie, ne jugeant des objets que d'après l'angle visuel. Les lois du mouvement qu'il établirait consisteraient autant en des communications de changements de figures qu'en des communications de déplacements successifs; les opinions qu'il aurait des objets qui l'environnent seraient aussi fausses que celle que les premiers hommes avaient de ce qu'ils appelaient la voûte du ciel, parce qu'ils n'en jugeaient que d'après la vue. Partout l'illusion remplaçait la vérité. Telle est sans doute la manière de voir des enfants, avant que le tact leur ait appris à rapporter, sur des corps pourvus de trois dimensions et placés à diverses distances, les portions d'étendue à deux dimensions, perçues par la vue ; à régler, en un mot, les notions trompeuses et fugitives de l'étendue visuelle sur les notions réelles et permanentes de l'étendue tactile.

Je n'ai voulu traiter de l'ouïe qu'après avoir parlé des autres sens, parce que la cause de la séparation des perceptions qu'elle nous transmet dépend d'un mécanisme absolument différent de celui qui a lieu dans les autres sens. Chaque filet nerveux du goût, de l'odorat, de la vue et du toucher peut transmettre indifféremment toutes les saveurs, toutes les odeurs, toutes les couleurs ; il n'y a de différence entre eux que dans la manière dont l'impression, partie d'un seul point, d'un objet, se répand sur toute l'étendue de l'organe, ou n'en affecte qu'un point. Dans l'ouïe, au contraire, abstraction faite des jugements d'habitude que l'usage des autres sens a joint pour nous à celui de l'ouïe, et par lesquels nous apprenons, d'après les sons, à former des conjectures plus ou moins exactes sur la distance et la position des objets, les sensations ne se distinguent que parce que des parties différentes de l'organe de l'ouïe sont mises en mouvement par des sons différents, en sorte que, précisément au contraire de ce qui se passe dans la vue, deux sons différents, partis du même corps, agissent sur des points différents de l'organe et arrivent séparément au sensorium, tandis que des sons semblables partis de deux corps différents doivent se confondre. Dès lors, l'ouïe ne peut donner d'abord aucune idée de mouvement, puisque c'est la même fibre nerveuse qui est affectée, quoique le corps sonore change de place, pourvu qu'il rende toujours le même son. Conséquemment nous ne jugeons point du déplacement du corps sonore par la nature de la sensa-

tion qu'il excite en nous, mais par les différents degrés
d'intensité de cette sensation, degrés que l'expérience nous
a appris correspondre à différentes distances ; ce qui nous
porte souvent à prendre un bruit très-faible, naissant d'un
corps placé à une petite distance, ou de l'organe même,
pour un bruit plus fort très-éloigné; et réciproquement.

L'ouïe ne peut pas même nous donner la notion de l'étendue, parce que toutes ses perceptions indistinctes se séparent
nécessairement d'une manière tranchée, et ne présentent
rien d'analogue à la contiguité qui a lieu dans les perceptions de la vue et du toucher. Un grand nombre de sons
très-peu différents les uns des autres agiterait en vain un
groupe de filets contigus de l'organe de l'ouïe, et ne produirait point de sons, mais la sensation confuse que nous
appelons bruit. Le petit nombre de perceptions distinctes
que nous pouvons recevoir à la fois par ce sens, porterait
à croire qu'il n'occupe que peu de place dans le sensorium,
de même que l'odorat et le goût; tandis que les extrémités des filets nerveux des organes du tact et de celui de la
vue y forment probablement par juxtaposition des surfaces plus étendues. On ne peut guère douter que ces surfaces représentatives de l'étendue extérieure, et dépendantes
du sens de la vue, se trouvent dans les corps cannelés, qu'on
sait être liés immédiatement au nerf optique, et dont l'étendue a manifesté à tous les anatomistes un dessin particulier,
mais dont la nature s'est réservé le secret. Je ne crois pas
qu'ils regardent comme dépourvues de probabilité les conjectures que je forme à cet égard ; il me semble difficile
de se refuser à penser que c'est dans ces corps que se développent les filets du nerf optique, et que les impressions de
la vue, séparées sur la rétine par un mécanisme si admirable, parviennent à se séparer dans cette partie où elles

fournissent à la pensée une représentation fidèle des objets extérieurs ; tandis que les trois autres sens dépourvus d'un appareil analogue aux corps cannelés ne peuvent présenter simultanément qu'un petit nombre de perceptions distinctes. A l'égard du tact, on ne peut guère douter que ses filets ne se développent dans toute la partie du cerveau qui est soumise à l'empire de l'âme, et que ce ne soit dans toute son étendue que ces perceptions se distinguent.

Il suit des observations précédentes que nous ne sommes susceptibles d'acquérir l'idée de l'étendue que parce que nous sommes pourvus d'organes réellement étendus, et que les impressions dépendantes des points des surfaces que nous touchons, ou que nous voyons, se transmettent séparément à des filets nerveux distincts, et arrivent ainsi distingués aux points du cerveau soumis à l'empire de notre âme ; points où cette distinction ne peut exister à moins qu'ils ne forment aussi une étendue continue, et représentative en quelque sorte de l'étendue extérieure. Il se présente ici une objection trop aisée pour que je songeasse à m'y arrêter, si je ne savais les interprétations qu'on a coutume de donner aux vérités métaphysiques. Rien ne serait plus absurde que de prétendre qu'on pourrait conclure, de cette étendue démontrée dans le *Sensorium commune*, que l'être sentant lui-même est étendu ; car il est évident que, lorsque nous concevons un être sentant inétendu, comme nous concevons une force, un espace de temps aussi inétendu, nous concevons en même temps que cet être inétendu n'occupe aucune place dans l'espace, et que, s'il agit cependant sur la matière qui y occupe une place, il n'y a rien qui s'oppose à ce qu'elle agisse tout entière à la fois en plusieurs places, de même que l'attraction du soleil, par exemple, qui n'est dans aucun lieu de

l'espace, agit à la fois et tout entière sur chacune des planètes qu'elle retient dans leur orbite.

Le vulgaire et même les philosophes qui, ne sachant point
s'élever au-dessus de ce qu'ils voient, font comme ces Cartésiens qui ne concevaient pas qu'un corps pût communiquer du mouvement à un autre corps que par impulsion,
et nommaient en conséquence l'attraction une qualité
occulte, trouveront quelque peine à concevoir qu'un être
puisse agir à la fois en plusieurs lieux différents. Mais je
prendrai l'expérience pour juge entre eux et moi. Je sens
très-bien que c'est le même Moi qui remue mon bras, puis
ma jambe, puis mon bras et ma jambe à la fois ; or, il
est évident que le point de mon cerveau sur lequel j'agis
pour remuer mon bras, n'est pas le même que celui par
lequel je remue ma jambe ; puisque, pour que ces deux
mouvements soient indépendants l'un de l'autre, il faut
bien que les nerfs qui s'y distribuent soient distincts, jusqu'au point inclusivement où la volonté donne naissance
aux mouvements. J'agis donc sur deux points à la fois lorsque je remue ces deux membres simultanément. La même
chose a lieu à l'égard d'un plus grand nombre de points,
puisque je puis produire à la fois un bien plus grand nombre
de mouvements volontaires.

Concluerai-je de là que ma volonté est étendue? Non,
sans doute. Comme toutes les autres facultés de mon intelligence, je crois bien qu'elle existe quelque part ; mais ce
n'est pas dans l'espace. C'est de là qu'elle agit à la fois sur
tous les points de l'espace, qu'un être plus puissant lui a
soumis. Je vois l'esprit de la plupart des lecteurs se cabrer
à la seule pensée qu'un être existe quelque part sans exister dans l'espace ; mais je les prie de suspendre leur jugement à cet égard. Je me bornerai pour le moment à cette

observation : tout être-fini me semble occuper nécessairement une place dans un être infini de même nature[1]. La
table sur laquelle j'écris est étendue ; elle occupe une place
dans l'immensité ; l'heure qui vient de s'écouler n'est pas
étendue, elle dure ; elle ne peut donc occuper de place que

[1] Les métaphysiciens modernes ont eu raison d'établir que nous n'ac-
querrions l'idée de l'infini qu'en la tirant de l'idée d'un objet fini, en faisant
abstraction des limites de cet objet ; mais cette génération, en quelque sorte
négative de cette idée, n'ôterait rien à la réalité du jugement qui nous .
assure que l'espace et le temps n'ont effectivement aucune limite. Locke a
réuni sur ce sujet, dans les chap. xiii, xiv et xv de l'*Esprit philosophique*,
livre II, des preuves qui ne laissent rien à désirer. Si les métaphysiciens
modernes s'étaient occupés à l'étudier, et s'ils avaient ouvert les ouvrages de
mathématiques où Bertrand, de Genève, et Legendre ont enfin démontré des
propositions où l'on avait échoué jusqu'à eux par des suites de bandes ou de
triangles, qui s'étendent dans l'espace sans qu'aucune limite puisse s'y opposer, ils n'auraient pas dit que la métaphysique et la géométrie s'accordaient
pour prouver que la durée et l'expansion étaient limitées, lorsqu'elles s'accordent parfaitement avec l'évidence pour démontrer le contraire. Ils se seraient aperçus que, le mot infini signifiant simplement sans fin ou sans
limites, on avait soin de le donner à tout ce qui manque d'une des limites
propres à l'objet fini qui nous en a donné l'idée, et que si cet infini ne peut
être augmenté du côté de la limite dont il manque, il peut l'être encore du
côté des limites qui lui restent Comme l'espace renfermé dans un angle ne
peut être agrandi du côté de son ouverture, mais bien vers son sommet et
ses côtés; comme la durée infinie, actuellement écoulée, sans limites du
côté de son commencement, et limitée du côté de sa fin, aura augmenté
demain du côté de sa fin par la rétrocession de cette limite, ils auraient
senti enfin que c'est rappeler le temps des Scholastiques que de jouer sur les
mots pour trouver contradictoires des idées que tout le monde conçoit.
Dira-t-on que Locke, et les mathématiciens célèbres que j'ai cités, concevaient une contradiction lorsqu'ils sentaient, comme tout le monde, que
la réunion de la durée écoulée actuellement sans limites du côté de son commencement et de la durée qui reste à écouler sans limites du côté de la
fin, compose la durée entière qui n'a ni commencement ni fin? que quatre
angles droits sans limites du côté de leur ouverture, réunis par les côtés qui
leur servent de limites, recouvrent la surface d'un plan sans aucune limite?
Ils se seraient aperçus que les difficultés qui se trouvent dans ces idées, sont
aussi vaines que celles qu'on a opposées aux géomètres relativement aux
asymptotes et aux incommensurables, difficultés fondées uniquement sur de
prétendus axiomes tels que celui-ci : « Ce qui est infini ne peut augmenter; »
dont on voit l'absurdité lorsqu'on le traduit en ces termes : « Ce qui n'a
point de limites d'un côté ne peut en avoir de l'autre. »

dans la durée infinie. L'être qui pense en moi diffère autant
d'une table et d'une heure que ces deux choses diffèrent
entre elles. Pourquoi n'occuperait-il pas une place dans
une pensée infinie? Pourquoi ne changerait-il pas de pensée
en changeant en quelque sorte de place dans cette pensée
infinie, comme un corps change de lieu lorsqu'il occupe une
nouvelle place dans l'immensité?

Telles sont les causes de la décomposition de nos idées
qui donnent naissance à nos premiers jugements, d'après
cette loi générale de notre organisation qu'il y a une différence entre les perceptions que nous recevons par des fibres
nerveuses placées les unes hors des autres.

Le goût du vin est dans une fibre différente de celui d'un
théorème de géométrie. Où se ferait la comparaison des
deux plaisirs, sans âme?

DES

IDÉES DE L'ABSTRACTION

—

RÉALISTES ET NOMINAUX

—

MÉMOIRE DE L'AN XII

———

DE L'ABSTRACTION

RÉALISTES ET NOMINAUX

Sans l'abstraction, les idées de rapport n'en seraient pas moins simples ; mais ne pouvant être détachées des groupes, ni considérées à part, nous ne pourrions pas même demander si elles sont simples, parce que nous ne saurions pas qu'elles existent. Ainsi, nous serions modifiés différemment par l'idée complexe d'un chêne et d'un roseau, et par celle d'un chêne plus grand qu'un roseau, sans savoir que la différence de ces deux modifications consiste en ce que, dans la seconde, il y a une idée de plus dans le groupe, l'idée *d'être plus grand*. Nous allons voir comment le mot

27

Grand nous porte à détacher cette idée de ce groupe, longtemps après qu'elle a été perçue et associée ; nous verrons
que c'est précisément de la même manière que les idées
primitives sont associées à l'instant de leur formation. Il
suit de tout cela que, quoique les idées comparatives soient,
comme on vient de le voir, plus étroitement unies, elles se
détachent de même, et que la même parité que nous avons
fait remarquer entre la manière dont ces deux sortes d'idées
s'associent, se retrouvera dans la manière dont elles se séparent ensuite de celles avec lesquelles cette association les
avait combinées. Dès que nous aurons bien conçu la marche
de l'entendement à cet égard, nous verrons que, bien loin
de pouvoir douter que les idées comparatives sont, de leur
nature, aussi simples que les primitives, cela *ne peut* pas
pas être mis en question. La théorie de la formation des
idées générales est la partie de l'idéologie où il reste encore
le plus d'obscurité. C'en était probablement le point le plus
difficile, à en juger par les opinions contradictoires qui ont
régné successivement. Après avoir admis qu'il y avait des
objets hors de nous, aux impressions desquels nous devrions
nos idées individuelles, on s'avisa de supposer je ne sais
quels êtres, tels que les essences des Scholastiques, qui
étaient les types des idées générales, comme les objets extérieurs étaient les types de nos idées individuelles. Cette
absurde opinion se défendit longtemps contre les attaques
que des hommes un peu plus sensés lui portèrent, parce
que ceux-ci admettant toujours que, pour que nous puissions
avoir une idée, il fallait qu'elle eût un type hors de nous,
ils prétendirent que tous les mots génériques étaient des
signes sans idées[1] : cela voulait dire, pris dans toute sa

---

[1] Telle était l'opinion de ce Roscelin, qui porta les premiers coups à la

rigueur, qu'en entendant prononcer le mot Couleur, par exemple, il ne produisait aucun mouvement dans le cerveau de celui qui sait la langue française, pas plus que dans celui qui, ignorant complétement le latin, entend prononcer ces mots sans les comprendre : *purpureus veluticùm flos....*

Il était impossible d'expliquer avec un pareil système l'usage que nous faisons sans cesse de ces termes généraux, puisque nous pouvons dire, par exemple, et déduire même de cette observation des conséquences importantes, relativement à la nature différente de nos divers organes sensitifs, que l'œil ne peut nous donner des sensations d'odeurs, ni l'oreille des sensations de couleurs. N'en résulte-t-il pas évidemment que ces mots Odeur, Couleur, ont un sens quelconque, une idée qui leur est jointe, et que ce sens pour le mot Odeur ne consiste ni dans l'idée d'une odeur particulière, puisque ce n'est pas d'une certaine odeur qu'on dit que-l'œil ne peut nous en donner la perception, ni dans l'idée d'une sensation donnée par l'organe olfactif? Car alors le mot Odeur ne désignant que les sensations de cet organe, dire que les perceptions de l'œil ne sont jamais des odeurs, ce ne serait pas énoncer un fait, mais cette ridicule identité verbale : Une sensation donnée par l'œil est donnée par l'œil.

Cependant, le fait subsiste ; et la manière dont nous l'énonçons est entendue de tout le monde, parce que tout le monde a perçu cette ressemblance entre les diverses odeurs, qui les distingue de toutes les autres sensations, et que l'idée comparative de cette ressemblance, après avoir été

métaphysique des siècles d'ignorance. Voyez l'*Histoire comparée des systèmes de philosophie*, par M. de Gérando.

longtemps associée aux idées des diverses odeurs, a contracté une liaison avec le mot Odeur appliqué successivement à ces diverses idées, parce que cette ressemblance
que l'association résultant de leur comparaison avait unie
à chacune d'elles, était la seule idée qui leur fût commune.

Telle est, en effet, la marche générale de l'abstraction,
que nous examinerons tout à l'heure avec plus de détail,
soit relativement à la manière dont elle est transmise à
l'enfant par des hommes, dans l'entendement de qui elle
existe déjà, soit à la manière dont elle a pu se produire la
première fois lors de l'invention des langues.

On peut définir l'abstraction : l'isolement, produit par
l'usage des signes institués, d'une idée jusqu'alors mêlée
dans les groupes où elle avait été associée, soit organiquement, soit par une association arbitraire. Il faut deux
choses, pour qu'elle puisse avoir lieu : que notre cerveau
soit organisé de manière à ce que le mouvement nécessaire
à la formation de cette idée puisse y exister, sans les mouvements qui nous donnent les autres idées du groupe, et
qu'une cause appropriée à cet effet produise le premier
mouvement et empêche les autres de l'accompagner. Nous
allons voir comment la première condition est une suite d'une
des lois de notre organisation, qui se manifeste dans des circonstances où il n'y a point abstraction, et longtemps avant
que nous nous élevions à cette opération, et que la seconde
condition ne peut se trouver que dans l'usage des signes.

On découvrit bientôt la vraie nature des idées générales,
et la trop longue dispute des réalistes et nominaux n'eut
plus d'objet. On vit qu'une idée générale n'est qu'une portion commune à divers groupes d'idées, et l'on commença à
se faire une idée juste de la compréhension et de l'extension

qui se trouvent entre nos idées, en raison inverse l'une de
l'autre, s'il est permis d'appliquer ici cette expression con-
sacrée jusqu'à présent au langage mathématique. Mais en
voyant que l'idée générale exprimée, par exemple, par le
mot Oiseau, était formée des idées primitives d'ailes, de
bec, etc., communes à tous les groupes, dont se composent
les idées des divers oiseaux, on ne savait plus comment
expliquer la formation dés idées générales qui s'appliquent
à toute une classe d'idées simples comme odeur, son, etc.,
parce que, ne connaissant point les idées comparatives qui
rendent complexes ces idées d'abord simples, à mesure
qu'on les perçoit et qu'on leur associe un rapport de ressemblance entre celles qui, en vertu de cette ressemblance, se
trouvent ensuite rangées dans une même classe, on ne pouvait dire qu'il y eût entre elles une idée partielle commune,
ni par conséquent ramener cette sorte d'abstraction à celle
qu'on avait si heureusement expliquée. Cet embarras pro-
duisit un autre système. On fit deux sortes d'idées générales, et l'on prétendit que celles dont nous venons de parler
en dernier lieu étaient la réunion de toutes les idées simples
d'une même classe. On leur donna même le nom d'idées
collectives; on supposa le mot Couleur, par exemple, accompagné des idées du vert, du rouge, du violet, etc. Cette
singulière manière d'expliquer le phénomène bien constaté
que ce mot n'était pas vide d'idée, quoiqu'on ne sût dire à
quelle idée il était attaché, et qui confondait de nouveau
la compréhension des idées avec leur extension, tombe
d'elle-même, dès qu'on a constaté, comme nous l'avons fait
au commencement de ce chapitre, que les idées simples
deviennent complexes par l'association qu'elles contractent
avec les idées comparatives des rapports de ressemblance
aperçus entre elles.

Dans ce cas, l'abstraction suppose des comparaisons précédentes ; mais c'est uniquement parce qu'elle consiste alors
dans l'isolement d'une idée comparative, et que, pour qu'elle
puisse être détachée du groupe dont elle fait partie, il faut
qu'elle y soit entrée par la comparaison à laquelle nous la
devons. Ce serait une autre erreur d'attribuer la généralisation de nos idées à la comparaison.

J'avoue que la plupart de nos idées générales sont comparatives ; mais bien loin d'être le résultat immédiat de la
comparaison, toute idée comparative est d'abord individuelle. Comme toute idée primitive, elle associe de même à
l'instant où on l'aperçoit, et il faut qu'un même rapport
ait été perçu plusieurs fois et se trouve dans plusieurs
groupes, pour que l'idée puisse se détacher de ces groupes
et se généraliser en s'attachant à un signe. Tout se passe à
cet égard précisément comme dans la généralisation d'une
idée primitive. La comparaison a donné l'idée de rapport,
comme une impression aurait donné l'idée primitive ; cette
idée est de même entrée à l'instant dans un groupe, et il
n'est pas besoin d'avoir recours à de nouvelles comparaisons pour expliquer comment, dans l'un et l'autre cas, l'idée
se généralise en se séparant du reste de ce groupe.

Nous allons voir que dès que des groupes ont une idée
commune, soit qu'elle y ait été introduite par une impression ou par une comparaison, elle peut en être abstraite
sans nouvelle comparaison entre ces groupes. Il en est ici
comme à l'égard des jugements ou associations organiques.
Les jugements et les abstractions qui se rapportent à des
idées comparatives supposent les comparaisons qui seules
peuvent nous donner ces idées. Mais il y a des jugements
et des abstractions relatifs à des idées primitives, qui ne dépendent explicitement d'aucune comparaison ; je dis expli-

citement, à cause de l'influence qu'a nécessairement sur les
actes de la sensibilité où ils se trouvent, le développement
de notre intelligence produit surtout par l'habitude de percevoir des rapports.

Comparons la manière dont se produisent ces deux sortes
d'idées, dont elles s'associent, et dont elles se séparent ensuite des groupes où elles se sont associés, à l'instant où on
les a aperçues. Nous y verrons cette analogie si complète et
si remarquable qui se retrouve dans tous les phénomènes
que présentent les idées primitives, et celles que nous avons
nommées comparatives. Je vois un corps bleu, et j'associe
l'idée du bleu à celles des autres propriétés de ce corps :
je vois qu'un chêne est plus grand qu'un roseau et j'associe
l'idée d'être plus grand qu'un roseau, à celle des autres
propriétés du chêne. Mais, comme je l'ai déjà remarqué,
ces idées sont encore individuelles ; ce ne sont point l'idée
de toutes les couleurs bleues, de toutes les manières d'être
plus grand ; c'est l'idée du bleu de ce corps, c'est l'idée de
la manière dont ce chêne est plus grand que ce roseau.
Bientôt je vois d'autres corps bleus, mais dont l'idée complexe n'a que cette idée commune avec l'idée complexe du
premier corps ; je vois d'autres objets plus grands les uns
que les autres. La réunion des idées que j'ai de ces deux
objets et de l'idée du rapport Être plus grand, qui existe
entre eux, forme des groupes dont cette idée comparative
est la seule idée commune.

Si après avoir formé ces groupes, je venais à les comparer, j'apercevrais entre eux ce rapport qu'on a nommé, bien
peu convenablement à mon avis, rapport d'analogie, et qui
consiste dans une idée commune à deux idées complexes.
Mais la perception de ce rapport qui a lieu dans beaucoup
de cas, et particulièrement lorsqu'après avoir généralisé

cette idée, je la retrouve dans de nouveaux groupes, et que je dis : « Ce corps est *bleu*, ce nouvel objet est *plus grand* que celui-ci, » ne saurait me conduire en aucune manière à séparer l'idée commune à deux groupes déjà formés, du reste de ces groupes, en un mot, à la généraliser. L'idée de ce nouveau rapport s'unirait à ces groupes pour en augmenter la compréhension, et ce serait seulement une nouvelle idée à en séparer. Que cette séparation vînt ensuite à se faire, ce serait l'idée générale du rapport d'analogie qui en résulterait, idée toute différente de celle du bleu ou de celle d'être plus grand, dont il s'agissait d'expliquer la séparation.

Je ne vois point comment cette séparation pourrait dépendre de la perception, et de l'association dans les mêmes groupes, d'une autre idée, telle que celle du rapport d'analogie. Plus on examinera cette question, plus on verra que la perception d'un nouveau rapport entre deux groupes ne peut contribuer à leur décomposition analytique, et que celui d'analogie tel qu'il vient d'être défini, et que nous le concevons à présent que l'usage des signes institués nous a conduits à cette décomposition, ne peut être aperçu qu'après qu'elle a été faite, et que l'idée commune a été isolée du reste des groupes. On pouvait bien apercevoir auparavant une ressemblance entre ces groupes pris dans leur totalité, qui ne se trouvait pas entre eux, et les groupes dont la même idée commune ne faisait pas partie, mais sans savoir précisément en quoi consistait cette ressemblance ; et il me semble évident que ce n'est qu'après que l'idée commune a été isolée, qu'on peut reconnaître qu'elle est en effet commune aux divers groupes où elle se trouve.

C'est donc dans le langage qu'il faut chercher la cause de la décomposition des idées complexes. Mais de même

que nous avons déjà établi que les signes ne pourraient
nous conduire à l'analyse d'une idée complexe, si notre organisation n'était pas telle que les idées qui la composent
pussent être unies sans s'identifier en une modification
unique, nous observerons qu'il leur serait également impossible de produire cet effet, si nous n'étions pas organisés de manière à ce qu'une partie des mouvements cérébraux nécessaires pour qu'une idée complexe soit présente
à l'entendement, pussent être rappelés, sans que tous ceux
qui produisent en nous cette idée complexe le soient.
Voyons donc si d'autres faits prouvent que l'homme a cette
faculté sans laquelle il ne lui eût été possible, ni de se faire
un langage où il pût exprimer des idées générales, ni
même d'avoir en aucune manières ces idées.

Observons d'abord que le souvenir d'une modification,
pour être complet, exige qu'on rappelle à la fois toutes les
idées qu'on a aperçues lorsqu'on a eu cette modification ;
qu'il s'en faut de beaucoup que tous nos souvenirs soient
d'abord complets de cette manière ; que souvent on n'a d'a-
bord que l'idée qu'on a reçu une impression ou fait une
comparaison, sans se rappeler ce qu'était précisément cette
impression, cette comparaison ; qu'à mesure qu'on fait des
efforts pour se la rappeler en entier, de nouvelles idées se
joignent successivement à celle-là ; qu'on se rappelle que
c'est une modification qu'on a éprouvée avant ou après
telle autre, dont on a déjà complété le souvenir ; que c'était
une modification agréable ou désagréable, une impression
faite sur tel sens, ou une comparaison, etc.

Or, qu'est-ce que de pareils souvenirs? N'est-ce pas le
rappel d'une portion du groupe qu'on cherche à rappeler
en entier? La raison de ce rappel partiel est simple. Dans la
modification intuitive, qu'on éprouvait lors de cette impres-

sion ou de cette comparaison, l'action des causes qui les produisaient, imprimait à la fois au cerveau tous les mouvements nécessaires à leur production; mais dans le rappel, les mêmes causes n'agissent plus; il n'y a pas plus de raison pour que ce soient les idées d'un même groupe qui reviennent à la fois que des portions de différents groupes. Nous devons donc être dans cet état de malaise produit par des souvenirs partiels, jusqu'à ce que l'observation que nous venons de faire ramène à un phénomène général de notre manière d'être, le rappel des idées par les signes; ce qui est le seul moyen d'expliquer les faits que nous observons en nous, comme ceux que nous remarquons dans le reste de la nature. C'est la seule sorte d'explication dont ils soient susceptibles, et ce que celui qui a étudié la marche de l'esprit humain appelle expliquer.

En effet, le signe et l'idée à laquelle il se lie à force de se présenter en même temps à notre entendement, ne forment qu'une modification totale. Le signe perçu de nouveau n'en rappelle immédiatement que l'impression qu'il nous a fait éprouver; mais l'attention en cherchant à compléter ce souvenir rappelle bientôt l'idée. L'habitude de ce rappel nous empêche, lorsqu'il a eu lieu plusieurs fois, d'en reconnaître le mécanisme; et la rapidité qu'elle lui donne ne nous laisse plus que le temps de sentir le malaise qui accompagne tout souvenir incomplet, et qui avait d'abord déterminé l'effort d'attention nécessaire à compléter le souvenir de la modification éprouvée, en joignant l'idée à laquelle il s'était joint à celle de l'impression produite par le signe même.

La même observation explique pourquoi les animaux, chez lesquels le rappel de certaines idées totales a lieu par des signes de la nature de ces interjections qui, dans nos langues équivalent à une phrase entière, ne peuvent avoir comme nous des signes composés de signes correspondants aux idées élémentaires d'une idée totale ; ce qui les conduirait à l'analyse de cette idée, et bientôt après aux idées abstraites et à la possibilité de former, en réunissant arbitrairement des fragments des idées complexes qui leur retracent ce qu'ils ont éprouvé, les représentations de choses qu'ils n'ont pu connaître immédiatement.

L'instinct, qui agit seul en eux, les force à compléter tous leurs souvenirs, et privés de ces souvenirs incomplets qui constituent nos idées abstraites, privés de la faculté de former un nouveau tout de plusieurs de ces souvenirs pris dans différents groupes, ils ne peuvent concevoir ce qu'ils n'ont pas senti, comme nous le faisons, soit d'après le récit de ceux qui l'ont éprouvé, soit par cette seule force synthétique de l'imagination qui, combinant les idées de terre, de soleil et de mouvement circulaire, offrit à l'entendement de Copernic le tableau de la terre tournant autour du soleil.

Il est probable que les animaux ne rêvent même que ce qu'ils ont senti, que c'est parce que nos souvenirs s'associent arbitrairement de mille manières dans l'état de veille, que nous formons en dormant tant d'associations du même genre. Cela semble prouvé par ce fait que les hommes ne font dans leurs songes que des associations arbitraires de l'espèce de celles qu'ils font dans l'état de veille. Un savant rêve des associations d'idées qui seront toujours étrangères à la pensée de celui qui n'a pas cultivé les mêmes sciences. Celui-ci rêvera, par exemple, à des palais de diamants, parce qu'il a mille fois associé les idées de divers matériaux à celle d'un palais ; mais il ne rêvera point, s'il ne l'a jamais entendu dire, que la terre tourne

autour du soleil. La faculté de rêver, qui n'est que celle
d'associer des souvenirs, lorsque nous sommes privés des
modifications intuitives produites par l'impression des
objets extérieurs, doit donc augmenter en nous avec l'étendue de nos connaissances.

Tout ce que nous venons de dire prouve assez que les
diverses portions d'une idée complexe peuvent être rappelées les unes sans les autres, c'est-à-dire que les mouvements cérébraux dont elles dépendent peuvent être excités
séparément. Mais si cette faculté suffit pour expliquer
comment des fragments de diverses idées complexes peuvent en se présentant simultanément nous peindre des
modifications que nous n'avons jamais éprouvées ; si cette
même faculté est une condition évidemment nécessaire à
la formation d'une idée abstraite, elle ne suffit pas pour
rendre complétement raison de l'existence de cette dernière sorte d'idée. En effet, il ne suffit pas que tel mouvement cérébral puisse avoir lieu indépendamment de tel
autre ; il faut qu'une cause ne réveille que ce seul mouvement ; il faut qu'elle empêche que l'attention ne complète le souvenir ; et comme il y a des idées abstraites déjà
très-complexes, il faut que cette cause détermine jusqu'à
quel point précisément l'idée doit être complétée, et quelles
sont les idées simples qui en doivent faire partie.

Or, tout cela se trouve dans l'usage des signes, et ne paraît pas pouvoir se trouver ailleurs, dans le système de notre intelligence telle que nous l'observons.

En effet, supposons qu'avant l'usage des signes les phénomènes de la mémoire soient précisément les mêmes.
Dans cette supposition, que je n'examine que comme une
hypothèse propre à faire comprendre ma pensée, les idées
commenceront encore par se réveiller partiellement, avant

d'être complétées par l'attention ; un ébranlement quelconque du cerveau, qui ne reproduira qu'une partie des
mouvements nécessaires à toute idée complexe, ne nous donnera que cette idée vague, que nous avons éprouvé quelque
chose ; il pourra s'y joindre quelques-unes des perceptions
simultanées que nous avons eues, lorsque nous l'avons
eue ; ce serait, par exemple, celles qui nous auraient fait
une impression plus vive et dont les parties correspondantes du cerveau auraient, par conséquent, acquis une
plus grande disposition à se mouvoir de nouveau. Mais
quoique l'idée de quelque chose qu'on a senti soit une de
nos idées les plus générales, et qu'en y joignant successivement quelques-unes des perceptions que nous avons
eues alors, on compose des idées moins générales, mais
qui le sont encore, cependant on ne pourrait pas dire que,
dans ce cas, l'être sentant eût ces idées telles qu'elles se
présentent à nous, parce que n'ayant aucun motif, ni aucun moyen de les fixer, il n'aurait qu'un but, celui de
tendre à les compléter, et qu'à mesure qu'il y réussirait,
son état intellectuel changerait continuellement, depuis
cette simple idée de quelque chose qu'on a senti jusqu'au
souvenir complet. Les divers états par lesquels il passerait
ne lui offrant rien de précis, il ne pourrait y attacher son
attention que pour faire changer l'idée vague en idée plus
précise.

DES

IDÉES ABSTRAITES

ET

DE L'APERCEPTION DES RAPPORTS

**Réfutation de la théorie du complément sensible et de l'identité
à laquelle Condillac ramène tous nos jugements**

MÉMOIRE DE L'AN XII

DES IDÉES ABSTRAITES ET DE L'APERCEPTION DES RAPPORTS

Est-il vrai que les divers rapports qui peuvent exister
entre deux choses, n'étant que la manière d'être de l'une
d'elles relativement, nous ne pouvons connaître les rapports
de deux termes que nous ne connaissons point eux-mêmes?
Et n'est-ce pas un fait qu'il nous arrive cependant précisément le contraire? que les astronomes, par exemple, ont
connu très-exactement les rapports des distances des différentes planètes, avant d'avoir aucune idée précise des va-
leurs absolues de ces distances? Défions-nous toujours de
ces décisions par lesquelles notre raison veut devancer l'expérience, et qu'on a si bien reconnues pour être la source

de la plupart de nos erreurs, en nous accoutumant à prendre ce qui nous semble devoir être pour ce qui est réellement.

Après avoir fait remarquer que nos souvenirs commencent, au contraire, par des idées vagues et incomplètes, réellement dépourvues du complément sensible qui pourrait les rendre indivuelles ; après avoir montré qu'elles ne le deviennent que par les efforts que fait l'attention pour compléter le souvenir, je croyais avoir suffisamment réfuté ce système ; mais l'importance de la question m'engage à l'examiner de nouveau, et à chercher d'abord la cause de l'erreur qu'on me paraît avoir commise à ce sujet.

Nous avons déjà observé que nos premiers souvenirs étaient tous accompagnés de croyance, et que ce n'était probablement qu'à l'usage des signes que nous devions la possibilité d'avoir des modifications rappelées, dépourvues de croyance. Les premières étant non-seulement celles qui supposent le moins de développement dans l'intelligence, qui naissent le plus naturellement en nous, et ne nous abandonnent jamais, mais encore celles auxquelles nous attachons le plus d'importance, puisque ce sont elles qui nous représentent ce que nous croyons exister, il n'est pas surprenant que nous nous accoutumions à leur tout rapporter et que nous disions : Je ne conçois pas cela, pour dire : Il m'est impossible de croire à l'existence de ce que cette idée me représente. Mais comme on prend en métaphysique le même mot Concevoir, pour Avoir une idée quelconque, ce double emploi d'un même mot conduit naturellement à penser qu'on ne saurait avoir une idée que dans le cas où l'existence de ce qu'elle représente nous paraît possible. Dès lors, nous ne pourrions avoir d'idée abstraite sans complément sensible, puisqu'une idée abstraite ne

saurait représenter sans cela quelque chose qu'on pût regarder comme existant.

Mais, n'est-ce pas un fait que nous avons au contraire
une foule d'idées dont nous savons que l'existence est contradictoire, et que ce n'est même que parce que nous les
concevons parfaitement que nous en voyons l'impossibilité?
Telle est l'idée d'une ligne courbe, plus courte que la
droite, qui joint ses extrémités. Si nous ne formions pas
cette idée en associant arbitrairement l'idée être plus courte
à celle de la courbe, comment pourrions-nous dire que
cela ne peut être?

Il n'en est pas de même, j'en conviens, des idées abstraites. Nous pouvons leur attribuer l'existence à l'aide
d'un complément sensible. Mais pourquoi conclure de ce
que ce complément est nécessaire à ce que nous puissions
y joindre une croyance, qu'il l'est également à ce qu'elles
puissent être présentes à notre entendement? N'est-ce pas
en étendant au mot Concevoir, pris dans sa généralité, ce
qui n'est vrai que du sens restreint qu'on lui donne quelquefois, que l'on est conduit à cette fausse conséquence?

Supposons cependant pour un moment que cela soit.
Admettons que c'est l'attention qui isole les idées qui doivent composer l'idée abstraite, en en écartant le complément sensible, et que nous ne pouvons avoir sans lui l'idée
abstraite avec laquelle il forme une idée complète. Après
avoir ainsi donné à l'attention, dans le rappel des idées, un
emploi directement contraire à celui que nous avons vu
qu'elle y avait réellement, nous n'en serons pas plus avan-
cés, et les mêmes difficultés renaîtront ; car, il faudra dire,
ou que son action est assez puissante pour écarter absolument le complément sensible, comme la forte attention
donnée à une de nos modifications quelconque nous em-

pêche de percevoir les idées qui nous sont offertes par des impressions simultanées; ou que le complément sensible reste toujours présent à notre entendement, et fait une partie essentielle de l'idée dont nous nous occupons. Dans le premier cas, on convient que nous concevons l'idée abstraite indépendamment de son complément; car, ce dont on n'a pas la conscience actuelle ne peut aider à avoir l'idée qui est présente à l'entendement, et on ne doit plus avoir de difficulté à admettre que rien n'empêche que nous ayons une idée sans complément sensible, c'est-à-dire, que les mouvements cérébraux nécessaires à la production de cette idée peûvent avoir lieu sans ceux qui nous donneraient celle de son complément. On doit donc convenir que c'est à l'expérience seule de décider à cet égard.

Dans le second cas, on est plus conséquent; mais on nie des faits plus nombreux et plus faciles à observer. Pour en donner des exemples, on ne peut être embarrassé que du choix; prenons-en un dans la science où nos idées abstraites sont mieux déterminées et familières à un plus grand nombre d'hommes.

L'idée exprimée par le mot Nombre est évidemment une idée abstraite, dont le complément sensible consisterait à prendre un nombre déterminé d'objets d'une certaine espèce, comme, par exemple, cinq doigts ou vingt pierres. Le mot Somme est également abstrait, et son complément sensible ne peut se trouver que dans deux nombres particuliers ajoutés ensemble, et formant par leur réunion un troisième nombre. On ne pourrait donc, dans l'opinion que nous examinons ici, avoir l'idée de somme, c'est-à-dire, celle de deux nombres additionnés, sans penser à deux nombres particuliers d'objets d'une certaine espèce. Ce serait là d'abord ce que rappellerait le mot Somme; et si ce

complément sensible l'abandonnait, on n'aurait plus que
le mot sans y joindre cette idée d'addition, qui est l'idée
abstraite désignée par ce mot. Or, c'est précisément le
contraire; le mot Somme ne nous rappelle d'abord que
cette idée vague et incomplète d'addition, dont la présence
nous fait éprouver une sorte de peine par cette indétermination qui s'oppose à ce que nous puissions la regarder
comme représentant quelque chose d'existant, et qui empêche notre esprit de se reposer sur elle. Nous sommes
donc portés, avant que nous ayons surmonté par l'habitude cette répugnance qui nous est naturelle pour les idées
générales, à réaliser hors de nous par la pensée une somme
de deux nombres particuliers, en lui donnant un complément sensible. Il suffit que nous portions notre attention
sur le mouvement cérébral auquel est lié le mot Somme,
pour donner naissance à ce complément, parce qu'en
augmentant ce mouvement qui ne répond qu'à l'idée générale, on tend à rappeler tous les mouvements liés à celui-
là, parmi lesquels il s'en trouve toujours qui correspondent
à un complément sensible ; parce que l'idée générale n'est
qu'une portion du souvenir d'une modification intuitive, où
se trouvait un complément. Mais cette tendance à compléter ainsi cette modification rappelée incomplète : Somme,
suppose déjà la présence à notre esprit de l'idée qui lui correspond dans l'état d'isolement qui la constitue idée abstraite ; et lorsque nous avons appris à diriger et à régler à
notre gré l'action de l'attention, art qui ne s'acquiert
comme tous les autres que par des expériences répétées relatives aux effets de notre faculté de vouloir, nous parvenons
à proportionner cette action, de manière à donner à l'idée
abstraite toute la clarté dont elle est susceptible sans complément, c'est-à-dire, au mouvement cérébral correspon-

dant, toute l'intensité qu'il peut avoir, sans que l'ébranlement se communique à d'autres molécules cérébrales,
propres à nous présenter les idées dont se composerait
un complément sensible. C'est alors que nous avons l'idée
abstraite dans toute sa pureté.

Il est évident que c'est là l'état de perfection de l'entendement de tout homme qui s'est familiarisé avec les diverses
combinaisons des idées dont se composent les sciences
abstraites. C'est un fait que cet homme comprend parfaitement le raisonnement suivant sans donner aux mots Nombre,
Somme, Différence, aucun complément sensible formé des
idées de tels ou tels nombres particuliers : La somme est
égale au plus grand des deux nombres moins le plus petit;
la différence, au plus grand moins le plus petit ; donc, si
l'on ajoute la moitié de la somme à la moitié de la différence, le résultat sera composé de la moitié du plus grand
nombre, plus la moitié du plus petit, plus encore la moitié
du plus grand, moins celle du plus petit ; et comme les
deux moitiés du plus grand nombre réunies sont égales à
ce nombre, ce même résultat sera égal au plus grand
nombre augmenté de la moitié du plus petit et diminué de
la même quantité, c'est-à-dire simplement au plus grand
nombre; d'où il suit que, pour en avoir la valeur, il suffit
d'ajouter la moitié de la différence à la moitié de la somme.

En convenant du fait que l'on comprend parfaitement
ce raisonnement sans supposer aux nombres aucune valeur
particulière, on dira peut-être que nous le faisons uniquement sur les mots Nombre, Somme, Différence, sans que
ces mots soient accompagnés d'aucune idée. Mais alors,
l'enchaînement des phrases ne dépendant point du sens
des mots, on pourrait y mettre tout autre mot à la place de
somme ou de différence. Qu'on l'essaie, et l'on verra que ce

dont nous concevions facilement la vérité deviendra un discours d'insensé. En effet, tout est fondé dans ce raisonnement sur ce que la somme de deux nombres est égale au plus grand, plus le plus petit; que la différence est égale au plus grand moins le plus petit. Or, comment adopterait-on une pareille assertion, si l'on ne se rappelait le sens qu'on a donné en général à ces mots, ou ce qui est la même chose, si l'on n'y joignait pas l'idée que la somme et la différence sont réellement égales à ce que nous venons de dire; ce qui est précisément l'idée générale et abstraite exprimée par ces mots? Comment suivrait-on le reste du raisonnement, si l'on n'avait pas l'idée générale de ce que c'est qu'ajouter, pour voir que la moitié de la somme ajoutée à celle de la différence est égale à deux fois la moitié du plus grand nombre, en augmentant et diminuant successivement la quantité qui en résulte de la moitié du plus petit, et que cela se réduit au plus grand nombre seulement?

Au reste, le même raisonnement peut se faire en donnant à chaque idée générale un complément sensible qui l'individualise : en disant, par exemple, 16 pommes[1] sont égales à 10 pommes plus 6 pommes ; 4 pommes sont égales à 10 pommes moins 6 pommes ; donc la moitié de 16 pommes ajoutée à celle de 4 pommes doit donner pour résultat la moitié de 10 de ces fruits, plus la moitié de 6, plus la moitié de 10, moins celle de 4 pommes, c'est-à-dire 10 pommes, puisque les deux moitiés de dix ajoutées ensemble font bien 10, et que cette quantité reste la même après qu'on l'a augmentée et ensuite diminuée de la moitié de 4.

---

[1] Le mot Pommes exprime encore une idée générale; ainsi, pour individualiser complétement les idées dont on s'occupe, il faut supposer qu'il est ici question de telles ou telles pommes en particulier : par exemple, des pommes qui sont sur cette table.

Un enfant comprendra peut-être mieux le raisonnement fait sur ces idées réalisées que celui que nous avons fait auparavant sur les idées abstraites, parce qu'il n'a pas encore appris à diriger son attention de manière à fixer les idées générales, sans rappeler des idées propres à leur servir de compléments sensibles, qu'il repose plus facilement sa pensée sur les souvenirs complets des impressions qu'il a éprouvées de la part des pommes qu'il a vues, que sur les traces fugitives de ce qu'il y a de commun dans les diverses modifications qu'il a éprouvées, toutes les fois qu'il a additionné deux nombres. Mais quand on s'est accoutumé à s'occuper d'idées abstraites, on ne trouve pas plus de difficulté à saisir la liaison dans le premier cas que dans l'autre; et cela doit être, car cette difficulté ne consiste pas à donner aux mots qui y sont employés la signification qu'ils doivent avoir, mais à apercevoir entre les idées qu'ils expriment les rapports d'égalité qui existent entre les divers groupes qu'on en forme successivement.

Condillac aurait dit : « Les rapports d'identité ; » mais je ne crois pas que l'extension qu'il avait donnée à la signification de ce mot puisse être admise, sans jeter de la confusion sur la théorie de nos opérations intellectuelles [1]; car, deux idées réellement identiques ne sont pas deux idées qui nous présentent le même groupe, ou que nous rapportons au même objet. On ne doit les appeler alors qu'égales ou équivalentes. Ce sont deux idées qui nous représentent le même groupe formé précisément de la même manière, le même objet considéré sous le même point de vue. En restreignant à cette dernière signification le mot Identique, on sent bien que la comparaison de deux idées identiques

---

[1] M. de Tracy a fait la même observation dans sa Logique.

ne peut rien nous apprendre même sur le sens de. nos signes; car, si nous employons deux signes différents pour désigner la même idée formée de la même manière, nous savons par le sens même que nous leur donnons que ce sont de purs synonymes. Mais il n'en est pas de même des idées qui représentent la même chose, mais sous un autre point de vue; la diversité des signes qui les expriment vient de la marche différente que l'esprit humain a suivie dans leur formation; et les deux idées, quoique représentant le même groupe ou le même objet, n'étant pas identiquement une seule et même idée, il est important de les comparer pour apercevoir le rapport d'égalité ou d'équivalence qui existe entre elles.

Ce n'est au reste ici qu'une question de mots. Il était sans doute permis à Condillac de donner au mot Identité un sens tout différent de celui qu'il avait eu jusqu'alors; mais cet excellent métaphysicien connaissait trop bien l'influence des signes sur les idées, pour ne pas sentir que le lecteur serait porté sans cesse à entendre ce mot dans le sens auquel il était accoutumé. Il aurait dû au moins prendre, pour éviter une erreur qui suivait si naturellement de l'emploi qu'il en faisait, toutes les précautions possibles, et faire bien remarquer que, par idées identiques, il n'entendait pas deux idées où le même objet nous fût présenté sous le même point de vue, mais au contraire, deux idées différentes d'un même objet.

Un reproche plus grave qu'on peut faire au même auteur, c'est d'avoir confondu sous le même nom d'identité au moins trois sortes de rapports que nous apercevons entre nos idées :

1° Le rapport de dépendance réciproque entre deux idées formées des mêmes idées élémentaires, réunies d'une manière différente, mais équivalente ; tel est le rapport que nous apercevons entre la somme de 4 et de 5, et celle de 7 et de 2. Il est évident que, si un nombre est égal à la somme des deux premiers nombres, il le sera aussi à celle des deux derniers, parce que ces deux sommes sont formées de la réunion d'autant d'unités l'une que l'autre, quoique ces unités y aient été réunies par des opérations successives différentes. C'est à cette sorte de dépendance de deux idées que M. de Gérando, qui a le premier présenté, sous son véritable point de vue, la partie des sciences abstraites qui s'y rapporte, a cru que toutes les vérités mathématiques pouvaient être ramenées.

2° Le rapport de dépendance réciproque entre deux idées dont les idées élémentaires, bien loin d'être les mêmes, ont souvent une origine absolument différente. Cette sorte de dépendance aperçue par l'homme est un des faits les plus singuliers que présente l'étude de l'entendement. Kant a désigné quelques-unes des propositions qui en résultent, sous le nom de vérités synthétiques *à priori*. Nous examinerons dans le cinquième chapitre de cet ouvrage comment elles peuvent naître des données de l'expérience et de la faculté que nous avons d'apercevoir, entre nos idées, diverses sortes de rapports. Bornons-nous pour le moment à constater le fait.

Si je conçois deux points fixes dans un corps, autour desquels il puisse tourner librement, je concevrai dans ce corps une suite de points qui restent immobiles, pendant que tous les autres points du corps changent de place. J'en déduirai l'idée d'une ligne passant par ces deux points, et distinguée de toutes les autres lignes qui y passent également, par cette propriété que tous les points placés sur cette ligne ne changent point de place pendant le mouvement dont je

viens de parler. L'idée de cette propriété suffit pour déter-
miner complétement l'idée de cette ligne; et il est évident
que sa longueur comparée à celles des autres lignes qui
joignent les deux mêmes points, n'entre point dans la formation de cette idée. D'un autre côté, je conçois entre les
deux mêmes points des lignes de diverses longueurs; ce
qui me conduit à l'idée de celle qui est plus courte que
toutes les autres; et cette idée, qui suffit également pour
distinguer exclusivement cette ligne, ne contient nullement,
parmi les idées qui sont entrées dans sa formation, celle
de l'immobilité des points de cette ligne, lorsque la portion
d'espace adjacente tourne autour de ses deux extrémités
supposées fixes. Cependant je découvre, soit immédiatement, comme l'ont pensé la plupart des mathématiciens,
soit par un enchaînement d'idées intermédiaires, sur lesquelles je reviendrai dans la suite de ce mémoire, un rapport de dépendance tel que, si une droite a tous ses points
immobiles, lors du mouvement de rotation autour de ses
extrémités, elle est la plus courte entre ces deux points; et
réciproquement. C'est là un fait incontestable, nous verrons plus bas comment et jusqu'à quel point il peut être
expliqué.

3° La troisième sorte de rapport que Condillac a nommée
identité, c'est la dépendance qui n'est pas réciproque. Elle
se trouve, par exemple, entre l'idée de deux triangles dont
les côtés sont respectivement égaux, et celle de deux triangles dont les angles le sont. De l'égalité des côtés, suit nécessairement celle des angles; mais l'égalité des angles
peut avoir lieu sans celle des côtés.

C'est ordinairement cette dernière sorte de rapports qui
existe entre les idées des faits dont nous sommes témoins,
et celles des causes que nous leur assignons. Si la terre

tourne, en vingt-quatre heures, autour de son axe, et que
les étoiles soient immobiles, nous devons les voir se lever,
passer au zénith, disparaître à l'Occident, et se montrer de
nouveau à l'Orient après cet intervalle de temps. Mais, de
ce que ces phénomènes ont lieu, il ne s'en suit pas nécessairement que la terre tourne, et que les étoiles soient sen-
siblement immobiles. Ce n'est qu'une hypothèse que l'ensemble des explications astronomiques rend extrêmement
probable ; mais il serait possible, mathématiquement parlant, que le mouvement diurne fût dû, en tout ou en partie, à un mouvement propre aux étoiles. Cette opinion,
dans l'état actuel de l'astronomie peut être extravagante,
mais non pas absurde.

La perception des différents rapports de dépendance que
nous sentons entre nos idées est la base de ce qu'on a
nommé les sciences abstraites. Il se forme à l'instant où on
aperçoit ces rapports entre eux et les termes comparés
des associations organiques ou jugements dont ces sciences
se composent ; bien différentes en cela des sciences de
faits qui ne consistent presque que dans des ensembles de
croyances relatives à un certain ordre de phénomènes [1]. Les
sciences abstraites ne consistent que dans une série de
jugements qui ne dépendent en aucune manière de la réalité des termes comparés. L'existence de ces termes pourrait être impossible et contradictoire sans que ces jugements

---

[1] Il n'y a d'exception à cet égard que dans le fait de la sensation actuelle
qui, comme nous l'avons dit, est le pivot auquel se rattachent toutes nos
croyances. Il est évident que l'attribution que nous faisons de cette sensation à l'objet que nous regardons comme sa cause est une croyance ; et lors
même que nous ne la regardons que comme une modification de notre moi,
cela suppose encore, à ce qu'il me semble, que nous distinguons notre moi
de cette modification, par le souvenir que nous avons été précédemment modifiés autrement, souvenir qui est une croyance de l'espèce de celles que
nous avons nommées : Croyances immédiates.

cessassent d'être vrais. On en voit un exemple dans ce qu'on appelle les quantités imaginaires en algèbre. On prouve qu'il y aurait nécessairement égalité entre un nombre dont le carré égal à — 3, et la différence de deux nombres dont la somme et le produit seraient tous deux égaux à l'unité, quoiqu'il soit contradictoire qu'il y ait des nombres qui aient ces différentes propriétés. Il n'est donc pas étonnant que la perception des rapports de dépendance entre deux idées ne dépende nullement de la croyance que nous leur accordons, et qu'entre deux idées abstraites on puisse apercevoir des rapports sans y joindre ces compléments sensibles, qui ne sont point nécessaires à ce que nous ayons ces idées, mais seulement à ce que nous les concevions comme nous représentant individuellement quelque chose d'existant.

L'exemple que nous avons donné des mêmes rapports d'égalité aperçus entre les idées générales de nombre, de somme et de différence, et des mêmes idées individualisées, prouve assez que certains rapports peuvent être aperçus en vertu de la faculté que nous avons de recevoir des perceptions comparatives entre des idées abstraites privées de tout complément sensible. Il suffit pour cela, sous le rapport idéologique, que les idées partielles dont dépendait le rapport entre deux groupes individuels, soient restées dans les idées générales. Ainsi, les rapports dont il était question dans l'exemple cité, ne dépendaient nullement des objets que l'on comptait, ni des nombres 16, 4, 10, 6. Aussi, après avoir généralisé les idées en écartant ces circonstances particulières, les mêmes rapports s'apercevaient avec la même facilité entre les idées abstraites, où il ne restait plus que les idées des relations, d'après lesquelles la somme et la différence de deux nombres dépendent de ces

nombres ; relations qui sont seules nécessaires pour.donner
lieu aux divers rapports d'égalité, dont la perception liait
ensemble les idées par lesquelles nous passions successivement.

Sous le rapport physiologique, si l'on veut regarder. la
perception d'un rapport comme nous étant donnée par le
mouvement d'une molécule cérébrale appropriée à cette
idée, et qui, au lieu de recevoir son mouvement des nerfs
qui se rendent aux autres organes, ne peut être mue que
quand les molécules cérébrales correspondantes aux deux
groupes d'idées comparées sont agitées à la fois, on rendra
raison du phénomène que nous venons de remarquer, en
observant que tous les mouvements nécessaires pour que
ces groupes d'idées soient en entier présents à l'entendement, peuvent et doivent même ne pas l'être pour ébranler
la molécule dont le mouvement correspond à l'idée comparative. Il suffira donc que la partie de. ces groupes d'où
dépend le rapport et qui reste dans les idées générales, nous
soit présente, pour que ces mouvements partiels mettent
en action la molécule dont nous parlons, et que le rapport
soit aperçu.

Quoi qu'il en soit, c'est un des faits les plus remarquables de la théorie de l'entendement humain, que cette faculté de ne rappeler, à l'aide des signes, qu'une portion déterminée des groupes d'idées que nous recevons de nos perceptions primitives et comparatives, qui constituent ce que
nous appelons des idées abstraites, d'apprendre, de diriger
notre attention sur ces idées sans les individualiser, et d'a-
percevoir, lorsque nous y sommes parvenus, les rapports
qui existent entre ces idées abstraites, indépendamment de
tout complément sensible.

Faute de l'avoir reconnu, les grands hommes à qui la

métaphysique doit les immenses progrès qu'elle a faits
depuis un siècle, avaient détruit le fondement de la certitude des sciences abstraites. Car, si nous ne pouvions avoir
les idées générales dont ces sciences se composent que dans
les groupes où elles sont unies à un complément sensible, nous ne serions jamais sûrs que les rapports que nous
apercevons entre elles, et les conséquences que nous en
déduisons, ne dépendent point des idées dont se compose
ce complément. Nous serions obligés de vérifier chaque proposition dans les différents cas particuliers où elle peut avoir
lieu, à peu près comme celui qui ignore la démonstration générale d'une formule algébrique, la vérifie sur divers exemples. Or, comme il nous est impossible d'épuiser tous les
cas particuliers d'une proposition générale, nous n'obtien-
drions jamais qu'une probabilité que nous trouverions encore les mêmes résultats dans une autre application. Ainsi,
après avoir démontré les propriétés d'un triangle, il faudrait
en considérer un autre pour voir si les mêmes rapports existent entre ses côtés et ses angles ; après s'en être assuré, il
faudrait passer à un troisième, et ainsi de suite. N'étant
jamais sûrs que la démonstration ne dépend point de la
grandeur du triangle, qui est un complément sensible nécessaire à ce que nous le regardions comme existant, et
ne pouvant connaître d'avance la grandeur des triangles
que forment les lignes que nous concevons aller du soleil à
chaque planète, et d'une planète à l'autre, nous n'aurions qu'une probabilité même assez faible que ce que nous
avons démontré pour les triangles que nous traçons, ait
aussi lieu pour ceux-là ; et les déductions d'après lesquelles
nous concluons la grandeur de ces lignes, d'après les
positions où nous observons les planètes à différents
instants, seules choses que nous puissions en connaître

immédiatement, seraient dénuées de tout fondement solide.

On dira peut-être que nous voyons bien en raisonnant sur un triangle particulier que nos déductions ne dépendent nullement du complément sensible qui individualise l'idée de ce triangle, mais seulement de l'idée générale que nous attachons à ce mot, et qu'elles seront, par conséquent, vraies d'un triangle quelconque. Mais comment cela se pourrait-il si cette idée générale n'était pas indépendante du complément que nous y joignons alors? Comment même pourrions-nous, si elle ne l'était pas, donner un sens à cette expression : Un triangle quelconque? N'est-il pas évident que, si nous voyons que les raisonnements que nous faisons ne se rapportent pas seulement au triangle de la figure que nous avons sous les yeux, et ne dépendent que des idées qui composent l'idée générale d'un triangle quelconque, c'est qu'en même temps que nous avons l'idée d'un triangle particulier, nous avons aussi celle d'un triangle en général, et que, quoique la première nous soit nécessaire pour arriver à la seconde, celle-ci peut en être conçue séparément, après que nous l'avons obtenue?

Mais à quoi peuvent nous servir ces vérités générales dont les termes ne peuvent être regardés comme existants sans s'individualiser? M. de Gérando a répondu à cette question; il a fait voir que les vérités générales sont en quelque sorte des formules préparées d'avance pour tirer sur-le-champ, de chaque nouveau fait qui viendra à être observé, les conséquences qui en découlent. Ainsi, après avoir démontré les relations qui existent, dans tout triangle, entre les angles et les côtés, si l'on peut mesurer un côté et deux angles d'un triangle dont les deux autres côtés ne peuvent être connus immédiatement, on en conclura aisément la valeur de ces côtés.

Il est aisé de voir que ce que je viens de dire n'est qu'un développement de la théorie, qu'a donnée cet illustre métaphysicien [1], du principe idéologique des vérités abstraites, et qui serait complète s'il ne s'était pas borné à considérer les rapports de dépendance qui viennent de ce que les groupes entre lesquels ils existent, sont formés des mêmes idées combinées de manières différentes, mais équivalentes.

C'est en démontrant par les faits que non-seulement nous avions réellement des idées abstraites, mais que nous pouvions les comparer et apercevoir les rapports qui existaient entre elles, indépendamment de tout complément sensible, que nous avons commencé à établir les sciences abstraites sur leur véritable base. Nous achèverons de le faire dans le chapitre suivant, en examinant comment les associations organiques que ces rapports contractent à l'instant où ils sont aperçus avec les termes comparés, lient nos idées en ces longs enchaînements dont se composent toutes nos déductions. Bornons-nous à rappeler ici un autre fait dont nous avons déjà parlé dans la première partie de cet ouvrage.

Il ne suffit pas que deux idées entre lesquelles il existe divers rapports, soient présentes à la fois à notre entendement, pour que nous apercevions ces rapports. Ce n'est là qu'une condition sans laquelle on ne saurait avoir cette perception, comme la lumière réfléchie par un objet coloré est une condition nécessaire pour l'apercevoir, et ne suffit pas pour cela. Il faut encore que l'œil soit sain, dirigé vers cet objet, et que nous ne soyons distraits par aucun effort d'attention porté sur une autre idée, qui nous empêche d'y faire attention.

---

[1] Voyez l'*Histoire comparée des systèmes de philosophie*, relativement au principe des connaissances.

On observe tous les jours que, les deux mêmes idées
étant présentes à l'esprit de plusieurs personnes, elles n'a-
perçoivent point entre elles les mêmes rapports ; et cela
lors même que ce sont bien certainement les mêmes
idées ; comme en géométrie par exemple, où l'on ne peut
douter que les idées qu'excite un assemblage de lignes, ne
soient les mêmes dans tous les hommes, quant à la forme
et à la disposition de ces lignes. Cependant, l'un y découvre une foule de rapports qu'un autre n'aperçoit point, et
dont un troisième ne voit qu'une partie. Il arrive quelquefois que l'organisation du cerveau est telle qu'il est impossible que le rapport soit aperçu ; mais plus souvent on y
parvient avec plus ou moins d'efforts, tant qu'il ne s'agit
que de rapports mathématiques. Il n'en est pas de même
des rapports relatifs aux beaux-arts et à la morale ; certains hommes ne les aperçoivent jamais. La faculté d'apercevoir tous ceux que les hommes les mieux organisés sentent, est encore plus rare. C'est ce qu'on appelle : Voir un
sujet sous toutes ses faces ; car on confond souvent dans le
langage ordinaire la perception des rapports avec la connaissance des deux termes entre lesquels ils existent,
parce que les rapports aperçus doivent, comme je l'ai déjà
remarqué, entrer dans le groupe qui constitue l'idée totale
que nous avons de ces deux termes.

Les différents rapports que des esprits plus ou moins
pénétrants, des intelligences plus ou moins perfectionnées,
aperçoivent entres les mêmes idées, quoiqu'elles leur soient
également présentes, achèvent de prouver, contre l'opinion
de quelques métaphysiciens modernes, que la perception
du rapport est un nouvel acte de notre faculté sentante,
essentiellement différent de la perception ou du souvenir
simultané des deux idées entre lesquelles existe ce rapport.

La faculté d'apercevoir des rapports est peut-être celle qui caractérise le plus éminemment ce qu'on appelle le génie. La plupart des découvertes, même dans les sciences qui ont pour but la coordination et l'explication des faits, ont été dues à des rapports jusqu'alors inaperçus. A l'égard des sciences abstraites, toute découverte est dans ce cas. Il faut alors et que l'on s'avise de comparer les deux idées dont il s'agit d'apercevoir le rapport, et que l'intelligence ait acquis tout le développement nécessaire pour le sentir.

La faculté d'apercevoir des rapports se perfectionne, comme toutes les autres, par un exercice bien dirigé. Il me semble même que c'est celle qui en est le plus susceptible ; la nature de nos organes met en quelque sorte un terme à la faculté de recevoir des idées primitives par les impressions faites sur nos sens ; il en est de même de la faculté de rappeler nos idées, soit dans le même ordre d'association, où elles ont été perçues, soit pour en faire de nouvelles combinaisons. Les progrès de la faculté d'apercevoir des rapports paraissent indéfinis. Que l'on compare à cet égard l'homme qui a reçu des autres hommes, ou des circonstances où il s'est trouvé, une heureuse éducation, et celui qui s'est trouvé dans une position contraire, quelle immense différence ! Sans doute que l'organisation du premier le rendait susceptible des progrès qu'il a faits ; mais qui pourrait dire que celle du second ne lui permettait pas d'en faire peut-être de plus grands encore, que les circonstances où il s'est trouvé ont étouffés ?

Si la faculté d'apercevoir les rapports est celle qui est susceptible de se perfectionner, c'est aussi celle dont le perfectionnement est le plus important. Il est avantageux sans doute d'avoir des organes délicats qui nous portent les impressions les plus fugitives, de rappeler avec facilité les modifications passées, de combiner sans peine les idées qu'on possède ; mais il l'est bien davantage d'apercevoir entre ces idées le plus de rapports possible. Le défaut de cette faculté est la principale cause des erreurs, des vices et des mauvaises actions des hommes. La philosophie intellectuelle, dont l'objet est de prévenir les premières, se doit proposer deux buts : la perfection des sciences abstraites, et celle des sciences où l'on conclut des faits dont on est témoin les faits qu'on ne peut apercevoir immédiatement, d'où résulte la croyance que nous accordons à ces derniers. Or, l'un et l'autre ne peuvent être atteints qu'en perfectionnant la faculté d'apercevoir des rapports. Si l'Académie des sciences elle-même pensa, dans le temps où l'on commença à discuter sur la figure de la terre, que les degrés d'un sphéroïde sont plus longs dans la partie où il est enflé, si un homme que son génie a rendu si justement célèbre a adopté récemment cette erreur, n'est-ce pas parce qu'on n'apercevait pas le rapport de dépendance réciproque entre l'idée d'un degré plus court et celle d'un arc de courbe plus convexe ? Si quelques personnes, instruites d'ailleurs, affectent encore de douter du mouvement de la terre, n'est-ce pas parce qu'elles n'aperçoivent pas les rapports de dépendance, non réciproques à la vérité, mais trop nombreux pour ne pas entraîner l'assentiment général, qui existent entre cette hypothèse et les phénomènes qu'elle explique ? n'est-ce pas faute de voir la liaison que ces rapports établissent entre ces nombreux phénomènes et le mouvement de notre globe ?

La philosophie morale se propose à la fois de perfectionner ce qu'on a appelé si souvent sentiments moraux, et que j'ai désigné sous celui de sentiments comparatifs ; et de rendre nos prédéterminations conformes au but que nous nousproposons, sans qu'il en résulte pour nous ou pour nos semblables des inconvénients plus grands que l'avantage que nous en attendons ; de même que nous venons de voir la philosophie intellectuelle tendre à perfectionner nos perceptions comparatives et à rectifier nos croyances. Eh bien, ces deux buts ne peuvent encore être atteints qu'en accoutumant les hommes à apercevoir des rapports que la plupart d'entre eux ont le malheur de ne pas saisir. Nous avons déjà observé que, si les sentiments comparatifs manquent en partie dans un grand nombre d'hommes, dans des peuples entiers, ce ne peut être que faute d'apercevoir les rapports dont la perception produit en nous ces sentiments. Et à l'égard des prédéterminations, n'est-ce pas encore faute d'apercevoir les rapports qui existent entre les actions auxquelles nous nous déterminons et les suites prochaines ou éloignées qu'elles auront, que nous nous trompons à cet égard? Le marchand de mauvaise foi ne voit pas que la probité peut seule le conduire à la fortune et à la paix de l'âme. Le tyran qui persécute ne voit pas qu'il ne fait qu'accréditer les opinions qu'il veut détruire, et qu'en versant le sang de ses ennemis, il ne fait que les multiplier.

Enfin, pour répandre le goût des beaux-arts, pour les élever au plus haut point de perfection, il n'est encore question que d'apprendre aux hommes à saisir les rapports souvent si fugitifs, dont la perception excite nécessairement en nous les sentiments que nous devons à leurs prodiges, et qui tous appartiennent à la classe des sentiments comparatifs.

Voilà ce qu'on aurait remarqué depuis longtemps si la faculté même d'apercevoir les rapports avait été reconnue plutôt par ceux qui se sont occupés de la théorie de l'homme,

considéré sous le point de vue intellectuel et moral. Mais
Locke lui-même, et j'avoue que rien ne m'a plus étonné
qu'un oubli aussi inconcevable dans un aussi grand homme,
en remontant à l'origine de nos idées, n'a pas fait attention
qu'il est impossible de ramener toutes nos idées à celles
qui nous sont données par l'action immédiate de nos sens,
qui ne nous procurent que les idées que j'ai nommées primitives, et à celles qu'il attribue à ce qu'il avait appelé
réflexion. Au lieu de deux classes d'idées, il en aurait fait
trois; ou plutôt, il aurait bientôt reconnu que les idées qu'il
nommait réfléchies, n'étaient qu'un cas particulier des
idées comparatives; et il aurait ramené toutes les idées aux
deux sources d'où je me suis proposé de faire voir qu'elles
naissent uniquement.

CAUSES

DE L'IMPERFECTION DE LA FACULTÉ D'APERCEVOIR
DES RAPPORTS

MÉMOIRE DE L'AN XII

La faculté d'apercevoir des rapports est imparfaite en
beaucoup de personnes, en ce qu'elles ne sentent point une
foule de rapports que d'autres aperçoivent entre les mêmes
idées. C'est de cette source plus encore que du défaut
d'idées primitives que vient l'ignorance. Souvent même on en
voit résulter les plus singulières erreurs, lorsque nous supposons un rapport qui n'a pas lieu, à la place de celui qui
existe réellement entre deux idées. Ainsi dans celle où l'on
est tombé à l'égard du sphéroïde, c'est qu'au lieu d'apercevoir la dépendance mutuelle qui se trouve, d'après la
manière dont on mesure un degré, entre des degrés plus
courts et une plus grande convexité dans la courbure du
sphéroïde, on supposait au contraire une dépendance qui
n'existe pas entre des degrés plus courts et l'aplatissement
du sphéroïde. D'autres erreurs viennent de ce qu'en apercevant un rapport réel, mais de dépendance non réciproque,
on se hâte d'en tirer des conséquences auxquelles il donne
quelque probabilité, sans examiner si d'autres rapports
entre l'hypothèse à laquelle on a été conduit et des résul-

tats contraires à d'autres faits donnés par l'observation, ne prouvent pas la fausseté de cette hypothèse. Ainsi, le rapport de dépendance que Ptolémée avait aperçu entre des mouvements autour de la terre dans les épicycles et les rétrogradations des planètes, étaient exacts, c'est-à-dire que les rétrogradations résulteraient nécessairement de ces mouvements s'ils avaient lieu ; mais comme elles peuvent être produites par d'autres causes, et que les mouvements dans les épicycles produiraient des variations dans les diamètres apparents des planètes, différents de ceux qu'on observe réellement, cette hypothèse n'a pu se soutenir, dès que l'invention du télescope nous a fourni le moyen d'observer et de mesurér ces diamètres. On sait, au reste, que la seule observation des diamètres apparents de la lune suffisait pour cela, et que l'erreur n'a duré si longtemps que par le défaut d'instruments propres à les mesurer exactement.

COUP D'ŒIL

SUR

LA MARCHE DE L'ESPRIT HUMAIN

DANS LES NATIONS ET LES INDIVIDUS

MÉMOIRE DE L'AN XII

Il n'est point d'étude, peut-être, qui mérite plus d'inté-resser les philosophes que celle des circonstances où cette faculté (celle de percevoir des rapports) acquiért un haut degré de perfection, soit chez les individus, soit chez les nations entières. L'ancienne Grèce a surpassé tous les pays et tous les âges, relativement aux perceptions comparatives qui se rapportent aux beaux-arts ; les sentiments qu'elles produisent étaient portés chez ce peuple plein d'imagina-tion et de sensibilité au plus haut degré d'énergie. Les Ro-mains sentirent mieux les rapports moraux ; mais l'escla-vage, le sang des gladiateurs répandu dans les jeux publics, les vaincus livrés dans l'arène à la férocité des animaux amenés à grands frais des déserts pour ces spectacles bar-bares, prouvent assez combien leurs perceptions relatives

à la morale étaient encore imparfaites. C'est sous les premiers empereurs romains que des hommes d'abord obscurs
et méprisés, bientôt persécutés avec fureur, s'élevèrent à
ces perceptions sublimes qui identifient l'homme même
avec ses ennemis. Les sentiments qu'elles ne pouvaient
manquer de produire donnèrent naissance à cet enthousiasme de vertu, à ce courage inébranlable qui triomphè-
rent de tous les obstacles. Le respect pour l'infortune, les
devoirs du vainqueur envers les vaincus, qu'il apprit enfin
à regarder comme des hommes, détruisirent l'esclavage en
Europe et posèrent les premiers principes du droit des
gens. Quelque obscurcie qu'ait été cette lumière dans les
siècles de barbarie, elle a sauvé le genre humain de la
perte totale de toute civilisation ; et nous voyons aujourd'hui
son heureuse influence se répandre sur les peuples les plus
éclairés et lutter contre les passions furieuses de l'homme
livré à lui-même.

A l'égard des perceptions comparatives dont se composent les sciences abstraites, et qui président aux connaissances déduites de l'observation des faits, nul peuple ne
peut être comparé à ceux de l'Europe moderne. Il n'a fallu
que trois siècles pour élever l'intelligence humaine à cette
hauteur dont elle n'avait jamais approché. En observant ce
phénomène inouï jusqu'alors dans l'histoire des progrès de
l'entendement, on voit aisément que la découverte de nouveaux faits y a moins contribué peut-être que l'art d'apercevoir les rapports qui les lient aux conséquences qui en résultent, et aux causes qui leur donnent naissance. On savait,
avant Newton, que les planètes décrivaient des ellipses ; on
connaissait les lois de leur mouvement découvertes par
Képler ; on savait avant Lavoisier que les métaux augmen-
taient de poids dans la calcination. Il s'agissait d'apercevoir

les rapports qui existent entre ces faits, et tout l'ensemble des théories que leur génie a créées. On n'a point assez examiné les causes des progrès de l'esprit humain ; elles se trouvent souvent dans les erreurs auxquelles il a été livré. Les peuples qui ont commencé par s'occuper des sciences où l'on pouvait faire les plus importantes découvertes, en ont fait d'abord quelques-unes ; ils ont obtenu tous les résultats où pouvait les conduire le peu de perfection qu'avait alors acquis la faculté d'apercevoir des rapports. Ces découvertes, se bornant à quelques vérités incontestables mêlées d'erreurs alors inévitables, ont été adoptées par leurs descendants privés des perceptions nécessaires pour en augmenter la masse. On s'est accoutumé à croire que les ancêtres avaient connu tout ce qu'il était possible à l'homme de connaître ; il n'y a eu ni discussion, ni impulsion donnée à l'esprit humain. L'homme naturellement porté à s'éloigner des idées abstraites pour s'attacher à des idées plus sensibles, plus familières, et dont les applications utiles sont plus palpables, s'est attaché aux résultats déjà obtenus, ne s'est pas même donné la peine d'étudier les théories qui y avaient conduit, et, se livrant à une sorte d'apathie, a fini par laisser se perdre ces théories elles-mêmes.

Tel est l'état de rétrogradation de l'esprit humain où semblent être tombés les Chinois, les Indiens, qui ne comprennent plus les théories qui ont conduit aux méthodes dont ils se servent, par exemple, pour certains calculs géométriques et astronomiques. Au contraire, quand on s'est occupé, pendant des siècles, de conceptions chimériques, mais très-abstraites, que ces idées se sont mêlées à des opinions accréditées et revêtues des plus grands motifs qui puissent vaincre la répugnance qu'inspirent à l'homme naturellement les abstractions trop éloignées de ses besoins présents, il a dû, dans les discussions qui naissent à chaque pas dans une pareille carrière, épuiser toutes les combinaisons d'idées abstraites, s'accoutumer à percevoir entre elles tous les rapports dont elles sont susceptibles, et, en marchant dans la route des erreurs, se préparer des ailes pour voler dans celle des vérités.

Dans un tel état de choses, il ne pouvait manquer de naître enfin un Bacon, un Descartes, dont les écrits encore pleins de vestiges de ce qui avait jusqu'alors occupé ce qu'on appelait de profonds raisonneurs, des génies supérieurs, montrassent au genre humain ce qu'on pouvait attendre d'un emploi mieux dirigé des mêmes facultés. Instruits à l'école des maîtres qu'ils osaient combattre, ils pouvaient tourner contre eux cette aptitude à apercevoir les rapports des conceptions abstraites. Ils trouvaient dans des hommes qui l'avaient acquise comme eux dans des recherches inutiles, puériles, même ridicules, des lecteurs en état de les comprendre. Quel enthousiasme ne durent-ils pas inspirer ! quelle impulsion ils durent donner à l'esprit humain ! La lutte qu'ils eurent à soutenir contre les partisans des quiddités, des essences réelles, etc., vint augmenter cette impulsion ; leur triomphe n'était pas douteux ; mais que d'avantages il devait produire, qu'on n'eût jamais obtenus de recherches commencées sans un meilleur plan ! A des esprits préparés par des chimères à sentir toute la beauté de la vérité, se joignaient toutes les passions qui donnent à l'homme une grande énergie. Le contraste des idées dont on s'était jusqu'alors occupé, et de celles qu'on découvrait, le succès de cette entreprise inouïe de renverser l'édifice des systèmes appuyés sur des siècles de respect, donnait à l'homme le sentiment de ses forces, lui apprenait à secouer le joug des opinions qu'il avait adoptées avant de pouvoir juger lui-même. De là, ces progrès si rapides et si étonnants ; car telle est la position où l'Europe s'est trouvée au sortir des ténèbres de la Scholastique. Oui, je ne crains pas de le dire, celui qui aura étudié les causes qui poussent notre intelligence aux plus grandes découvertes, plaindra ceux qui sont nés dans ces siècles où l'on donnait le nom de sciences aux rêveries de quelques auteurs enveloppant la futilité de leurs travaux dans des obscurités presque impénétrables ; il rougira de ce qu'était, il y a peu de temps encore, l'esprit humain ; mais il s'applaudira d'être né à l'instant où les ténèbres dont on venait de sortir donnaient un plus grand éclat à la lumière dont on était éclairé. Il verra surtout que l'instant où une science est parvenue au point de perfection où il n'y a plus qu'à étudier ce qui a déjà été fait, est l'instant de sa décadence ; que dès qu'il ne s'agit plus que d'appliquer des formules toutes faites, on est tenté de les employer sans les comprendre ; qu'on devient bientôt semblable aux marins qui se servent des procédés de calculs découverts par nos grands astronomes ; qu'on est exposé à perdre insensiblement l'habitude de raisonner, pour la remplacer par une routine aveugle, et à oublier les théories mêmes sur lesquelles elle repose, ce qui détruit toute espérance de progrès ultérieurs ; qu'enfin, le seul écueil que nous devions redouter est précisément ce degré de perfection dans les systèmes de signes qui nous décharge du soin de penser, en remplaçant la combinaison raisonnée des idées par la combinaison mécanique des signes. L'algèbre aurait détruit les mathématiques si elle possédait ce prétendu avantage au point que l'ont cru les métaphysiciens modernes. Heureusement qu'elle ne dispense pas de raisonner, ni quand il s'agit de mettre chaque question en équation, ni quand il est

question d'appliquer la solution où elle a conduit. Cette langue ne doit être qu'un moyen d'exprimer ses idées avec
plus de précision et de clarté ; on doit faire tous les efforts
possibles pour engager ceux qui s'en servent à s'attacher
à ces idées, à joindre à chaque phrase de cet admirable
langage toutes les idées qu'elle exprime, et à suivre dans
chaque transformation les déductions intellectuelles sur
lesquelles elle est fondée.

La marche de l'esprit humain chez les individus n'est
pas moins digne d'attention que chez les nations. N'offrez
jamais que des vérités à votre élève, et il n'apprendra jamais
à les distinguer de l'erreur ; il ne sentira point au premier
faux raisonnement qu'il entendra en quoi consiste sa
fausseté ; il sera infailliblement dupe de celui qu'on lui
présentera sous les formes auxquelles il est accoutumé. Ce
n'est qu'en analysant des raisonnements spécieux, en dis-
cutant des opinions dénuées de fondement, que l'on acquiert
ce tact du vrai qui distingue si éminemment certains
hommes. Nous ne pouvons rien connaître que par son opposé ; et le sentiment pénible que nous éprouvons en voyant
une fausseté accréditée, est une des sources les plus fécondes des sentiments d'enthousiasme que nous inspire la
vue de la vérité ; et de l'énergie dont nous avons besoin
pour l'étudier et l'adopter avec transport. Je ne crains
pas de l'avouer : c'est aux opinions que je combats dans
cet ouvrage que je dois presque tout ce qui peut s'y
trouver de vrai. En voyant un système bien lié, mais
où l'on sent qu'il manque quelque chose aux bases sur
lesquelles il repose, on se sent entraîné à examiner ces
bases ; on s'efforce d'en trouver de plus solides ; on
les lie par tous les rapports qu'elles peuvent offrir, par
toutes les déductions auxquelles elles peuvent conduire,

et en ne cherchant qu'à combattre des erreurs, on est étonné d'avoir fait de nouveaux pas dans la carrière de la vérité.

Un autre écueil de l'instruction consiste à n'offrir à celui dont on veut former l'entendement, que les rapports les plus faciles à saisir, en rétablissant entre le principe et la conséquence toutes les vérités intermédiaires. S'il n'était question que d'arriver à cette conséquence, ce serait la marche la plus facile ; mais il ne s'agit pas tant de faire adopter les déductions déjà faites que de rendre l'esprit capable d'en faire de nouvelles. Il est avantageux sans doute, quand on est parvenu à un résultat, de rétablir les intermédiaires que le génie avait franchis ; c'est alors qu'on s'assure de ne s'être point égaré, qu'on sent l'évidence dans tout son jour. C'est là aussi une de nos facultés intellectuelles, et il n'en est aucune qu'il ne faille cultiver ; mais, quoi qu'on en dise, cette marche lente et gênée ne fut jamais celle des inventeurs. Un enfant à qui l'on aurait enseigné les éléments des mathématiques, comme ils sont présentés dans la Langue des Calculs, s'accoutumerait à n'apercevoir des rapports qu'entre des idées qui se touchent. Comment pourrait-il jamais faire ces pas immenses qui ont immortalisé les Newton, les Euler, les Lagrange, et apercevoir de nouveaux rapports entre des idées si éloignées que nul ne les a encore liées par la perception de ces rapports? Si le propre du génie est de franchir à cet égard d'immenses intervalles, n'est-ce pas l'étouffer que de ne lui permettre de passer jamais d'une idée qu'à l'idée la plus voisine? Autant il aurait été étonnant à huit ans, autant il sera borné à trente. Heureusement que cette erreur de Condillac n'a pas été assez généralement adoptée, pour influer sur l'enseignement des sciences exactes, et l'on peut croire, d'après sa propre expérience, que sa méthode aurait produit des effets bien opposés à ceux qu'il en espérait.

Au reste, l'excès contraire serait encore plus dangereux ; et si l'on accoutume une fois l'enfant à lier par habitude des idées entre lesquelles il n'aperçoit point les rapports qui doivent seuls établir cette liaison, les déductions les plus absurdes lui offriront bientôt des caractères tout semblables à ceux que lui ont présentés les vérités qu'il a apprises sans les comprendre ; et il perdra la faculté de juger par lui-même et avec connaissance de cause.

TABLE DES MATIÈRES

PHILOSOPHIE DE J. M. AMPÈRE

PARIS. — IMP. SIMON RAÇON ET COMP., RUE D'ERFURTH, 1.